高分子化学
―基礎と応用―
第3版

井上祥平・堀江一之 編

東京化学同人

まえがき

　本書の第2版が刊行されてから13年が経過した．この間，高分子化学を専門としていない方々にもご理解いただけるよう，その内容をできるだけ平易，かつ正確に記述するという趣旨が好評を得て，刷を重ねた．

　一方，この十余年の間に，高分子化学はその基礎においては構造と物性の理解に新しい進展があり，多様な新しい合成反応の発見があった．一方，高分子物質の材料としての分野も一段と広がりを見せた．この第3版の刊行を企画した所以である．

　本書の編集方針は，高分子を"使う"立場の方々（高分子化学を専門と考えない学生などを含む）に，高分子の"もの"としての特徴と，高分子化学と技術の基礎を理解していただくための，すっきりした内容の教科書とすることとした．

　本書の構成は，必ずしも旧版の内容の改訂ということではなく，執筆者も一新して，高分子化学の基礎と応用の基本を述べるように企てた．一般に高分子化学の教科書では，まず構造・物性の章があり，それに合成・反応の章が続くという章立てが多いが，筆者らのこれまでの経験から，合成・反応の章に構造・物性の章が続くという構成とした．このことによって，高分子化学の基礎の理解がより容易になると考えたからである．これらの中で，一層そのひろがりを増した高分子の応用については，各章でなるべく多くふれるようにした．

　多様な合成高分子とともに，多糖，タンパク質，核酸で代表される天然高分子あるいは生体高分子も重要であるが，それらの解説的な記述の章は本書では設けなかった．その代わりに合成・天然（生体）高分子の両方にかかわる領域を扱うために，医薬分野の高分子の章を設けた．高分子化学の応用の新しい領域としてその意義が大きいと考えたからである．

　また最終章には"高分子工業——技術・原料（資源）・環境"として，今後一層その重要性を増すと考えられる高分子の社会的役割を考える章を設けた．

本書の執筆・編集の途中に起こった痛恨事は，これらに中心的役割を果たしてこられた堀江一之先生が 2011 年 4 月 29 日に文字通り急逝されたことである．不幸中の幸いは，それまでに堀江先生のご担当の章の執筆が終わっていたことである．ここに改めて深く哀悼の意を表したい．

　本書の刊行にご尽力をいただいた（株）東京化学同人の高林ふじ子氏に厚くお礼を申し上げる．

　2012 年 3 月

井 上 祥 平

第3版 執筆者

井 上 祥 平　　元 東京大学大学院工学系研究科 教授,
　　　　　　　東京理科大学工学部 教授, 工学博士（1章）

片 岡 一 則　　（公財）川崎市産業振興財団副理事長,
　　　　　　　ナノ医療イノベーションセンター長,
　　　　　　　東京大学名誉教授, 工学博士（11章）

小 山 清 人　　山形大学 学長, 工学博士（8,9章）

佐 伯 康 治　　元 新第一塩ビ(株) 代表取締役社長（12章）

古 川 英 光　　山形大学大学院理工学研究科 教授,
　　　　　　　博士(理学)（10章コラム）

堀 江 一 之　　元 東京大学大学院工学系研究科 教授,
　　　　　　　東京農工大学工学部 教授,
　　　　　　　理学博士（5〜7,10章）

八 島 栄 次　　名古屋大学大学院工学研究科 教授,
　　　　　　　工学博士（2〜4章）

第1版・第2版 執筆者

井 上 祥 平　　荻 野 一 善　　小 沢 周 二
佐 伯 康 治　　近 久 芳 昭　　中 條 利一郎
寺 町 信 哉　　戸 倉 清 一　　西　　敏 夫
東 村 敏 延　　藤 重 昇 永

　　　　　　　　　　　　　　　（五十音順）

目　　次

1. 高分子とは何か …………………………………………………………… 1
　1・1　高分子という言葉の意味 ……………………………………………… 2
　1・2　分子量と物質の性質との関係 ………………………………………… 2
　1・3　高分子物質はどこにあるか …………………………………………… 3
　1・4　高分子物質の性質 ……………………………………………………… 4
　1・5　高分子物質はどのようにしてつくるか ……………………………… 6

2. 高分子鎖の化学構造 ………………………………………………………… 9
　2・1　高分子の一次構造 ……………………………………………………… 10
　2・2　高分子の一次構造の多様性 …………………………………………… 10
　2・3　共重合体の構造とは …………………………………………………… 19
　2・4　枝分かれと網目のある高分子 ………………………………………… 20
　2・5　高分子の二次構造 ……………………………………………………… 23

3. 高分子の合成 I ……………………………………………………………… 25
　3・1　高分子を生成する重合反応の分類 …………………………………… 26
　3・2　重縮合 —— ナイロン・ポリエステルの生成 ……………………… 27
　3・3　重付加と付加縮合 —— ポリウレタン・フェノール樹脂の生成 … 40

4. 高分子の合成 II …………………………………………………………… 45
　4・1　ラジカル重合 …………………………………………………………… 46
　4・2　イオン重合 ……………………………………………………………… 59
　4・3　配位重合 ………………………………………………………………… 67
　4・4　開環重合 ………………………………………………………………… 72
　4・5　重合反応の制御 ………………………………………………………… 75

5. 高分子の反応と化学機能 ……………………………… 79
- 5・1　ポリマー鎖中の官能基の変換 ……………………… 80
- 5・2　重合度の増える反応 ………………………………… 84
- 5・3　高分子の分解と安定化 ……………………………… 89
- 5・4　高分子反応による機能の発現 ……………………… 96

6. 高分子のかたちと溶液の性質 ………………………… 103
- 6・1　溶液中の高分子のかたち …………………………… 104
- 6・2　高分子鎖の大きさ …………………………………… 105
- 6・3　高分子希薄溶液から濃厚溶液，融体へ …………… 109
- 6・4　高分子電解質 ………………………………………… 116
- 6・5　分子量測定に関わる性質 …………………………… 118

7. 高分子の固体構造 ……………………………………… 125
- 7・1　固体高分子の特徴 —— 部分結晶化と非晶性 …… 126
- 7・2　高分子結晶の階層構造 ……………………………… 131
- 7・3　ポリマーブレンドとブロックコポリマー ………… 136
- 7・4　高分子液晶 …………………………………………… 141
- 7・5　ポリマーゲル ………………………………………… 144

8. 分子運動と力学的性質 ………………………………… 147
- 8・1　1本の高分子鎖の運動 ……………………………… 148
- 8・2　多数の高分子鎖の運動 ……………………………… 152
- 8・3　高分子の運動と力学的性質 ………………………… 154
- 8・4　ガラス状高分子の力学的性質 ……………………… 160
- 8・5　高次構造と力学的性質 ……………………………… 163

9. 高分子の加工 …………………………………………… 167
- 9・1　高分子の加工とは …………………………………… 168
- 9・2　流 す ………………………………………………… 170
- 9・3　形にする ……………………………………………… 174
- 9・4　固 め る ……………………………………………… 181

10. 高分子の電気的・光学的性質とその表面の性質 ……191
10・1 高分子の電気的性質 ……192
10・2 高分子の光学的性質 ……198
10・3 高分子表面の性質 ……205

11. 高分子医薬品 ……215
11・1 薬剤の標的化と高分子との関わり ……216
11・2 高分子薬剤の利点 ……221
11・3 高分子薬剤において考慮すべき課題 ……228

12. 高分子工業 ── 技術・原料（資源）・環境 ……233
12・1 高分子工業の位置づけ ……234
12・2 高分子の工業的な製造法 ……237
12・3 高分子の環境問題への対応 ……240
12・4 高分子の原料（資源）問題 ……247

付録　高分子化合物の構造 ……251
索　引 ……259

コラム

高分子の発見 ……8	フロンティア電子密度と
合成高分子のらせん構造 ……24	ラジカル重合 ……48
合成繊維 ……30	ポリスチレン ……56
ナイロンの発見 ……31	ポリ酢酸ビニルのエマルション ……57
ポリエチレンテレフタラート	リビング重合の工業的利用 ……63
の用途 ……32	カチオン重合の工業的利用 ……67
重縮合で分子量を制御する：	偶然から出たノーベル賞 ……69
連鎖縮合重合 ……35	ポリエチレンとポリプロピレン ……70
汎用ポリマーと耐熱性ポリマー ……38	トポケミカルな重合 ……87
宇宙で使われる耐熱性ポリマー ……38	ニュートン流体 ……175
重付加・付加縮合系ポリマーの用途 ……42	液晶ディスプレイ ……199

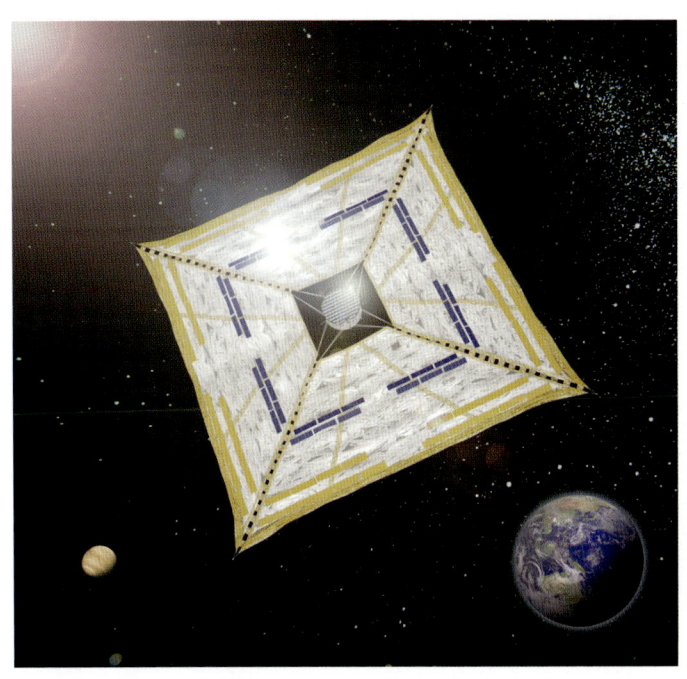

超薄膜のポリイミド樹脂でできた膜面には,薄膜太陽電池や姿勢制御デバイス,理学観測用センサーが搭載されている(p.38, 93, 214 参照)

口絵 1 小型ソーラー電力セイル実証機 IKAROS [JAXA 提供]

炭素繊維複合材料(CFRP)や繊維・樹脂・フィルムなどさまざまな材料と設計加工の技術を活用して制作された車(p.89 参照)

口絵 2 TEEWAVE [東レ(株)提供]

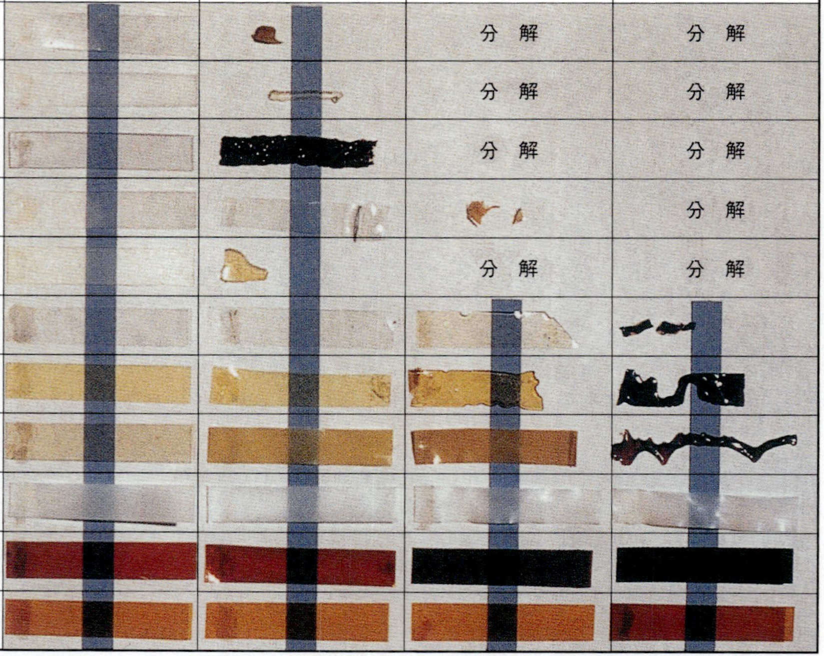

分類	連続使用温度	ポリマー	常態	加熱 250℃ 10分	加熱処理 350℃ 10分	加熱処理 450℃ 10分
A	150℃以下	ポリエチレン			分解	分解
A	150℃以下	ポリプロピレン			分解	分解
A	150℃以下	ポリ塩化ビニル			分解	分解
A	150℃以下	ポリエステル			分解	分解
A	150℃以下	ポリウレタン			分解	分解
B	150〜220℃	ポリスルホン				
B	150〜220℃	ポリエーテルイミド				
B	150〜220℃	ポリエーテルエーテルケトン				
B	150〜220℃	ポリテトラフルオロエチレン				
C	220℃以下	ポリアミドイミド				
C	220℃以下	ポリイミド				

口絵 3　**各種プラスチックフィルムの耐熱性**　[住友ベークライト(株) 提供]

A: 汎用プラスチック　B: エンジニアリングプラスチック　C: 耐熱性ポリマー
(コラム "汎用ポリマーと耐熱性ポリマー (p.38)" 参照)

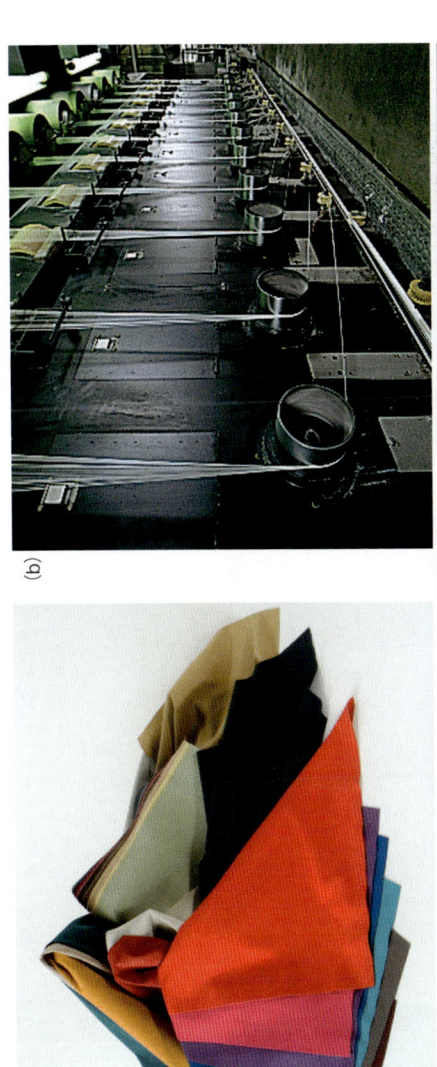

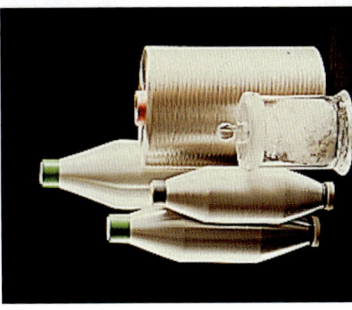

(a) ポリエステルの超極細繊維が束状になって緻密に絡み合った天然スエードと同じような構造の人工皮革（商品名 エクセーヌ）．
(b) テトロン（ポリエステル繊維の一種）の生産ライン．
(c) ナイロン樹脂およびそれからつくられた繊維
(d) ポリ乳酸繊維およびそれからつくられたフィルム，繊維（商品名 エコディア）

口絵 4 さまざまな合成繊維 (p.30 参照) [東レ(株) 提供]

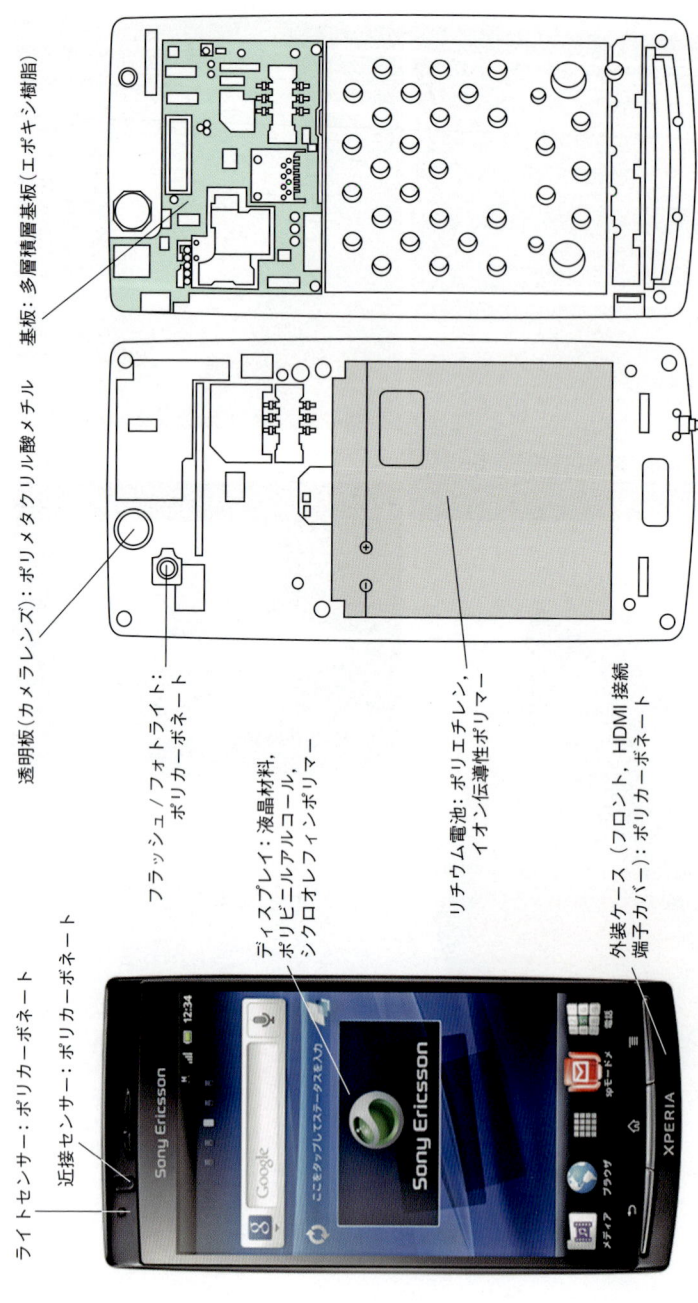

口絵 5 スマートフォンに使われている高分子 (p. 192 参照)

1

高分子とは何か

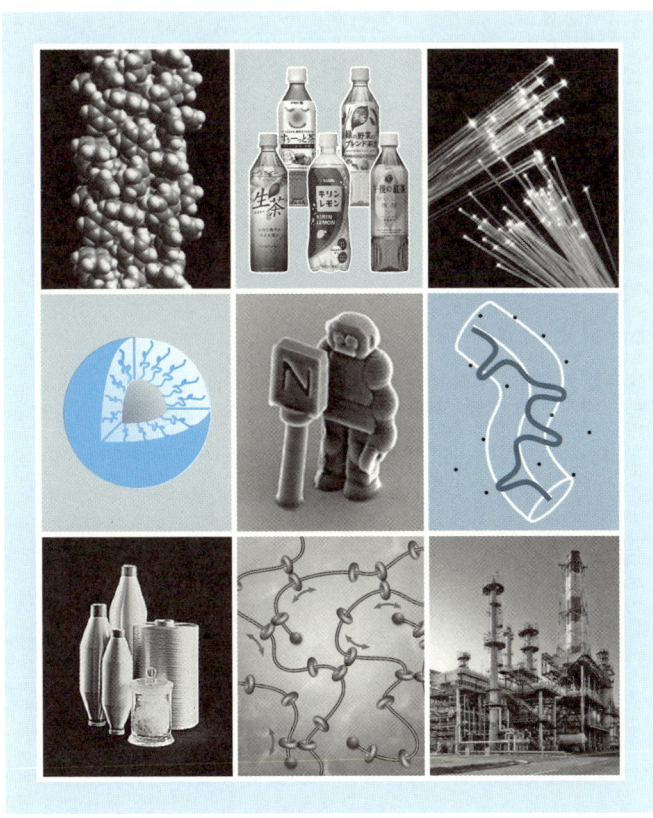

1・1 高分子という言葉の意味

周知のように,すべての物質の根源となる要素が元素であり,元素の実体は原子とよばれる微小な粒子である.いく種類かの原子が一定の数互いに結合してつくった集団が分子である.高分子とは巨大な分子のことである.分子の大きさはその重さ,実際には相対的な値である分子量で表す.分子量はその分子を構成している原子の相対的な重さ,原子量の総和である.炊事をし,風呂をわかすのに使う都市ガスのおもな成分はメタンであるが,メタン CH_4 の分子量は $12+1\times4=16$ である.このような分子は小分子,あるいは低分子である.**高分子**とよべる分子はこれよりずっと大きく,だいたい分子量が 10000 以上のものである.だいたい,とあいまいな表現をしたのを不思議に思うかも知れない.実際問題として,高分子を定義する分子量の値にはっきりとした境界があるわけではない.9000 でも 11000 でも本質的な違いはないといってもよい.高分子の集まりである高分子物質の性質は,ある程度以上分子量が大きくなると変わらなくなる,ということである.高分子という言葉は,1個の分子と,分子の集まりである物質の両方の意味で使われる.

1・2 分子量と物質の性質との関係

代表的な高分子物質として,プラスチックの中で最も多く使われている**ポリエチレン**がある.ほぼ透明な袋などの包装材料として使われているから,読者は必ず手にしたことがあるに違いない.ポリエチレンの分子の元素組成は CH_2 で,この構成単位が非常に多数結びついて (**1**) のような分子構造になっている.

$$\cdots-\underset{\underset{H}{|}}{\overset{\overset{H}{|}}{C}}-\underset{\underset{H}{|}}{\overset{\overset{H}{|}}{C}}-\underset{\underset{H}{|}}{\overset{\overset{H}{|}}{C}}-\underset{\underset{H}{|}}{\overset{\overset{H}{|}}{C}}-\underset{\underset{H}{|}}{\overset{\overset{H}{|}}{C}}-\underset{\underset{H}{|}}{\overset{\overset{H}{|}}{C}}-\cdots$$
ポリエチレン (**1**)

このように炭素と水素からなる化合物は**炭化水素**とよばれる.炭化水素でもっとも簡単な構造の化合物は,(**1**) の両端に H をつけた化合物の系列である.炭素が1個の化合物は上にも述べたように**メタン**である.

メタン (**2**) エタン (**3**) プロパン (**4**)

炭素3個の**プロパン**は，メタンと同様に燃料として使われるプロパンガスのおもな成分である．これらはガスとよばれるように気体である．炭素の数が増えて5個，6個になるとその物質は液体である．ガソリンは液体であるが，炭素の数が数個程度の炭化水素の混合物である．もっと炭素の数が増えて十数個になるとその物質は固体である．これはろうそくの原料に使われる．ろうそくは硬くてもろくて砕けやすい．炭素の数が非常に多く，1000個（分子量は14000）かそれ以上も CH_2 がつながったのがポリエチレンである．ポリエチレンは上で述べたろうそくなどの原料になる物質と違って軟らかく，もろくない．

炭化水素以外の種類の有機化合物でも，分子量の増加とともに気体-液体-固体と変化するのは同じであるが，分子量が巨大になった場合に"軟らかい固体"になることもかなり一般的に見られる性質である．このような分子量が巨大になることで現れる物質の性質の一般性が，高分子化学という領域を化学の中の相対的に独立した分野にしているのである．

1・3 高分子物質はどこにあるか

われわれは実にさまざまな種類の高分子物質とともに暮らしている．現代の生活だけではない．人類はその歴史のはじめから高分子物質を利用してきた．もちろん"高分子"どころか"物質"という概念もなかったのだが．

筆者はいま机の前のいすに腰掛けてこの原稿を書いているが，机やいすをつくっている木材のおもな成分はセルロースという高分子物質である．参考に見ている本や雑誌をつくっている紙もセルロースである．字を書くのに使っているボールペンやパソコンのキーはプラスチックでできている．筆者はもちろん衣服を着けているが，布，糸，それらをつくっている繊維は高分子物質からできている．家具にも建築物にも多くの高分子物質が使われている．われわれが生きるのに不可欠な三大栄養素の炭水化物，脂肪，**タンパク質**のうち，炭水化物とタンパク質が高分子物質である．これらの栄養素は消化（代謝）の過程で分解されて低分子化合物になり，そこから体をつくるために，また活動のエネルギーとして必要な物質に再構成される．実際，人体をつくっている物質の大部分は（水以外は）タンパク質である．皮膚，毛髪，爪はもとより，内臓をつくっている軟組織や筋肉はすべてタンパク質でできている．さらに，われわれの体の構成と活動の様式は子から孫へと代々受け継がれていくが，それらを決める情報は細胞の中にある核酸という高分子物質に担わ

れている.

このように，高分子というとプラスチックのような成型材料を連想するかもしれないが，われわれの身体自体の形と活動の様式を担っている情報の素子でもあることを忘れてはならない.

1・4 高分子物質の性質

　繊維，プラスチック，ゴムに代表される高分子物質は"軟らかい固体"である．固体の固はかたいという意味だから，これは形容の矛盾ともいえる．ここでいくつかの物質の硬さ，軟らかさを比べてみよう．

　図1・1は鋼，セッコウ，ゴムの3種類の物質に力をかけて引張ったときのひずみ（伸び）を比較したものである．

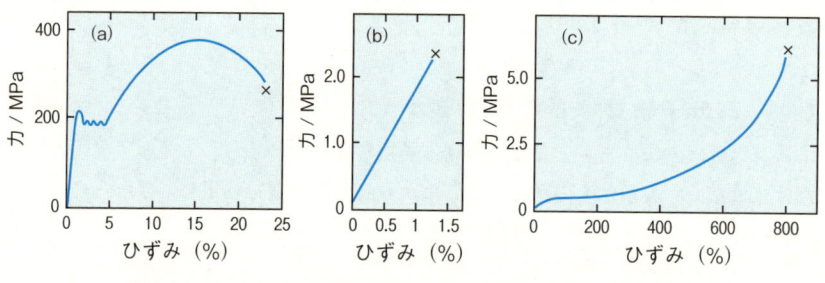

鋼(a)，セッコウ(b)，ゴム(c)に力をかけて引張ったときのひずみ（伸び）の比較．MPaは10^6 Paを示す

図 1・1 鋼，セッコウ，ゴムの応力-ひずみ曲線（引張り試験）

　セッコウは力をかけたときのひずみは小さく，わずか1％程度のひずみで壊れてしまう．鋼に力をかけたときのひずみは10〜20％程度だが，セッコウに比べて100倍以上の大きい力をかけても壊れない．ゴムは小さい力をかけても桁外れに大きく伸び，元の長さの何倍にもなることが図からわかる．

　いうまでもないが，このような力学的性質の違いはこれらの物質の化学構造，すなわち原子と原子の結合の仕方の違いに由来している．"軟らかい固体"であるポリエチレンは(*1*)に示した分子構造をもっている．高分子の長い部分（形が似ているので鎖という）は炭素原子と炭素原子の結合でできている．重要なことは，この炭素-炭素結合（1本線で表し，**単結合**という）のまわりには回転が起こりうる，

ということである．回転が起こっても結合の長さは変わらないし，結合の間の角度も変わらない．このような変化にはわずかなエネルギーしか必要でない．単結合のまわりの回転は容易に起こる．図1・2はポリエチレンの分子の一部を描いたものだが，一つの単結合のまわりに回転が起こると分子の形が変わることがわかるだろう．

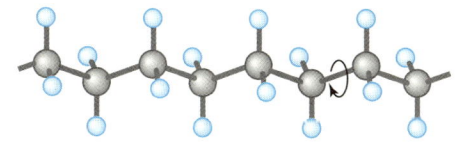

図 1・2　ポリエチレンの分子模型

1000個もの炭素-炭素結合をもつポリエチレンが図1・3のような多様な形態をとるのはこのことに基づいている．ポリエチレン，一般的には高分子物質が"軟らかい固体"であるのはこのためである．

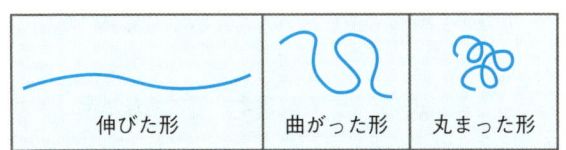

図 1・3　ポリエチレン分子のいろいろな形

炭化水素の系列にあって炭素数が十数個程度の物質はもろい固体だが，このくらいの分子量だと分子が伸びた形で互いに規則正しく配列して結晶になり，分子形態の変化が起こりにくくなるからである．

もう一つ，セルロース(**5**)とグルコース(**6**)を比較しよう．セルロースはグルコースが多数結合した構造をもっている．しかしグルコースは繊維にはならず，それと似た構造の砂糖（ショ糖）と同様に硬くもろい結晶である．

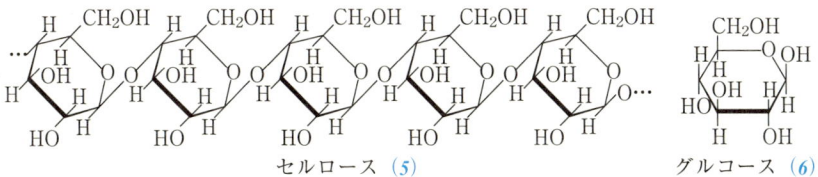

セルロース (**5**)　　　　　　　　　　　　　グルコース (**6**)

また，グルコースが水に溶けるのにセルロースが水に溶けない（そうでないと実用的な繊維として使えない）のも，セルロースが高分子であるためにその分子の間に強い相互作用があることを反映している．

1・5　高分子物質はどのようにしてつくるか

本章のはじめに高分子は巨大分子であると述べたが，やたらに複雑な構造をしているわけではない．いろいろな元素の原子が不規則に結合しているのではない．これまでにいくつか例がでてきたように，高分子物質の基本的な化学構造は，同一の，あるいはよく似た構造単位の繰返しから成っている．このことから高分子のことを**ポリマー（重合体，多量体）**とよぶことも多い．ポリマーは，繰返し構造単位に相当する低分子化合物である**モノマー（単量体）**が多数互いに結合して生成した構造をもっている．

"ポリ"は"多い"という意味である．ポリエチレンはモノマー，あるいは構造単位である"エチレン"が多数繰返し結合していることを表す．ポリ袋，ポリバケツなどのポリは，具体的に物質が何かはわからないが，高分子物質でできていることを示している．

実際，高分子をつくる方法の一般的な原理は，その構造単位に相当する低分子化合物を互いに多数結合させることにほかならない．これは高分子物質が工業的に生産されるときも，生物がタンパク質やセルロースをつくるときも，同じである．

高分子の原料となる低分子化合物は，互いに反応を起こす官能基を1分子中に2個もつ化合物，不飽和化合物，および環状化合物の3種類がある（1・1〜1・3式）．

$$X-\bigcirc-X + Y-\bigcirc-Y \longrightarrow \cdots-\bigcirc-Z-\bigcirc-Z-\bigcirc-Z-\bigcirc-\cdots \quad (1\cdot1)$$
$$X, Y = OH, COOH, NH_2 \text{ など}$$

$$C=C \longrightarrow \cdots-C-C-C-C-C-C-\cdots \quad (1\cdot2)$$

$$\left(\begin{array}{c}C_n\\X\end{array}\right) \longrightarrow \cdots-C_n-X-C_n-X-C_n-X-\cdots \quad (1\cdot3)$$
$$X = O, NH, S, CO-O, CO-NH, C=C \text{ など}$$

これらの化合物の反応を，人が互いに手をつなぐことになぞらえて描いたのが図1・4である．

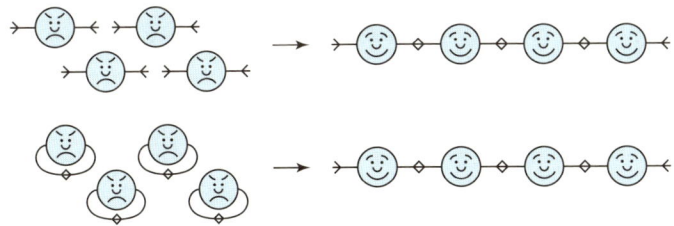

図 1・4　高分子生成反応の様式

　(1・1)式のタイプの反応で, X, Yのような官能基の組合わせはいろいろあるが, 反応のタイプとしては置換反応と付加反応がおもなものである. 置換反応の例は, ペットボトルやポリエステル繊維の原料となるポリエチレンテレフタラートの合成である (1・4式).

$$\text{HO-}\underset{\underset{O}{\|}}{C}\text{-}\bigcirc\text{-}\underset{\underset{O}{\|}}{C}\text{-OH} + \text{HO-CH}_2\text{CH}_2\text{-OH}$$
テレフタル酸　　　　　　　エチレングリコール

$$\longrightarrow \left(\underset{\underset{O}{\|}}{C}\text{-}\bigcirc\text{-}\underset{\underset{O}{\|}}{C}\text{-O-CH}_2\text{CH}_2\text{-O}\right)_n + \text{H}_2\text{O} \quad (1\cdot 4)$$
ポリエチレンテレフタラート(PET)

　カルボン酸の-OHがアルコールの-ORによって置換されてエステル結合ができる. 一つの分子が2個の官能基をもつことがポリマーの生成には必須である. そうでなければ生成物は低分子のエステルになる.
　(1・2)式と (1・3)式の反応では, 二重結合のうちの一つの結合が切れ, あるいは環が開くと二つの結合の手が空き, これが互いに結びついて高分子になるとみることができる.
　しかし実際には不飽和化合物や環状化合物が直接互いに結合するわけではない. これらの反応には"開始剤"が必要で, それがまずモノマーに結合してその手を開かせるのである. 高分子の代表ともいえるポリエチレンは, この (1・2)式のタイプの反応によって合成される.

高分子の発見

　高"分子量"物質の存在が認知されるまでの歴史は，それを構成する原子が，すべて化学的な結合によりつなぎあわされて一つの巨大な分子となっているのか，すなわち一つの化合物なのか，または構成原子の一部が化学結合で低分子量の基本単位を形づくり，それらが物理的（副次的）な結合によって集合した会合性の分子なのか，の論争の歴史であった．1926年，シュタウディンガー（Staudinger）と野津龍三郎はポリインデン，セルロースをそれぞれ水素化，アセチル化し，その前後での分子量（前者は氷点降下法，後者は溶液の粘性による）に大きな違いのないことを確認し，これらの分子は，小さい分子が会合のような弱い二次的な結合により凝集してできているのではなく，全体が化学的に結合して一つの巨大分子を形成していることの証拠であるとして，長年の論争に決着をつけた．

高分子鎖の化学構造

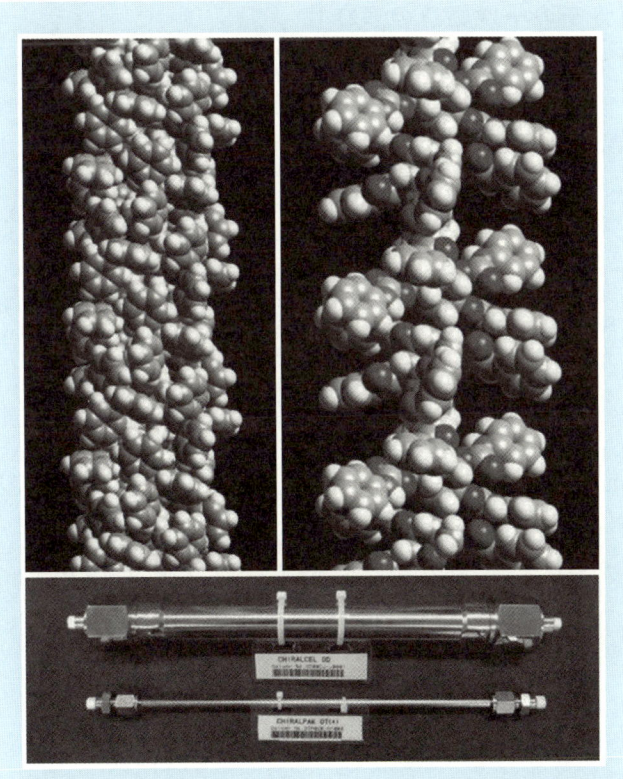

左上：らせん構造をもつ TrMA のポリマーの構造（コラム"合成高分子のらせん構造"（p. 24）参照），右上：らせん構造をもつセルロースフェニルカルバメート誘導体の構造［名古屋大学 岡本佳男特別招聘教授 提供］．下：らせん高分子を充填した光学異性体分離カラム［株式会社ダイセル 提供］

2・1 高分子の一次構造

　高分子は1種類あるいは数種類のモノマーが化学結合でつながってできた長い鎖状の分子である．高分子の性質は，原料となるモノマーの化学構造だけでなく，モノマー単位の結合様式や分子量および分子量分布によって決まり，これらの化学結合によって決定される構造を**高分子の一次構造**とよぶ．本章では高分子の一次構造の多様性について述べる．

2・2 高分子の一次構造の多様性
2・2・1 分子量と分子量分布

　低分子には見られない高分子特有の性質の多くは，高分子の分子量が非常に大きいことに起因しており，その分子量に分布があることは高分子の物性に大きな影響を及ぼす．したがって，高分子の分子量と分子量分布は，高分子の構造，機能，物性，あるいはそれらの関係を分子レベルで理解する際の基本的な情報である．

　ここでは，合成繊維やフィルム，プラスチックとして広く用いられているポリエチレンテレフタラートを例にして，高分子の生成の過程と分子量分布の発生をみてみよう．

　エチレングリコール(**1**)とテレフタル酸(**2**)は，つぎのように縮合反応を起こす．

$$\text{HO-CH}_2\text{CH}_2\text{-OH} + \text{HO-}\underset{\text{O}}{\overset{\text{O}}{\text{C}}}\text{-}\bigcirc\text{-}\underset{\text{O}}{\overset{\text{O}}{\text{C}}}\text{-OH} \longrightarrow$$

$$(1) \qquad (2)$$

$$\text{HO-CH}_2\text{CH}_2\text{-O-}\underset{\text{O}}{\overset{\text{O}}{\text{C}}}\text{-}\bigcirc\text{-}\underset{\text{O}}{\overset{\text{O}}{\text{C}}}\text{-OH} + \text{H}_2\text{O}$$

$$(3)$$

$$\text{H-}(\text{OCH}_2\text{CH}_2\text{-O-}\underset{\text{O}}{\overset{\text{O}}{\text{C}}}\text{-}\bigcirc\text{-}\underset{\text{O}}{\overset{\text{O}}{\text{C}}})_n\text{-OH}$$

$$(4)$$

(2・1)

　こうしてできる(**3**)も，(**1**)や(**2**)と同様に，ヒドロキシ基やカルボキシ基をもっているので，(**1**)や(**2**)と，あるいは，お互いの間で，縮合反応を起こして，(**4**)のような比較的**重合度**(n)の小さい分子をつぎつぎと生成する．これらの分子も両端の反応性基の間で反応して互いにさらに縮合することができる．もし，副生成

2・2 高分子の一次構造の多様性

物の H_2O を取除くことができれば，この反応は，どんどん進行して，次式のような総括反応で，非常に長い分子，ポリエチレンテレフタラート(**5**)を生ずる．

$$HO-CH_2CH_2-OH + HO-\underset{O}{\overset{O}{C}}-\underset{}{\bigcirc}-\underset{O}{\overset{O}{C}}-OH$$

$$\xrightarrow{-H_2O} +OCH_2CH_2-O-\underset{O}{\overset{O}{C}}-\underset{}{\bigcirc}-\underset{O}{\overset{O}{C}}+_n \quad (2\cdot2)$$

(**5**)

このような重合反応は，第3章で記述するように**重縮合**あるいは**縮合重合**とよばれる．

ここで，n は，この分子の重合度を表し，n の値が非常に大きく末端基の寄与を無視できる場合には，この分子の分子量に比例する．この重合反応では，操車場で貨車や客車が連結されて列車となる場合のように，中間的な長さの分子ができ，それらがさらに相互に結合して，しだいに長い分子になるので，重合の進行とともに，分子量は大きくなる．

もう一つの代表的な重合反応は，第4章で記述するようにスチレン(**6**)が反応してポリスチレン(**7**)ができる反応のように，二重結合をもったモノマーが，付加反応によってつぎつぎと結合し，長い分子となる**付加重合**である．

$$CH_2=CH \longrightarrow +CH_2-CH+_n \quad (2\cdot3)$$
$$\underset{(6)}{\bigcirc} \qquad \underset{(7)}{\bigcirc}$$

この場合には，1本1本の高分子は，あたかも真珠のネックレスをつくるときのように，成長しつつある反応性の末端に，つぎつぎとモノマーが付加して，長い分子ができる．

ポリマー個々の分子の重合度は，統計的な偶然性に左右される．

再び，ポリエチレンテレフタラートを例にして考えることにしよう．モノマーについても，反応の中間でできる化合物(**3**)や(**4**)についても，その両端にあるヒドロキシ基やカルボキシ基の反応性は，その重合度によらずほぼ一定であるから，重合反応の各段階において，重合度の大きいものの間での反応も，小さいものの間での反応も，また，大きいものと小さいものとの間での反応も，同じように起こる．結局，重合度の大きい中間体の間での反応が多かった高分子は，高重合度となり，

重合度の小さい中間体の間での反応が多かった高分子は，低重合度となる．こうして生成したポリマーはいろいろな重合度の分子の混合物となる．すなわち，重合度分布，あるいは，分子量分布が生ずることになる．

重合度分布の形を少し定量的に考えてみることにしよう．エチレングリコールとテレフタル酸の等モル反応を考えると，**反応度**が p であるということは，別の面からみれば，あるヒドロキシ基なりカルボキシ基なりが，そのときまでにすでに反応してしまっている確率が p に等しいということになる．逆に，未反応で残っている確率は $(1-p)$ に等しい．したがって，重合度 n の分子は，すでに反応したエチレングリコールおよびテレフタル酸を $(n-1)$ 個ずつ含み，両端に未反応の官能基を1個ずつ（1個のモノマー分子に相当）を含んでいるから，反応度 p での重合系中の重合度 n の分子の存在確率，すなわち，そういう分子の**モル分率** x_n は，次式で表される．

$$x_n = p^{(n-1)}(1-p) \qquad (2\cdot 4)$$

この n と x_n の関係は**重合度の頻度分布**とよばれ，重縮合の反応度が p のときに重合度 n の高分子のモル分率による分布を表す．

つぎに，**重量分率**による重合度分布を考えてみよう．反応前の全分子数を N_0 とすると，反応度 p まで重合反応が進んだときの系中の全分子数 N は $N=N_0(1-p)$ となる．そこで，反応度 p のときの重合度 n の全分子数を N_n，その重量分率を w_n とすると，

$$w_n = \frac{nN_n}{N_0} \qquad (2\cdot 5)$$

$$N_n = Nx_n = Np^{(n-1)}(1-p) \qquad (2\cdot 6)$$

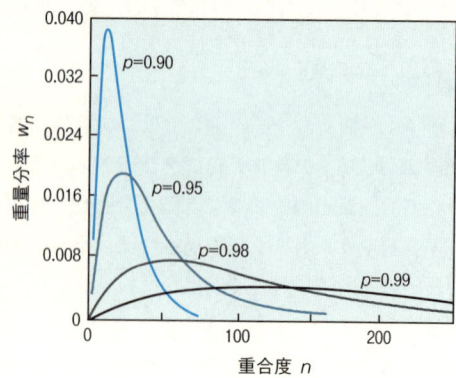

図 2・1 縮合重合体の重合度 n と重量分率 w_n の関係
（p：反応度）

となる．$N=N_0(1-p)$ であるから，(2・5), (2・6)式より

$$w_n = np^{(n-1)}(1-p)^2 \qquad (2・7)$$

が得られる．この n と w_n の関係は，**重合度の重量分布**といわれる（図2・1）．

付加重合でできるポリマーでも，やはり，統計的な事情によって，分子量分布をもつことになる．すなわち，開始反応から停止反応までの間に，付加反応にあずかるモノマーの数は個々の分子により異なる．ある分子では，あまり長くならないうちにほかの反応活性分子と出会い，停止反応を起こすかもしれない．また，他の分子では，比較的長い時間，他の反応活性分子と出会わず，重合度が高くなるまで伸びるかもしれない．こうして，付加重合の場合にも，個々の分子の重合度は，統計的な確率に左右されるのである．

再度，ポリエチレンテレフタラートを例にとって，高分子の重合度はどのように決まるのかを考えてみよう．

まず，エチレングリコールとテレフタル酸の分子数が等しい場合を考えることにする．最初に，ヒドロキシ基Ⅰとカルボキシ基Ⅱがそれぞれ N_0（$=N_\text{I}=N_\text{II}$）個あり（総数で $2N_0$），反応が進行するにつれてその数が減少し，それぞれ N 個（総数で $2N$）になったとすると，
そのときの反応度，p は

$$p = \frac{N_0-N}{N_0} \qquad (2・8)$$

で定義される．各分子は両端に1個ずつの反応基をもっているから，このとき，反応度に関与する分子数は N であり，すべての繰返し単位の数は N_0 であるから，n 量体の1分子当たりの平均繰返し単位数，すなわち，数平均重合度 $\overline{P_\text{n}}$ は，

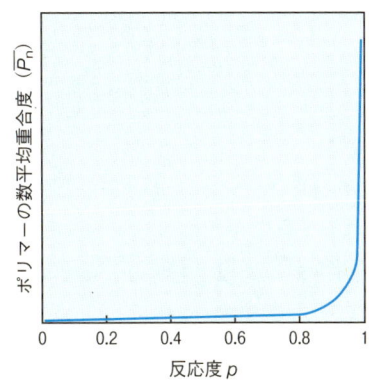

図 2・2 重縮合における反応度と生成ポリマーの分子量の関係の模式図

$$\overline{P_\mathrm{n}} = \frac{N_0}{N} = \frac{N_0}{N_0(1-p)} = \frac{1}{1-p} \tag{2·9}$$

となる（図2·2）．つまり，反応度 p が 0.9 程度まではオリゴマーしか得られないが，p が 1.0 に近づくにつれて $\overline{P_\mathrm{n}}$ は急激に増大する．したがって，$\overline{P_\mathrm{n}}$ を大きくするためには，反応度を 1 近くまで進める必要がある．たとえば，$\overline{P_\mathrm{n}}$ を 1000（分子量 1.92×10^5）にするためには，反応度は 0.999 でなければならない（表 3·1 を参照のこと）．

モノマーの一方が過剰に存在する場合，それぞれの反応基の数，$N_\mathrm{I}, N_\mathrm{II}$ が $N_\mathrm{I} < N_\mathrm{II}$ としても一般性を失わない．$r = N_\mathrm{I}/N_\mathrm{II}$ としよう．最初に存在したモノマー分子の総数は，

$$\frac{N_\mathrm{I} + N_\mathrm{II}}{2} = \frac{N_\mathrm{I}\left(1 + \frac{1}{r}\right)}{2} = \frac{N_\mathrm{I}(r+1)}{2r} \tag{2·10}$$

であり，少ない方のモノマーの反応度 p のときの全分子数は，

$$\frac{\{N_\mathrm{I}(1-p) + (N_\mathrm{II} - pN_\mathrm{I})\}}{2} = \frac{N_\mathrm{I}\{2(1-p) + (1-r)/r\}}{2} \tag{2·11}$$

である．したがって，数平均重合度は，

$$\overline{P_\mathrm{n}} = \frac{N_\mathrm{I}(1+r)/2r}{N_\mathrm{I}\{2(1-p) + (1-r)/r\}/2} = \frac{(1+r)}{2r(1-p) + (1-r)} \tag{2·12}$$

となる．たとえ，$p=1$ の場合でも，

$$\overline{P_\mathrm{n}} = \frac{1+r}{1-r} = \frac{N_\mathrm{II} + N_\mathrm{I}}{N_\mathrm{II} - N_\mathrm{I}} \tag{2·13}$$

となり，一方のモノマーがわずかに過剰でも，ポリマーの重合度は高くなり得ない．たとえば，モノマー（II）が 5 % 過剰（$r=1/1.05$）の場合，$p=1$ でも，$\overline{P_\mathrm{n}} = 41$ までしかならない．両官能基の数を等しくすることが，重合度を上げるために重要であることがわかる．

2·2·2 平均分子量

分子量分布をもった試料の分子量を測定すれば，それは，その分子量分布を何らかの意味で平均した値となる．通常用いられる平均分子量は，以下の式で定義される数平均分子量 $\overline{M_\mathrm{n}}$，重量平均分子量 $\overline{M_\mathrm{w}}$ および粘度平均分子量 $\overline{M_\mathrm{v}}$ である．

$$\overline{M_\mathrm{n}} = \sum_q (M_q x_q) = \frac{\sum_q (M_q N_q)}{\sum_q N_q} = \frac{\sum_q w_q}{\sum_q (w_q/M_q)} \tag{2·14}$$

$$\overline{M}_\mathrm{W} = \sum_q (M_q w_q) = \frac{\sum_q (M_q{}^2 N_q)}{\sum_q (M_q N_q)} \tag{2.15}$$

$$\overline{M}_\mathrm{V} = \left(\sum_q M_q{}^a w_q\right)^{1/a} = \left\{\frac{\sum_q (M_q{}^{(1+a)} N_q)}{\sum_q M_q N_q}\right\}^{1/a} \tag{2.16}$$

ここで，N_q は分子量 M_q の成分 q の分子数，x_q はそれをモル分率で表したもの，w_q は重量分率で表したものである．また (2・16) 式の a は，後述の粘度式 (6・49) の指数と同じものである．§6・6・1 で述べるサイズ排除クロマトグラフィー (SEC) が分子量分布の測定法として一般的になる前は平均分子量しか求められなかったからというだけでなく，これらは今日でも簡便な分子量分布の評価法として意味をもつ．

試料が完全に分子量的に均一でないかぎりは，これらの平均分子量は等しくならず，常に，

$$\overline{M}_\mathrm{n} < \overline{M}_\mathrm{V} < \overline{M}_\mathrm{W} \tag{2.17}$$

となり，分子量の不均一性が大きいほど，これらの平均分子量の不一致は大きくなる．分子量の不均一性の目安として，

$$\gamma = \frac{\overline{M}_\mathrm{W}}{\overline{M}_\mathrm{n}} \tag{2.18}$$

あるいは，

$$u = \frac{\overline{M}_\mathrm{W}}{\overline{M}_\mathrm{n}} - 1 \tag{2.19}$$

が用いられる．γ は 1 より，u は 0 より大きくなるほど，試料の分子量の不均一性が大きい．

これらの分子量および分子量分布の測定の詳細については，§6・6 で詳しく述べる．

$\overline{M}_\mathrm{n}$ は，通常は §6・6・3 で述べる膜浸透圧法によって測定される．低分子量の試料については，末端基定量法や蒸気圧浸透圧法も用いられる．$\overline{M}_\mathrm{W}$ は，通常は §6・6・4 で述べる光散乱法によって測定されるが，X 線や中性子線の小角散乱法，超遠心機による沈降平衡法などによっても測定される．また，これら $\overline{M}_\mathrm{n}$ および $\overline{M}_\mathrm{W}$ は，後述の SEC 法（§6・6・1 参照）によって測定される分子量分布から計算されることも多い．$\overline{M}_\mathrm{V}$ は §6・6・5 で述べる希薄溶液の粘度測定によって得られる．

2. 高分子鎖の化学構造

> **例題 2・1　分子量分布の計算**
>
> 理解を深めるために，(2・14)式と(2・15)式を使って，分子量 5000, 10000, 20000 のポリマーのモル分率がそれぞれ 0.40, 0.40, 0.20 であるポリマーの混合物の数平均分子量 $\overline{M}_n$ と重量平均分子量 $\overline{M}_w$ を求めてみよう．
>
> **解　答**　$\overline{M}_n = 10000$, $\overline{M}_w = 13000$ となれば正解である．

2・2・3　頭-尾結合と頭-頭結合

ビニルモノマー（$CH_2=CHX$）の付加重合で生成するポリマーには，モノマーの結合様式の違いによって以下に示す3通りの結合様式が存在する．(2・20)式の結合のaを**頭-尾結合**，(2・21)式の結合bとcを**頭-頭，尾-尾結合**という．多くのモノマーの付加重合ではモノマーの付加はaのように進行するので，ポリスチレンの構造は (p.11, 7) のように表すことができる．しかし，酢酸ビニルや塩化ビニルのラジカル重合で得られたポリマーには1〜2％程度のb, c結合が含まれる．

$$\begin{array}{c}
CH_2=CH + CH_2=CH + CH_2=CH \longrightarrow \\
\quad\quad | \quad\quad\quad\quad | \quad\quad\quad\quad | \\
\quad\quad X \quad\quad\quad\quad X \quad\quad\quad\quad X \\
\\
\quad\quad\quad\quad\quad\quad\quad\quad\quad\quad\quad\overset{a}{}\quad\quad\overset{a}{}\\
\quad\quad\quad\quad\quad\quad -CH_2-CH-CH_2-CH-CH_2-CH- \\
\quad\quad\quad\quad\quad\quad\quad\quad\quad | \quad\quad\quad\quad | \quad\quad\quad\quad | \\
\quad\quad\quad\quad\quad\quad\quad\quad\quad X \quad\quad\quad\quad X \quad\quad\quad\quad X
\end{array} \quad (2 \cdot 20)$$

$$\begin{array}{c}
CH_2=CH + CH=CH_2 + CH_2=CH \longrightarrow \\
\quad\quad | \quad\quad\quad\quad | \quad\quad\quad\quad | \\
\quad\quad X \quad\quad\quad\quad X \quad\quad\quad\quad X \\
\\
\quad\quad\quad\quad\quad\quad\quad\quad\quad\quad\quad\overset{b}{}\quad\quad\overset{c}{}\\
\quad\quad\quad\quad\quad\quad -CH_2-CH-CH-CH_2-CH_2-CH- \\
\quad\quad\quad\quad\quad\quad\quad\quad\quad | \quad\quad | \quad\quad\quad\quad\quad\quad\quad | \\
\quad\quad\quad\quad\quad\quad\quad\quad\quad X \quad\quad X \quad\quad\quad\quad\quad\quad\quad X
\end{array} \quad (2 \cdot 21)$$

2・2・4　ポリマーの立体規則性とは

ビニルモノマーのポリマーがすべて (2・20)式のように頭-尾結合でできていても，なお構造の多様性が存在する．ポリプロピレン $+C^\beta H_2-C^\alpha HCH_3+$ を例に説明しよう．この繰返し単位中の α 炭素は結合している置換基が H, 側鎖の CH_3, および重合度や末端基の異なる二つの高分子鎖であるから不斉炭素となる（実際は擬不斉である）．重合時に決まるこの構造を**コンフィギュレーション（立体配置**）

という.立体配置は化学結合を切ってつなぎ換える以外,置換基をどのように回転しても変わらない.先に述べた頭-尾結合や頭-頭結合,つぎに述べるシス体やトランス体もコンフィギュレーションの一つである.一方,主鎖結合の分子内回転によって自由に変化する構造は**コンホメーション（立体配座）**といい,高分子の溶液物性や固体物性に大きな影響を与える.コンホメーションについては第6章で説明する.

ビニルポリマーの構造の多様性は繰返し単位の相対的な立体配置に反映される.ポリプロピレンを引伸ばした平面ジグザグ構造を考えたとき（図2・3）,隣り合う二つの繰返し単位（二連子）の α 炭素（不斉炭素）の側鎖の CH_3（図ではR）が高分子鎖のつくる平面に対して同じ側に出る場合と異なる場合があり,それぞれを m（メソ）,r（ラセモ）という.同様に三つの繰返し単位（三連子）では,mm（イソタクチック）,rr（シンジオタクチック）,mr もしくは rm（ヘテロタクチック）がある.m だけの連鎖からなる高分子,$mmm\cdots mm$ を**イソタクチック高分子**,r だけの連鎖からなる高分子,$rrr\cdots rr$ を**シンジオタクチック高分子**という.それ以外の規則性のないものを**アタクチック高分子**という.

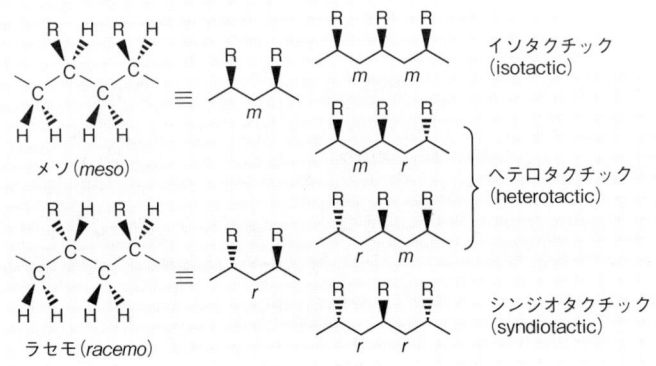

図2・3 ビニルポリマーの立体規則性（ポリプロピレンではRは CH_3）

完全に m または r だけの連鎖からなるポリマーはまだ得られていない.m と r の分率の定量や,m や r の連鎖の平均の長さ（これを**平均連鎖長**という）の定量には高分解能核磁気共鳴スペクトル（NMR）が用いられる.図2・4はポリプロピレンの ^{13}C NMRスペクトルである.C^{α},C^{β},CH_3 それぞれの炭素のうち,安定同位体 ^{13}C からの共鳴が観測されるが,図にはそれらのうち,CH_3 からのものだけを示す.

図 2・4 (a) で *mmmm* と書かれたピークが圧倒的に大きく，他はほとんど見えない．*mmmm* というのは，分子鎖中のあるモノマー単位（i 番目とする）と $i+1$ 番目，$i+1$ と $i+2$，$i+2$ と $i+3$，$i+3$ と $i+4$ とがすべて *m* になっている連鎖からのピークである．図の例では，これの相対強度が 0.895 と測定されており，かなりイソタクチックであることがわかる．また，*mmmm* のように，*m* や *r* が四つ連なったものを五連子という．

10 種類ある五連子の分率を見るためには，図 2・4 (a) を拡大すればよい．それが (b) で，*mmrm* と *rmrr* が重なっているほかは分離して観測される．

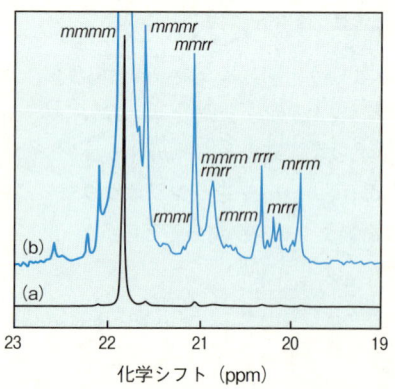

図 2・4 ポリプロピレンの ^{13}C NMR スペクトルにおける
メチル炭素の共鳴領域(a)とその強度の拡大図(b)

このような *mmmm* に富むポリマーが得られるようになったのは §4・3 で出てくるチーグラー(Ziegler)・ナッタ(Natta) 触媒やその他の精密重合触媒の開発によるところが大きい．よりよい物性を求めて，さらに *mmmm* が大きい値になる触媒の開発が進められている．

2・2・5 ジエンからのポリマー

イソプレンのような共役ジエンが重合すると，(2・22)式に示すように 1,2-結合，3,4-結合，1,4-結合が生成する．1,4-結合にはさらにシス体とトランス体の 2 種類の幾何異性体が存在し，合計 4 種類の結合様式が可能になる．天然ゴムはほぼ 100％がシス-1,4 構造からなる立体規則性高分子である．ポリブタジエンには，1,2-結合，シスおよびトランス-1,4-結合の 3 種類の結合様式が可能となる．

$$\begin{array}{c}\underset{1}{CH_2}=\underset{2}{\underset{|}{C}}-\underset{3}{CH}=\underset{4}{CH_2} \\ CH_3\end{array} \longrightarrow \begin{array}{c}-CH_2-\underset{|}{\underset{|}{C}}- \\ CH_3 \\ CH=CH_2 \\ \text{1,2-結合}\end{array} + \begin{array}{c}-CH_2-CH- \\ \underset{|}{C}=CH_2 \\ CH_3 \\ \text{3,4-結合}\end{array} \quad (2\cdot 22)$$

$$+ \quad \begin{array}{c}CH_3 \quad CH_2- \\ C=C \\ -CH_2 \quad H \\ \text{トランス-1,4-結合}\end{array} \quad \begin{array}{c}CH_3 \quad H \\ C=C \\ -CH_2 \quad CH_2- \\ \text{シス-1,4-結合}\end{array}$$

2・3 共重合体の構造とは

　生物を構成しているタンパク質は約20種類のアミノ酸が縮合してできた高分子である．タンパク質のアミノ酸残基の結合順序がDNAのコードによっていることは周知のとおりである．そこでは，ちょうど20種類のアミノ酸に対するコードが用意されている．しかし，縮合後修飾されるものもあり，実際には約20種類ということになる．いずれにしても，このように複数の構成単位からなるポリマーを**共重合体**，または**コポリマー**という．

　実験室あるいは工場でも共重合体はつくられている．しかし，タンパク質では構成単位（アミノ酸残基）の結合順序が定まっている（**定序性高分子**という）のに対し，実験室や工場では構成単位（モノマー単位）の結合順序まで制御することは部分的にしか成功していない．

　一般には確率論的共重合である．モノマー単位が2種類とする（このような共重合体は**二元共重合体**とよばれる）．それらをA, Bとする．これからできる共重合体が $-A-A-A-A-\cdots-B-B-B-B-$ のように，AだけのブロックとBだけのブロックからなるとき（これを**ブロック(共)重合体**（**ブロックコポリマー**）という）(**8**)，ポリ(A)の物性とポリ(B)の物性をあわせもつことは予想できるであろう．Aの長さとBの長さを厳密に制御したブロック共重合体は§4・5で述べるリビング重合によって合成され，実用的に生産されているものもある．

　反対に $-A-B-A-B-A-B-\cdots$ とAとBが交互に並んでいるとき，あたかもA-Bがモノマー単位とするポリマーの物性が期待される．したがって，共重合体の場合，構成モノマー単位だけでなく，その連鎖についても詳しい情報を得ておく必要がある．ブロック共重合させることが困難な場合（たとえば，ポリ(A)

が天然高分子の場合），ブロック共重合に替わるものとして，**グラフト(共)重合体**（**グラフトコポリマー**）がある．グラフトというのは接ぎ木のことで，その名のとおりの形のポリマーをいう (9).

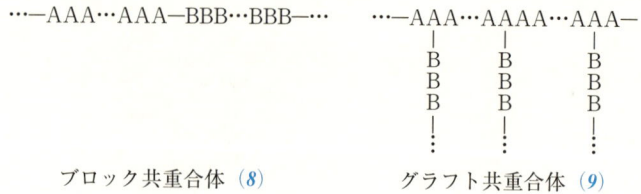

ブロック共重合体 (8)　　　　グラフト共重合体 (9)

2・4 枝分かれと網目のある高分子

2・4・1 枝分かれ高分子

高分子は一般に線状（鎖状）であるが，枝分かれのある高分子もあり**分岐高分子**という．実際に生産されるポリエチレンは構造式で示されるような線状ではなく枝分かれがある．製法の違いにより分岐の種類や数などが異なる（図2・5）．分岐の少ない高密度ポリエチレンは遷移金属触媒（チーグラー・ナッタ触媒）を用いて低圧，溶液中で製造され，フィルムやシート，レジ袋に利用されている．直鎖状低密度ポリエチレンも遷移金属触媒によって製造される．低密度ポリエチレンは，高温高圧下，塊状でラジカル重合によってつくられ，長い分岐構造をもつ．軟化点が低く加工性に優れており，フィルムやごみ袋に利用されている．

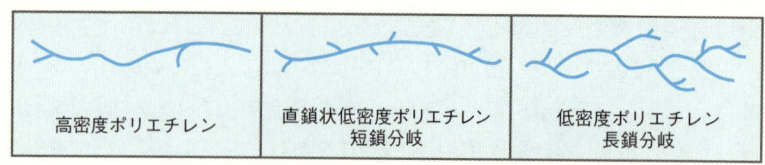

図 2・5 分岐の異なるポリエチレンの構造の模式図

分岐高分子はその形状により，くし(櫛)型高分子，星型高分子，樹状高分子に大別される（図2・6）．前節のグラフト共重合体はくし型高分子の例であり，末端に重合性基をもつモノマー（マクロモノマー）のリビング重合により，高密度にグラフト鎖が導入されたくし型ポリマー（ポリマーブラシ）の合成も可能である．

2・4 枝分かれと網目のある高分子

図 2・6　分岐高分子の種類と模式図

　星型ポリマーは複数のポリマー鎖が一つの分岐点（コア）で結合した長鎖分岐ポリマーである．一般に，分子内に三つ以上の官能基をもつ開始剤を用いた重合か，重合途中の成長種と結合可能な官能基を分子内に三つ以上もつ分子を重合系に加えて反応させることにより合成できる．リビング重合を利用すると枝の種類や長さの制御された星型ポリマーも合成できる．また，リビング重合の後期に二官能性モノマーを導入し，架橋反応をすることにより，コア部をミクロゲル化する方法も開発されている（2・23式）（式中の・は成長活性種）．このようにして得られる星型ポリマーには無数の枝が結合することになり，分岐密度が著しく高くなる．

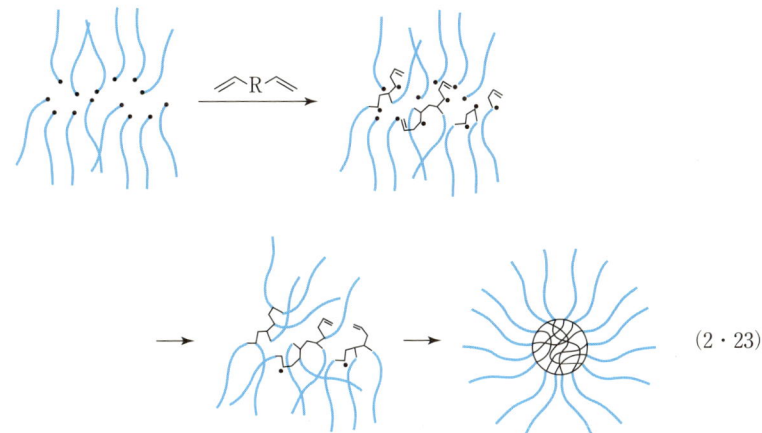

(2・23)

　AB$_2$型のモノマーを単独あるいは共重合すると枝分かれが繰返された構造をもつポリマーが得られる．これを**樹状高分子**または**ハイパーブランチポリマー**（**10**）という．つぎに述べるデンドリマーのように構造は明確ではないが，重縮合や付加重合などを用いて簡便に合成できる利点があり，工業生産には有利である．

n A$\begin{smallmatrix}B\\B\end{smallmatrix}$ ⟶ (10)

一方，重合反応を用いずに AB$_2$ 型モノマーの官能基の保護と脱保護，鎖延長を繰返すと規則正しく枝分かれした樹木状の構造をもつポリマーが得られる．これを**デンドリマー(11)**という．デンドリマーの合成には，コア部から外に向かって合成する方法（ダイバージェント法）と逆に外からコア部に向かって合成する方法（コンバージェント法）がある．デンドリマーの大きさは重合度ではなく，枝分かれを繰返した世代で表現され，枝密度がコア部よりも外側の方が高くなる．巨大デンドリマーとしては，3^7 個の枝をもつ分子量 1600 万の末端にフェロセン基が 19683 個ぶら下がった第 7 世代のデンドリマーも報告されている．デンドリマーの表面やコア，内部には目的に応じてさまざまな官能基や機能原子団，薬物を導入できるので，センサー，触媒，分離，発光，医療材料などへの応用に向けた研究が進んでいる．

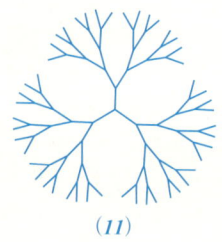

(11)

2・4・2 網目高分子

多数の高分子鎖が分子内および分子間で化学結合（架橋）すると，三次元状の網目構造を有する高分子が生成する．これを**網目高分子**あるいは**架橋高分子**という．ゴム弾性を示すエラストマー，フェノール樹脂やエポキシ樹脂などの熱硬化性樹

脂，イオン交換樹脂や SEC に用いられる多孔質ゲルなど，用途によりにさまざまな網目高分子が古くから利用されている．モノマーが三次元的に化学結合でつながっているので平均分子量は無限大となり，不溶不融となる．溶媒に膨潤する網目高分子は**高分子ゲル**とよばれ，その構造と特異な性質について広範な研究が行われている．詳細については，§5・2および§7・5で詳しく述べる．

2・5 高分子の二次構造

本章では，コンフィギュレーション，すなわち化学結合で決定される高分子の一次構造の多様性について述べてきた．一方，高分子鎖の単結合には回転による自由度が多数あり，その結果，多様な形態をとることができる．分子内回転によって自由に変化する構造はコンホメーション（立体配座）であり，コンフィギュレーション（立体配置）とならんで高分子の性質を決める重要な因子である．コンホメーションに由来する規則的な構造を**高分子の二次構造**といい，タンパク質やポリペプ

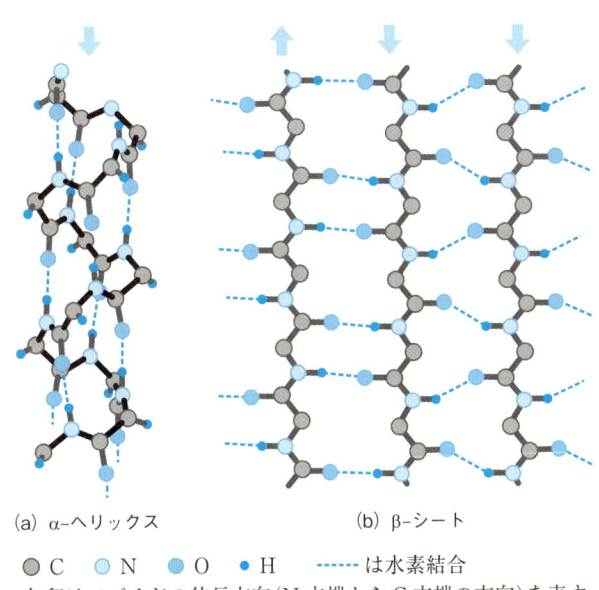

(a) α-ヘリックス　　(b) β-シート

● C　● N　● O　● H　------ は水素結合
矢印はペプチドの伸長方向（N 末端から C 末端の方向）を表す

図 2・7　ポリペプチドの一次構造と二次構造

チド（**12**）の部分構造に見られるらせん構造（α-ヘリックス）やβ-シートがその典型的な例である（図2・7）．これらは，アミノ酸をつなぐペプチド結合（CO基とNH基）どうしの分子内または，分子間水素結合により安定に形成される（2・24式）．

$$\underset{\alpha\text{-アミノ酸}}{H_2N-\underset{\alpha}{\overset{R}{C}H}-COOH} + H_2N-\underset{\alpha}{\overset{R'}{C}H}-COOH$$

$$\xrightarrow{-H_2O} H_2N-\overset{R}{C}H-\underset{\text{ペプチド結合}}{CO-NH}-\overset{R'}{C}H-COOH \quad (2\cdot24)$$

ポリペプチドの一次構造（**12**）

合成高分子のらせん構造

　イソタクチックなポリプロピレンは結晶中で三つのモノマーユニットで1回転するらせん構造（3/1らせん）を形成する．らせんには右巻きと左巻きがあるが，ポリプロピレンは左右のらせんの等量体として結晶中で存在する．しかし，溶媒に溶かすとこの構造は壊れ，ランダムコイルになる．側鎖にかさ高い置換基を導入すると溶液中でも安定ならせん高分子を合成できる場合がある．メタクリル酸トリフェニルメチル（TrMA）のポリマーがその例である．第4章で述べるアニオン重合でこのモノマーを重合する際，光学活性な配位子を使うと右巻きあるいは左巻きだけのらせん構造をつくり分けることもできる．このポリマーは医薬品を含む多くの光学異性体を分離する材料に応用され市販されている．

3

高分子の合成 I

ポリエチレンテレフタラート（PET）の応用
（ペットボトル）［キリンビバレッジ（株）提供］

3・1 高分子を生成する重合反応の分類

2章で学んだように,モノマーから対応する高分子を合成する重合反応にはいくつかの方法があり,重合機構の違いにより,**逐次重合**と**連鎖重合**に分けられる(図3・1).逐次重合には,§2・2・1で述べたポリエチレンテレフタラートの合成のように,重合反応の際に水のような低分子化合物の脱離を伴う**重縮合**と,脱離を伴わない**重付加**,付加と縮合を繰返す**付加縮合**がある.一方,通常,少量の開始剤によって反応が進行するビニルモノマーの**付加重合**や環状モノマーの**開環重合**などは連鎖重合に分類でき,活性種の種類によって**ラジカル重合**,**カチオン重合**,**アニオン重合**,**配位重合**に分類される.

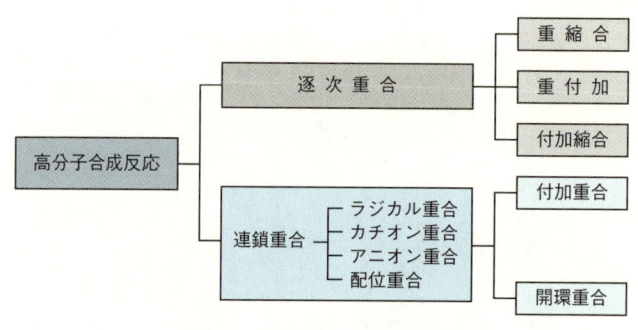

図 3・1 重合反応の分類

逐次重合と連鎖重合では,生成する高分子の平均分子量と反応率の関係で大きな違いが見られる(図3・2).§2・2・1で述べたように,逐次重合では重合の開始

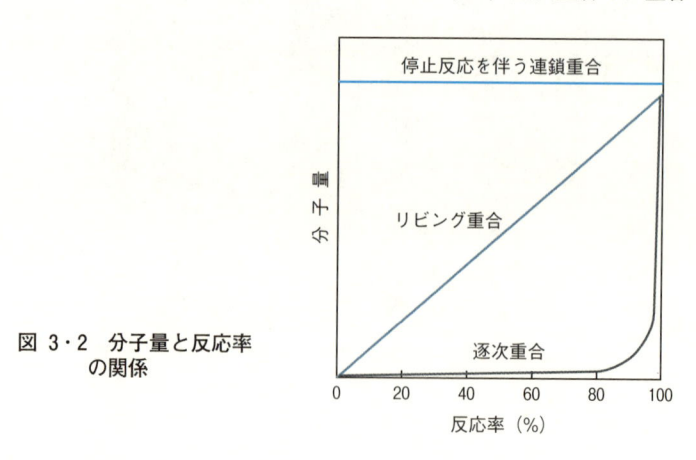

図 3・2 分子量と反応率の関係

とともにすべてのモノマーが反応に関与するため,高分子量のポリマーを得るには,反応率を100%近くまで上げる必要がある.一方,ラジカル重合のような停止反応のある連鎖重合では,高分子量のポリマーがただちに生成するが,反応率が上がっても分子量は大きく変わらない.これらとは違った重合挙動をとるのが§4・5で述べるリビング重合である.停止反応や連鎖移動反応が起こらないので,ポリマーの分子量は反応率に比例して増大し,分子量分布の狭いポリマーが生成する.リビング重合は近年,著しい進歩をとげた重合法であり,末端や側鎖に官能基をもつポリマーやブロックポリマー,多様な分岐ポリマーの合成などを可能にしている.

ここでは,逐次重合によって合成されるナイロンやポリエステル,ポリウレタンやフェノール樹脂など,私たちの身近に存在するポリマーについて詳しく述べ,連鎖重合については4章でまとめて述べる.

3・2 重縮合 —— ナイロン・ポリエステルの生成

衣料としてなじみの深いナイロンやポリエステル,エンジニアリング・プラスチックとよばれる軽くて金属のように強いプラスチックの多くは,重縮合で合成されている.また,核酸,タンパク質,セルロースなどの生体を構成している天然のポリマーも,重縮合によって生成する.重縮合で得られる代表的なポリマーであるポリアミド (**3**) とポリエステル (**6**) の合成経路をそれぞれ (3・1), (3・2) 式に示す.

$$\text{HOC}-(\text{CH}_2)_4-\text{COH} + \text{H}_2\text{N}-(\text{CH}_2)_6-\text{NH}_2$$
$$\quad \; \; \, \|\qquad\qquad\;\;\,\| $$
$$\quad \; \; \, \text{O}\qquad\qquad\;\;\,\text{O} $$
(**1**)　　　　　　　　(**2**)

$$\xrightarrow{-\text{H}_2\text{O}} \left[\begin{array}{c} \text{C}-(\text{CH}_2)_4-\text{C}-\text{N}-(\text{CH}_2)_6-\text{N} \\ \| \qquad\qquad \| \; \; | \qquad\qquad\;\;\, | \\ \text{O} \qquad\qquad \text{O} \; \text{H} \qquad\qquad\;\;\, \text{H} \end{array} \right]_n \quad (3 \cdot 1)$$

(**3**)

$$\text{HOC}-\!\!\!\bigcirc\!\!\!-\text{COH} + \text{HO}-\text{CH}_2\text{CH}_2-\text{OH}$$

テレフタル酸 (**4**)　　エチレングリコール (**5**)

$$\xrightarrow{-\text{H}_2\text{O}} \left[\text{C}-\!\!\!\bigcirc\!\!\!-\text{COCH}_2\text{CH}_2\text{O} \right]_n \quad (3 \cdot 2)$$

ポリエチレンテレフタラート (**6**)

3・2・1 重縮合で得られる高分子

A ポリアミド（ナイロン）

i) ナイロン 66

(3・1)式に示した酸 (**1**) とアミン (**2**) の加熱により得られる高分子 (**3**) は，1935年に米国のデュポン社のカローザス（Carothers）によって，世界最初の合成繊維として見いだされ，**ナイロン**（nylon）と名付けられた．モノマー (**1**) と (**2**) の$COOH$基とNH_2基を加熱すると，(3・3)式に従って □ で囲んだ水分子が脱離して，**アミド結合**が生成する．したがって，酸とアミンから生成するポリマーは，一般に**ポリアミド**とよばれる．ポリアミドはナイロンともよばれ，各モノマー成分の炭素数（アミン，酸の順序）をその後に付して名称とする．この命名に従うと (**2**) と (**1**) からのポリマーはナイロン 66 となる．

$$\underset{}{\overset{OH}{\underset{O}{\overset{|}{C}}}} + \underset{}{\overset{H}{\underset{H}{\overset{|}{N}}}} \longrightarrow \left(\underset{}{\overset{OH}{\underset{O}{\overset{|}{C}}}} \underset{}{\overset{H}{\underset{H}{\overset{|}{N}}}} \right) \xrightarrow{-H_2O} \overset{\text{アミド結合}}{\underset{}{\overset{}{\underset{O}{\overset{|}{C}}}-\underset{H}{\overset{|}{N}}}} \quad (3・3)$$

ナイロン 66 は，(**1**) と (**2**) を 1:1 に混合した水溶液を加熱して生産される．生成物が酸化されないように，窒素を流しながらこの水溶液を 220 ℃付近まで加熱し，水を徐々に除く．さらに 270〜280 ℃（このポリマーの融点 260 ℃より少し高温）まで加熱し，生成した水を減圧で除いて反応を完結する．

ii) ナイロン 6

現在工業的に最も大量に生産されているポリアミドはナイロン 6 である．これはε-カプロラクタム (**7**) という化合物が，工業的に容易に生産されるためである．環状モノマーである (**7**) に水を加えて加熱すると (**8**) となる．(**8**) を加熱すると分子間で脱水して重縮合が進行し，ポリアミド (**9**) が生成する（3・4式）．(**9**) はナイロン 6 とよばれる．ナイロン 6 の融点は 215 ℃でナイロン 66（融点 260 ℃）より低いが，衣料として使用するには十分の融点であり，先に述べた合成面の容易さから大量に生産されている．

$$\underset{(7)}{\overset{}{\underset{}{\text{カプロラクタム}}}} \xrightarrow{+H_2O} \underset{(8)}{HOC(CH_2)_5NH_2} \xrightarrow{-H_2O} \underset{(9)}{\left[\overset{}{\underset{O}{\overset{\|}{C}}}(CH_2)_5 \overset{}{\underset{H}{\overset{|}{N}}} \right]_n} \quad (3・4)$$

iii) 低温での重縮合（界面重縮合）

ナイロン66やナイロン6の重縮合は，得られるポリマーの融点以上に加熱して，脱水により反応を進めている．しかし，ポリマーの融点が非常に高い場合や熱に弱い置換基をもつポリマーを得たい場合には，低温で分子量の大きいポリマーを得る工夫が必要である．このために (3・3)式をもう一度ながめよう．新しい反応を考えるためには，これまでの反応の経路を理解する必要がある．

(3・3)式の反応をもっと起こりやすくするには，酸のOHの代わりにより強く電子を引く塩素原子 (Cl) を導入するとよい．Clの導入によりカルボニル基の炭素のプラス性が大きくなり，アミンの電子が強く引きつけられて反応が促進される (3・5式)．この際 □ で囲んだ HCl が脱離して反応が完結する．この反応を塩基の存在下で行うと，HClの脱離が促進され，反応がより速やかに進行する．

$$\underset{\overset{\|}{O}}{\overset{Cl}{\underset{}{C}}} + \underset{H}{\overset{H}{\underset{}{N}}} \longrightarrow \left(\underset{\overset{\|}{O}}{\overset{\boxed{Cl\;\;\;H}}{\underset{}{C}\cdots\underset{}{N}}} \right) \xrightarrow{-HCl} \underset{\overset{\|}{O}}{\overset{}{C}}-\underset{H}{\overset{}{N}} \qquad (3\cdot5)$$

酸塩化物 (**10**) とジアミン (**2**) を溶媒中で混合すると，反応してポリアミド (**3**) が生成する (3・6式)．しかし，反応が激しすぎて規制が困難な場合が多い．

$$Cl-\underset{\overset{\|}{O}}{C}-(CH_2)_4-\underset{\overset{\|}{O}}{C}-Cl + H_2N-(CH_2)_6-NH_2$$
$$\qquad (\boldsymbol{10}) \qquad\qquad\qquad (\boldsymbol{2})$$

$$\xrightarrow{-HCl} \left[\underset{\overset{\|}{O}}{C}-(CH_2)_4-\underset{\overset{\|}{O}}{C}-\underset{H}{\overset{}{N}}-(CH_2)_6-\underset{H}{\overset{}{N}} \right]_n \qquad (3\cdot6)$$
$$\qquad\qquad\qquad (\boldsymbol{3})$$

このため，**界面重縮合**という興味ある方法が工夫されている．ナイロン66を例として，図3・3に界面重縮合を具体的に示す．まず酸塩化物(**10**)を四塩化炭素（水と混合しない，水より重い溶媒）に溶解し，ビーカーに入れる．この上にジアミン(**2**) と NaOH を溶解した水溶液を静かに注ぐ．図3・3にみられるように両者は2層になり，両液の界面で (**10**) と (**2**) が反応してポリマーの薄い膜が生成する．膜が生成すると，両方の液が接触しなくなり，これ以上反応は進まない．ここでこの界面のポリマーを静かに引上げると，新しい二つの液面が接触し，非常に速い反応

でポリマーが生成する．静かに膜を引上げると，ポリマーの生成が速いため，図 3・3 に示すように連続的にポリマーが得られる．

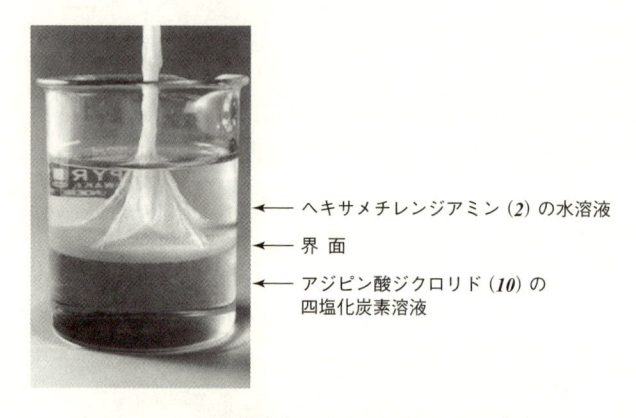

← ヘキサメチレンジアミン (*2*) の水溶液
← 界　面
← アジピン酸ジクロリド (*10*) の四塩化炭素溶液

図 3・3　界面重縮合によるナイロン 66 の生成
［福本　修 元 東京農工大学 教授のご好意による］

合　成　繊　維

2008 年の世界の合成繊維の生産量は 3669 万トンで，ポリエステル，ナイロン，アクリルの三大合成繊維が全体の 98 % を占めている．中でも，ポリエステルの占める割合は年々増加し，全体の 84 % である．（日本化学繊維協会，統計資料より (http://www.jcfa.gr.jp/data/japan/2_2.html)）

合成繊維では使用するポリマーばかりではなく，結晶構造，繊維断面の形状，微細空隙，単繊維の太さなどを制御することによって，ポリエステルを中心に用途に応じて綿，絹，羊毛，羽毛などの風合をもつ素材が提供されている．また，人工皮革，人工スウェード，さらにスポーツウェアを中心に透湿性防水布などの新しい素材が考案され，市販されるようになってきた（口絵 4 (a)）.

合成繊維の近年の進展は衣料用だけでなく産業用途の耐熱性繊維，超強力繊維，高ヤング率繊維などに見られ（口絵 4 (b), (c)），応用範囲を広げている．石油などの化石資源ではなく，植物を原料として生産される合成繊維（バイオプラスチック）の一つであるポリ乳酸は（§4・4 参照），使用後廃棄しても土中の水分や微生物により二酸化炭素と水に分解されることから，環境に優しい繊維として注目され，衣料用や自動車部材に使用され始めている（口絵 4 (d)）.

3・2 重縮合 ── ナイロン・ポリエステルの生成

ナイロンの発見

ハーバード大学の化学の講師，W. H. カローザスにデュポン社から新しくつくる研究所のリーダーになってくれないかと話がいったのは，彼が 31 歳のときであった．デュポン社はもっと有名な学者に声をかけたのだが断られ，結局彼に白羽の矢が立った．カローザスは基礎的な学問こそ重要だと考えている理想家で，実用研究には興味がなかったが，新しい研究所が基礎研究を重視するというので，いくことにした．1928 年のことである．ところが偶然にクロロプレン（2-クロロブタジエン）のポリマーができて，それが合成ゴムになることを見つけ，彼は実用の世界に巻き込まれることになった．

彼をナイロンの発見へと導いたのは，多官能性化合物の重縮合についての基礎的な研究である．これは巨大分子説を高分子合成の立場から確かめる意味をもつ重要な仕事となった．その中で，エチレングリコールとセバシン酸からできるポリエステルを溶融したものから繊維が引き出せることがわかった．この繊維がすごく伸びるので，端をもって部屋中を走り回って喜んだという話が伝えられている．ポリエステル類は実用にならないと思われたのでポリアミドに目標を変え，ヘキサメチレンジアミン（**2**）とアジピン酸（**1**）からつくるナイロン 66（**3**）の発明となった．1935 年のことである．

この輝かしい成功にもかかわらず，カローザスは科学者として自信をなくしていった．以前からあったうつ病の傾向が強くなり，1937 年自らの命を絶った．

B ポリエステル

酸とアルコールを加熱すると，水を脱離して縮合し，エステルが生成する（3・7式）．この反応を利用して，ナイロンと同様に合成繊維をつくることができる．

$$\underset{\underset{O}{\overset{\|}{C}}}{\overset{OH}{|}} + \overset{H}{\overset{|}{O}} \longrightarrow \left(\underset{\underset{O}{\overset{\|}{C}}}{\overset{OH\ H}{\cdots\cdots}} \overset{}{O} \right) \xrightarrow{-H_2O} \underset{\underset{O}{\overset{\|}{C}}}{} — O \qquad (3 \cdot 7)$$

脂肪族の酸とアルコールから合成されたポリマーは融点が低く，繊維としては使えない．しかし酸としてベンゼン環を含むテレフタル酸（**4**）を，アルコールとしてエチレングリコール（**5**）をモノマーとしてそれぞれ用い，反応させると（3・2式），融点が 265 °C と高く，繊維として優れた性質をもつポリマー（**6**）が得られる．ポリマー（**6**）は，**ポリエチレンテレフタラート**（略称 **PET**）とよばれ，その発見はナイロンより遅れたが，モノマー合成が容易なこととポリマーが優れた性質をもつこ

とから，現在はナイロンよりずっと多く生産されている．ポリマー (**6**) からつくった繊維は，わが国ではテトロンなどの商品名で市販され，さらに繊維だけでなく，プラスチック・フィルム，磁気テープなど多くの分野で大量に使用されている．

$$\left[\begin{array}{c}O\\\|\\-C-\end{array}\right.\!\!\!\underset{}{\bigcirc}\!\!\!\left.\begin{array}{c}O\\\|\\-COCH_2CH_2O-\end{array}\right]_n$$

(**6**) 融点 265 ℃

ポリマー (**6**) は，(**4**) と (**5**) とを加熱・脱水して得た初期縮合物をさらに減圧下で 220 ℃ から 280 ℃ まで加熱して生産されている．この際，少量の金属塩が反応を促進する触媒として添加されている．

テレフタル酸 (**4**) の代わりに，曲がりやすいメチレン鎖 $-(CH_2)_4-$ を含むポリマー (**11**) では，(**6**) より融点が低く，逆に剛いベンゼン環を 2 個含むポリマー (**12**) では融点が高い．このように主鎖の構造を少し変化させるだけで，種々の性能のポリエステルが合成できる．

これまでの例で見られるように，ポリマーの合成は学問の基礎と実用的な面を結びつける変化に富んだ分野であり，将来の発展が期待される．

(**11**) 融点 50 ℃

(**12**) 融点 355 ℃

ポリエチレンテレフタラートの用途

ポリエチレンテレフタラート（PET）は，最初繊維として研究され，衣料として長繊維は婦人服から裏地まで，短繊維は紳士用シャツを始め各種衣料用に用いられるほか，産業用途ではゴム補強布，沪布，タイヤコードなどに用いられる．

PET はつぎのように非繊維用途にも広く利用されている．

　　成形用樹脂（電気・電子機器，自動車，事務用機器，日用雑貨など）
　　ボトル用樹脂（醬油，食用油など：本章扉参照）
　　フィルム用（写真，磁気媒体，包装，電気絶縁，グラフィック）

磁気テープは右のように PET のフィルム上に磁性体（酸化鉄など）を塗布したもので，厚さが一定で伸縮しないことなど高度の技術を必要とする．

磁性粒子
PET
(8～25 μm)

3・2・2 重縮合で分子量の大きいポリマーを生成する条件

モノマーが数百から千個程度つながらないと,繊維やプラスチックとしての十分な強度にならない.重縮合では単にモノマーを混合して加熱するのみで,十分大きい分子量のポリマーが得られるわけではない.分子量の大きいポリマーを生産するにはどうすればよいかをつぎに考えよう.

A 反応度と重合度 (反応率と分子量)

§2・2・1および§3・1で学んだように,重縮合でポリマーを生成する場合,反応度(p)と,1本のポリマー分子中に含まれるモノマー分子の数(平均重合度: $\overline{P_\mathrm{n}}$)との間には,(3・8)式の関係があった(§2・2・1参照).

$$\overline{P_\mathrm{n}} = \frac{1}{1-p} \tag{3・8}$$

(3・8)式の関係を数値で示したのが表3・1である.重合度1000のポリマーを得るには,モノマーが99.9%反応しなければならないことがわかる.それでは反応率を高め,高重合度のポリマーを得るにはどうしたらよいだろうか.

表 3・1 重縮合における反応度(p)と生成ポリマーの数平均重合度($\overline{P_\mathrm{n}}$)との関係

反応度	0	0.5	0.8	0.9	0.95	0.99	0.999
反応率(%)	0	50	80	90	95	99	99.9
数平均重合度	1	2	5	10	20	100	1000

i) 脱離する低分子の除去

ポリアミドやポリエステルの生成する反応(3・1式,3・2式)は,水が脱離する反応であった.反応を右辺のポリマー生成に進めるためには,脱離する水を除去しなくてはならない.ポリアミドでは平衡が右辺に偏っているが,ポリエステルではそうでないので脱水が特に重要である.このため重縮合では反応が終わりに近づくと,反応率を高めるため減圧で加熱し,脱離する低分子の除去が行われている.

ii) モノマーの純度

重縮合の進んでいる系に,官能基が一つしかない不純物が存在すると,生成物はこれ以上反応しなくなり,重合度も大きくならない.したがって,高重合体を得るためには,モノマーを高純度として不純物の混入を避けねばならない.逆に,ポリマーの重合度が大きくならないように規制したい場合は,1官能基性の化合物を一定量反応系に加えておく.

iii) モノマーの混合比

これについては§2・2・1の議論および結論となる．一方のモノマーがわずかに過剰でも，ポリマーの重合度は高くなり得ない．

B 環化反応による高重合体生成の阻害

重縮合では多くの場合，成長反応と競合してポリマーの環化反応が起こり，ポリマーの重合度が大きくならない．

表 3・2 ナイロン 6 の生成時に平衡に存在するモノマー(7)および環状オリゴマー(環状二量体, 三量体)と重合温度の関係

温度 / ℃	モノマー(7)	環状オリゴマー
230	6.2 %	2.0 %
280	8.3	2.3
295	8.9	2.4
310	10.6	2.5

ポリマーを高収率で得るためには，環が生成しないことが望ましいが，通常の重縮合では環化を完全に抑制することは実際上困難である．たとえば，ナイロン 6 の生成 (3・4 式) において，表 3・2 からポリマー末端の環化が高温になると起こりやすいことがわかる．

環生成の割合に一番大きく影響するのは，モノマー分子の長さである．ω-ヒドロキシ酸とよばれる一連の化合物 (13) は，ポリマー生成と環化などの副反応を同時にひき起こす (3・9 式)．環状化合物 (15) とポリマー (14) を生成する反応速度の比と分子の長さ x との間に関係があることが知られている．生成物が 5 員環 ($x=3$) の場合に最も環をつくりやすく，9 員環 ($x=7$) になると環を生成しにくくなる．この両者で環の生成しやすさには実に 10^6 倍のひらきがある．一方，x が 1 の場合は分子間による環の生成反応 (ラクチドの生成) が起こりやすく，x が 2 の場合は分子内の脱水反応により不飽和カルボン酸が生成しやすく，これらの副反応のためポリマーの生成は困難である．

$$HO(CH_2)_x COOH \longrightarrow \begin{cases} HO(CH_2)_x COO(CH_2)_x \sim\sim\sim (CH_2)_x COOH \\ (14) \\ (CH_2)_x \overset{O}{\underset{}{C}}=O \\ (15) \end{cases} \quad (3・9)$$

重縮合で分子量を制御する：連鎖縮合重合

　重縮合では，モノマーおよび反応途中に生成するオリゴマーの両末端の反応性基は同じ反応性をもつため，ポリマーの分子量は反応率が100％近くなって飛躍的に増加する（図3・2）．

　しかし，モノマーの一方の反応性基が反応すると，もう一方の反応性基の反応性が著しく高くなるような場合，逐次重合は起こらず，ポリマーの片末端からの成長反応のみが進行し，結果として連鎖重合が起こる．

　たとえば，両末端にアミノ基とエステル基をもつモノマー(**16**)は，塩基によって脱プロトン化され(**17**)，生成するアニオンの影響によりパラ位のエステル基の活性が失われ，モノマーどうしの縮合反応が抑制される．ここに電子吸引性の置換基をもつ開始剤(**18**)を加えると，(**17**)が反応してアミド(**19**)を生成する．このアミド結合の電子供与性は(**17**)に比べてはるかに弱いので，エステル部分はモノマーのエステルより高い求電子活性を示し，モノマーのアミノ基とつぎつぎに反応し，結果として，成長末端に順次モノマーが反応する連鎖重合が進行する．この連鎖縮合重合により，分子量のそろったポリアミドやポリエステル，π-共役高分子が合成されている．

EDG: 電子供与基，EWG: 電子吸引基

3・2・3 高強力繊維と耐熱性ポリマー

ポリマーが多方面で利用され始めると，これまで金属やセラミックスなどの無機化合物が使用されていた分野でポリマーを利用したいという要求がでてくる．ポリマーは金属などより軽量で成形しやすいため，その代わりに用いることができるときわめて有用である．ここで問題になるのは，有機物のポリマーの強度が小さいことと高温での使用が困難なことである．ポリマーは高温で酸化されると主鎖が切れて分子が短くなり，強度が低下してしまう．

つぎの条件を備えたポリマーは，耐熱性が優れていると期待される（§5・3・3 参照）．

❶ 主鎖の剛直な構造——芳香族を含むこと．
❷ ポリマー分子間の相互作用が大きいこと．（N, O などを含み，分子間の水素結合の力が大きい）
❸ 主鎖が熱的に安定な共役構造を含むこと．

ポリマーとして実際に使用するためには，このほかに繊維やフィルムに成形できることが大切である．このような条件を満足するポリマーを目指して，これまで多くの研究が行われてきた．つぎに二つの例を示す．

A 高強力繊維（芳香族ポリアミド）

熱に強くて強力な繊維を構成する分子は，上記 ❶〜❸ の条件を満足し，かつ直鎖状であることが望まれる．これを目指してデュポン社の研究者は，芳香族ポリアミドに着目した．そして，ベンゼン環のパラ位で結合したポリアミド (**20**) の合成に成功した（3・10 式）．

$$H_2N-\text{C}_6H_4-NH_2 + HOOC-\text{C}_6H_4-COOH \xrightarrow{-H_2O} {-}\!\!\left[HN-\text{C}_6H_4-NH-\underset{\text{O}}{\text{C}}-\text{C}_6H_4-\underset{\text{O}}{\text{C}}\right]_n \quad (3\cdot10)$$

(**20**)

しかし，このポリマーは融点が高く，普通の溶媒に溶けないので紡糸して繊維にすることができなかった．現在では液晶紡糸により，繊維にすることが可能となっている（§4・4 参照）．この繊維はケブラー®（Kevlar）とよばれる．

3・2 重縮合 ── ナイロン・ポリエステルの生成

B 耐熱性ポリマー（ポリイミド）

ケブラー繊維に見られるように，最初から芳香環をもつモノマーどうしを重縮合すると，生成ポリマーを繊維やフィルムに成形するのが難しくなる．しかし，ポリマーの反応によって環構造を形成すれば，耐熱性を一層向上させることができるはずである．そのため，四置換芳香族酸無水物（**21**）と芳香族ジアミン（**22**）を重縮合し，反応しながら五員環構造を生成する方法が開発された．これは実に巧妙な方法であって，その反応式を（3・11式）に示す．

まず第一段階の反応で酸無水物とジアミンが室温付近で反応して，直鎖状のポリマー（**23**）が生成する．ポリマー（**23**）はつなぎ目がまだ剛い環構造になっていないので，主鎖にいくつかのベンゼン環を含んでいるが，溶媒に可溶である．第二段階でポリマー（**23**）をフィルムなど希望の形に成形し，300℃付近まで加熱すると，分子内の –COOH 基と –NH- 基とから水が脱離し，ポリマー（**24**）が生成する．このように反応すると，分子内に安定な5員環を生成するため，分子内での環生成反応が優先して進行するのである．

生成ポリマー（**24**）は主鎖がイミド結合
$\left(\begin{smallmatrix} & O & & O \\ & \| & & \| \\ -& C & -NR- & C & - \end{smallmatrix}\right)$
でつながっており，ポリイミドとよばれる．

$$
\text{(21)} + \text{(22)} \longrightarrow
$$

(23) →

(24)   (3・11)

ポリマー (**24**) は主鎖が剛い環構造のため不溶・不融で，耐熱性の優れたポリマーである．米国で開発され，カプトン® (Kapton) の名称で市販されている．カプトンは 200 ℃ で連続使用が可能な絶縁フィルムであり，250 ℃ でも何年間も使用に耐えるといわれている．また，フレキシブルなプリント基板として各分野で用いられている（§5・3・3 参照）．

汎用ポリマーと耐熱性ポリマー

成形品（容器・袋など）やフィルムとして日常われわれの身のまわりで用いられているポリマー（汎用ポリマー）は 100 ℃ 以上での使用は困難で，高温では短時間で変形し空気中では酸化されてしまう．一方，ここで述べた耐熱性ポリマーは 200 ℃〜250 ℃ で長時間使用に耐えるだけでなく，短時間であればそれ以上の温度でも使用できる．エンジニアリング・プラスチック（§3・2・4 参照）はこの中間の耐熱性を示す．

口絵 3 は高温での各種プラスチックフィルムの変化の様子を示したものである．

宇宙で使われる耐熱性ポリマー

過酷な宇宙環境で長期間にわたって耐えうる耐熱性・耐放射性高分子膜材料として，対称性芳香族ポリイミド (**24**) が長年にわたって用いられている．しかし，大規模膜製造には接着以外に方法がなく，また，不溶・不融で成形材料への展開が望まれていた．主鎖を非対称にした芳香族ポリイミド (**25**) は，優れた耐熱性に加え，熱可塑性をもち，熱を加えて融着できる利点があり，太陽光を推進力とするソーラーセイル (IKAROS) の宇宙帆（一辺が約 14 m，厚さが 7.5 μm）に (**24**) とともに採用された（口絵 1）．IKAROS は，2010 年 5 月 21 日に打ち上げられ，太陽光の圧力を帆に受けて，地球から 800 万 km 離れた金星を目指して航行している．ポリイミド (**25**) は，人工衛星の断熱材としても使われている．［横田力男，高分子，2008 年 9 月号，747 に基づく］

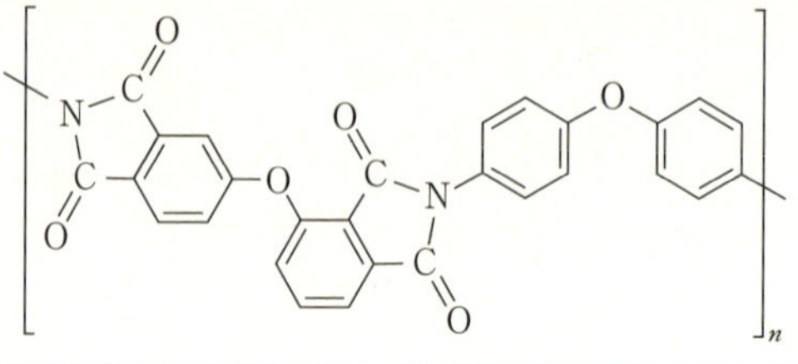

(**25**)

3・2・4 エンジニアリングプラスチックと不飽和ポリエステル

A エンジニアリングプラスチック

§3・2・3で述べたポリマーほどではないが，比較的強度が大きく，熱による変形温度が100℃以上のポリマーは，**エンジニアリングプラスチック**と総称され，軽量で成形しやすいため金属などの無機物の代わりに広い分野で使用されている．

ポリマーの強度が大きく耐熱性を示すためには，分子間の相互作用が必要である．重縮合で得たポリマーは，アミド基やエステル基などの極性基を主鎖中にもち，大きい分子間力をもつ．実際，§3・2・1で述べたポリアミドやポリエステルのいくつかが，エンジニアリングプラスチックとして使用されている．

ポリカーボネート (**28**) は (**26**) と (**27**) の重縮合で得られるエンジニアリングプラスチックの一つである．(3・12)式にその合成法の一例を示す．反応の経路は，読者が自分で考えてほしい．

$$\text{HO}-\text{C}_6\text{H}_4-\text{C}(\text{CH}_3)_2-\text{C}_6\text{H}_4-\text{OH} + \text{C}_6\text{H}_5-\text{O}-\text{CO}-\text{O}-\text{C}_6\text{H}_5 \xrightarrow[-\text{C}_6\text{H}_5\text{OH}]{\text{加熱}}$$

(**26**) (**27**)

$$\left[-\text{O}-\text{C}_6\text{H}_4-\text{C}(\text{CH}_3)_2-\text{C}_6\text{H}_4-\text{O}-\text{CO}-\right]_n \quad (3\cdot12)$$

(**28**)

B 不飽和ポリエステル

ナイロン66 (**3**) やPET (**6**) のようなポリエステルは直鎖状のポリマーであり，融点付近まで加熱すると流動状態となり，それをある形に保って冷却すると，外力を除いてもその形を保っている．このようなポリマーは**熱可塑性ポリマー**(**熱可塑性樹脂**) とよばれる．

一方，ポリマー間に加熱により橋かけが起こるとポリマーは不溶不融となる．このポリマーは再び加熱しても軟らかくならず形を変えることはない．このように重合中にポリマー間に橋かけし，硬化・不溶化するようなポリマーは**熱硬化性ポリマー**(**熱硬化性樹脂**) とよばれる（§5・2・2を参照）．

このポリマー間の橋かけを利用して，大きい強度や耐熱性をもち，耐溶媒性に優れたポリマーが得られている．重縮合で得られる代表的な熱硬化性樹脂に不飽和ポ

リエステルがある．マレイン酸やフマル酸（**29**）などの不飽和脂肪酸とエチレングリコール（**5**）を分子量をあまり大きくしない条件（分子量，数百〜数千）で重縮合すると，粘性をもつプレポリマー（**30**）が得られる（3・13 式）．

$$\text{HOOCCH=CHCOOH} + \text{HO(CH}_2\text{)}_2\text{OH} \xrightarrow{-\text{H}_2\text{O}}$$
(**29**)   (**5**)

$$\left[\begin{array}{c} \text{CCH=CHCO(CH}_2\text{)}_2\text{O} \\ \| \quad\quad\quad \| \\ \text{O} \quad\quad\quad \text{O} \end{array} \right]_n \quad (3 \cdot 13)$$
(**30**)

この不飽和基をもつポリエステル（**30**）に，第 4 章で述べるスチレンのように二重結合と反応する化合物を加えて加熱すると，二重結合の間がポリスチレンで橋かけされて剛いポリマー（**31**）が得られる（3・14 式）．この際ガラス繊維を加えて補強すると，強度の大きい強化プラスチックが得られる．不飽和ポリエステルは強化プラスチックのほかに，塗料や絶縁材料として使用されている．

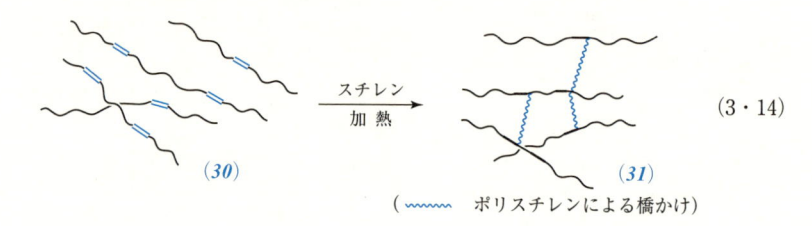

(**30**) →[スチレン／加熱] (**31**)   (3・14)

（〜〜〜 ポリスチレンによる橋かけ）

3・3 重付加と付加縮合 —— ポリウレタン・フェノール樹脂の生成

3・3・1 重付加で得られる高分子 —— ポリウレタン

重縮合は二官能性のモノマーが，水やアルコールなどの小さい分子を脱離して結合し，ポリマーを生成する反応である．これに対して重付加は小さい分子を脱離することなく，段階的に結合してポリマーを生成する反応である．ポリウレタンやエポキシ樹脂（§5・2・2 参照）はその代表的な例である．

$$\underset{\text{イソシアナート基}}{\text{R}-\text{N}=\text{C}=\text{O}} \;+\; \text{H}-\text{O}-\text{R}' \longrightarrow \underset{\text{ウレタン結合}}{\text{R}-\overset{\text{H}}{\underset{}{\text{N}}}-\overset{}{\underset{\|\\ \text{O}}{\text{C}}}-\text{O}-\text{R}'} \quad (3 \cdot 15)$$

3·3 重付加と付加縮合 —— ポリウレタン・フェノール樹脂の生成

イソシアナート基とよばれる二重結合をもつ官能基はアルコールの OH 基と付加して，ウレタン結合を生成する（3·15 式）．したがって，2 個のイソシアナート基をもつ化合物 (*32*) と 2 価のアルコール (*33*) とを反応させると，付加が繰返されてポリマー (*34*) が生成する（3·16 式）．ポリマー (*34*) はウレタン結合でつながっているのでポリウレタンとよばれる．

$$\underset{(32)}{\text{CN}-\text{R}-\text{NC}} + \underset{(33)}{\text{HO}-\text{R}'-\text{OH}} \longrightarrow \underset{(34)}{\left(\begin{array}{c}\text{H}\text{H}\\||\\\text{OCN}-\text{R}-\text{NCO}-\text{R}'\\\|\|\\\text{O}\text{O}\end{array}\right)_n} \quad (3\cdot16)$$

i) 直鎖状のポリウレタン

弾性糸などに利用されている，分子量が 1000～2000 程度の柔らかいポリエーテル分子 (*35*) と剛い芳香族のジイソシアナート分子 (*36*) を重付加させて合成する．実際には (*36*) を過剰に反応させるので，生成物 (*37*) は (3·17) 式に示すように末端がイソシアナート基となる．

$$\text{HO}+(\text{CH}_2)_4\text{O}\!\!\!\!\!\!\!\!\!-_m\!\!\text{H} + \underset{(36)}{\text{OCN}\!-\!\!\!\raisebox{0pt}{\fbox{ }}\!\!\!-\text{CH}_2\!-\!\!\!\raisebox{0pt}{\fbox{ }}\!\!\!-\text{NCO}} \longrightarrow$$
$$(35)$$

$$\underset{(37)}{\text{OCN}\!-\!\!\!\raisebox{0pt}{\fbox{ }}\!\!\!-\text{CH}_2\!-\!\!\!\raisebox{0pt}{\fbox{ }}\!\!\!-\overset{\text{H}}{\underset{\|}{\text{N}}}\text{CO}\!-\!(\text{CH}_2)_4\text{O}\!-_m\!\overset{\text{H}}{\underset{\|}{\text{N}}}\text{C}\!-\!\!\!\raisebox{0pt}{\fbox{ }}\!\!\!-\text{CH}_2\!-\!\!\!\raisebox{0pt}{\fbox{ }}\!\!\!-\text{NCO}} \quad (3\cdot17)$$

このイソシアナート基がさらにジアミン (*38*) と反応すると尿素結合で結ばれたポリマー (*39*) (3·18 式) が生成する．このポリマーはスパンデックス（Spandex）という一般名で商品化されている．このように柔らかい鎖と剛い結合点をもつポリマーはゴム弾性を示す．このポリマーは天然ゴムのように二重結合をもたないので酸化されにくく，しかも強度が大きく弾性回復も良好で，下着や水着などに弾性糸として使用されている．

$$\text{CN}-\text{R}-\text{NC} + \underset{(38)}{\text{H}_2\text{N}-\text{R}'-\text{NH}_2} \longrightarrow \underset{(39)}{\left(\text{CN}-\text{R}-\overset{\text{H}}{\text{NC}}-\text{NH}-\text{R}'-\text{NH}\right)_n} \quad (3\cdot18)$$

(尿素結合)

ii) 橋かけポリウレタン——発泡ポリウレタン

(35)のような両末端がOH基のポリエーテルまたはポリエステルと過剰量の芳香族のジイソシアナートとの反応において，橋かけ剤を添加して重合を進める．この際発泡剤を存在させると，橋かけしたポリマーの中で発泡し，小さい孔がたくさんあるポリマー（発泡ポリマー）が得られる．橋かけ剤としてはヒドロキシ基やアミノ基をもつ多官能性ポリエーテルオリゴマーが，発泡剤としては水や低沸点化合物などが用途に応じて用いられている．ジイソシアナートは水と反応すると二酸化炭素を放出するとともにアミンになる（3・19式）．

$$\underset{O\ \ \ \ \ O}{CN-R-NC} + H_2O \longrightarrow \underset{O\ \ \ \ \ \ \ \ \ \ O}{CN-R-\underset{|}{\overset{H}{N}}C-OH} \longrightarrow \underset{O}{CN-R-NH_2} + \boxed{CO_2} \quad (3・19)$$

発泡作用

生成したアミンはイソシアナートとさらに反応し，尿素結合を生成する（3・18式参照）．気体の生成量（発泡剤の量），ポリマー鎖の剛さ，橋かけ点の間の長さ（35の分子量）などを調節することによって，軟らかい発泡体から硬い発泡体までをつくることができる．

重付加・付加縮合系ポリマーの用途

　ポリウレタン　　ほとんどが軟質または硬質の発泡材として使用されている．これらは種々の分野で使用されているが，そのおもな用途を示すとつぎの通りである．発泡剤としてはトリクロロフルオロメタン（フロン）が広く用いられてきたが，1995年のモントリオール議定書に基づき使用禁止となった．代替フロンの使用も厳しく制限され，ノンフロンガスを用いた発泡材の開発が進められている．
　　軟質ポリウレタン：車両，寝具，家具
　　硬質ポリウレタン：機械・器具，建築・プラント，船舶・車両
　エポキシ樹脂　　　電気部品，塗料，接着・土木建築　（§5・2・2参照）
　フェノール樹脂　　積層板，成形材料，木材加工　（§3・3・2参照）

　これらの樹脂は加熱成形後，不溶・不融の硬い材料となる共通的な性質のため，熱硬化性樹脂として分類されている．
　このほかポリウレタンは各種ホース，靴などスポーツ用品，接着剤などにも利用されている．

軟らかい発泡体はソファや枕に，硬い発泡体は冷蔵庫や液化天然ガス貯留タンクの断熱剤，自動車の内装に使用されている．

3・3・2 付加縮合で得られる高分子 ── フェノール樹脂

フェノール(**40**)とホルムアルデヒド(**41**)を酸あるいは塩基の存在下で反応させると，分子量数百の低重合体が得られる．これをさらに加熱するか触媒の存在下で反応させると，硬い不溶性のポリマーが生成する．このフェノール骨格をもつ熱硬化性樹脂はベークライトと名付けられ，最初に工業的に生産されたプラスチックである (1909年)(§5・2・2を参照)．

最初に低重合体を生成する反応は，付加(3・20式)と縮合(3・21式)の繰返しで進行するので，**付加縮合**とよばれる．

$$\text{(40)} + CH_2O \text{ (41)} \longrightarrow \text{o-ヒドロキシベンジルアルコール} \tag{3・20}$$

$$\text{o-ヒドロキシベンジルアルコール} + \text{フェノール} \xrightarrow{-H_2O} \text{ジヒドロキシジフェニルメタン} \tag{3・21}$$

フェノールとホルムアルデヒドを酸性の水溶液中で反応させると，(3・20)式と(3・21)式の繰返しで，ベンゼン環が1～10個結合した直鎖状の低重合体(**42**)が生成し，**ノボラック樹脂**と名付けられている．これに対し塩基性の水溶液中の反応では，ホルムアルデヒドの付加が縮合より起こりやすいので，(**43**)や(**44**)が生成し，**レゾール樹脂**とよばれている．フェノールがホルムアルデヒドと反応する位置は，(**40**)の矢印で示した3箇所（オルト位とパラ位）がある．

(**42**) (n: 1～8)   (**43**) (m: 1～2)   (**44**) (m: 1～3)

したがって，実際の生成物は複雑な混合物であるが，(3・20)式および(3・21)式

の生成物と(*42*),(*43*)には簡単のためオルト位の付加物のみを記す.

ノボラック樹脂(*42*)は塩基性の硬化剤を加えて,レゾール樹脂ではそのまま加熱すると,分子間で橋かけが起こり,硬い橋かけポリマーが生成する.フェノール樹脂は機械的強度が大きく,耐薬品性,絶縁性が良いので,成形品として電気器具の部品,積層板,バインダーなど種々の分野で使用されている.

フェノール(*40*)の代わりにメラミン(*45*)とホルムアルデヒド(*41*)を反応させると,フェノール樹脂と同様にホルムアルデヒドが NH_2 基に付加し,ついで脱水して縮合する(3・22式).この反応を繰返すことによって,橋かけポリマーが生成する.

$$H_2N-C\underset{N}{\overset{N}{\underset{\|}{\diagdown}}}C-NH_2 + CH_2O \longrightarrow H_2N-C\underset{N}{\overset{N}{\underset{\|}{\diagdown}}}C-NHCH_2OH$$
$$\underset{NH_2}{|}\qquad\qquad\qquad\underset{NH_2}{|}$$
$$(\textit{45})\qquad(\textit{41})$$

$$\xrightarrow{(\textit{45})} H_2N-C\underset{N}{\overset{N}{\diagdown}}C-NHCH_2HN-C\underset{N}{\overset{N}{\diagdown}}C-NH_2 \qquad (3\cdot 22)$$

これは**メラミン樹脂**とよばれ,丈夫で軽くて割れにくく,熱湯消毒が可能なため,給食用の食器などにも利用されていてなじみ深いポリマーである.

4

高分子の合成 II

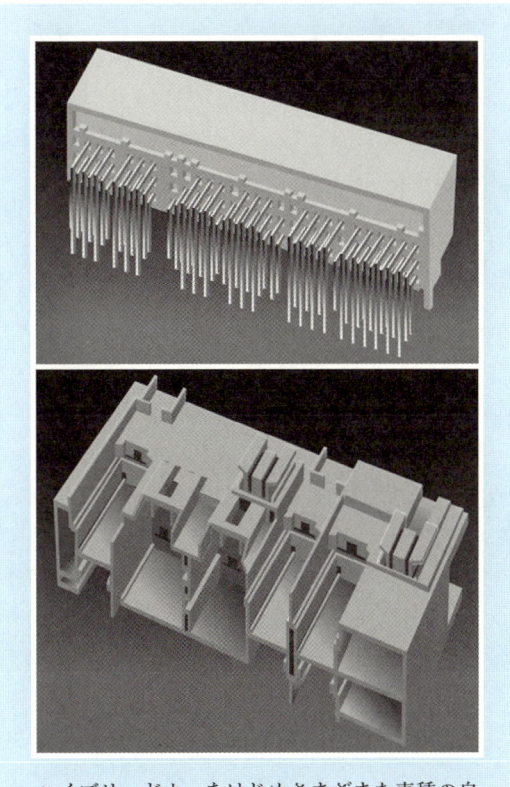

ハイブリッドカーをはじめさまざまな車種の自動車用電装部品として使用されているシンジオタクチックポリスチレン(ザレック(XAREC))(p.56参照)[出光興産株式会社 提供]

3章では逐次重合について学んだ．ここでは，少量の開始剤によって反応が進行するビニルモノマーの付加重合や環状モノマーの開環重合など，連鎖重合について述べる．連鎖重合は活性種の種類によってラジカル重合，カチオン重合，アニオン重合，配位重合に分類される．

4・1 ラジカル重合
4・1・1 はじめに
A ラジカル重合とは

スチレン（**1**）（液体）に少量の過酸化物を溶解して加熱すると，液はだんだん粘くなり，遂には固化する．これは過酸化物の分解によりラジカル R・が生成し，このラジカル R・がスチレンに付加して（**2**）を生成し，同様の反応が繰返されてポリマー（**3**）を生成したためである（4・1式）．

$$R\cdot + \underset{(1)}{CH_2=CH\text{-}Ph} \longrightarrow \underset{(2)}{R\text{-}CH_2\text{-}CH\text{-}Ph} \longrightarrow \cdots \longrightarrow \underset{(3)}{\text{-}(CH_2\text{-}CH\text{-}Ph)_n} \qquad (4\cdot1)$$

この反応は重縮合と異なり小さい分子を脱離することなく，二重結合のπ電子がつぎつぎと手を結びポリマーを生成する反応（付加重合）である（§3・1）．ここでは中間体のラジカルが活性でつぎつぎとモノマー（**1**）と反応し，反応を途中で停止しても，生成ポリマーと未反応のモノマーが得られるのみである．重縮合のように，二量体や三量体が反応の初期に生成し，それらがつぎつぎと反応して順次分子量が大きくなるのではない．付加重合は連鎖反応の一種である．ラジカル重合では停止反応が起きるので，高分子量のポリマーがただちに生成するが，反応率が上がっても分子量は大きく変わらない（図3・2を参照）．

付加重合において，反応の中間体が（**2**）のようにラジカルである場合はラジカル重合とよばれる．現在，ラジカル重合により大量のポリマーが工業的に生産されている*．

---

* 現在工業的に生産されているポリマーの百分率はおおよそつぎのとおりである（2010年の経済産業省の統計データをもとに試算（佐伯康治）．
    ラジカル重合 37 % 配位重合・イオン重合 41 %
    重縮合   22 %

B ラジカル重合するモノマー

ラジカル重合は，開始剤やモノマーから生成したラジカル R・が，モノマー (**4**) の炭素・炭素二重結合に付加して，ラジカル (**5**) を生成する反応である (4・2式)．したがって，ラジカル (**5**) を安定化する置換基 X をもつモノマーは，ラジカル重合の反応性が大きい．置換基 X がラジカルを安定化するということは，(**5**) の末端炭素 C 上のラジカル電子が X と共鳴することである．

$$\text{R}\cdot + \text{CH}_2=\underset{\underset{(\mathbf{4})}{X}}{\text{CH}} \longrightarrow \text{R}-\text{CH}_2-\underset{\underset{(\mathbf{5})}{X}}{\text{CH}}\cdot \qquad (4\cdot 2)$$

スチレン (**1**) やメタクリル酸メチル (MMA と略記) (**6**) のように，フェニル基あるいはカルボニル基が二重結合に直接結合しているモノマーは，反応性が大きい．

$$\text{CH}_2=\underset{\underset{\underset{(\mathbf{6})}{\text{O}}}{\overset{\|}{\text{C}}-\text{OCH}_3}}{\overset{\overset{\text{CH}_3}{|}}{\text{C}}}$$

ラジカル重合する代表的なモノマーを表 4・1 に示す．A 群はスチレンのように置換基が共鳴しやすいモノマーである．一方，B 群は置換基が共鳴しにくいモノマーである．B 群のモノマーはラジカルに対する反応性は小さいが，一度ラジカルが生成するとそのラジカルは不安定で反応性はきわめて大きい．

表 4・1 ラジカル重合する代表的なモノマー

	スチレン	メタクリル酸メチル	アクリル酸メチル	アクリロニトリル
A 群 (共役モノマー)	CH$_2$=CH−C$_6$H$_5$	CH$_2$=C(CH$_3$)−C(=O)−OCH$_3$	CH$_2$=CH−C(=O)−OCH$_3$	CH$_2$=CH−CN
B 群 (非共役モノマー)	エチレン CH$_2$=CH$_2$	酢酸ビニル CH$_2$=CH−O−C(=O)−CH$_3$	塩化ビニル CH$_2$=CH−Cl	

フロンティア電子密度とラジカル重合

スチレンモノマー（**1**）には四つの二重結合がある．この中でビニル基（$C^2H_2=C^1H-$）の二重結合だけが開くのはなぜか？　ヒュッケル近似で考えてみよう．この系は8個のπ電子からなるので，8個の電子軌道をもつ．それぞれの軌道には2個ずつ電子が入ることが可能で，エネルギーの小さい軌道から順に電子が入っていくと，下から4番目の軌道が電子が入っている軌道の中で，エネルギーが最も大きい軌道になる．これを**最高被占軌道**（HOMO）という．同様に下から5番目の軌道を**最低空軌道**（LUMO）という．福井謙一によれば，ラジカル反応はHOMOとLUMOの電子密度の和（これを**フロンティア電子密度**という）が最も大きいところで生じる．（**1**）ではC^2のフロンティア電子密度が0.7085と最も大きい．ちなみに2番目に大きいのはC^1で，0.3106である．したがって，（**1**）のC^2だけが選択的にラジカル（**2**）の攻撃を受ける．ラジカル（**2**）でフロンティア電子密度が大きいのは当然C^1である．同じことを本文では共鳴の概念で説明してある．異なる概念で同じ結論が得られるのが自然科学の面白さである．

4・1・2　ラジカル重合で起こる諸反応

付加重合のような連鎖反応は，一般にいくつかの基本的な反応から成り立っている．この基本的な反応を**素反応**といい，ラジカル重合にはつぎの4種の素反応がある．

開　始：　$I \longrightarrow 2R\cdot$
　　　　　$R\cdot + M \longrightarrow RM\cdot$
成　長：　$RM_n\cdot + M \longrightarrow RM_{n+1}\cdot$
停　止：　$RM_m\cdot + RM_n\cdot \longrightarrow RM_{m+n}R$　または　$RM_m + RM_n$
連鎖移動：　$RM_n\cdot + A \longrightarrow RM_n + A\cdot$

① 開始反応：開始剤Iからラジカル$R\cdot$が生成し，$R\cdot$がモノマーMと反応して活性種$RM_1\cdot$を生成する反応．
② 成長反応：生成した活性種がモノマーと反応し，新たに生じた成長ラジカル$M_n\cdot$がつぎつぎとモノマーに付加する反応．
③ 停止反応：成長ラジカルどうしの二分子反応または成長ラジカルと他の分子との反応で活性点が失活する反応．
④ 連鎖移動反応：最初の活性種が失活し，新しい分子に活性点が移る反応．

以下これらの素反応について説明する．

A 開始剤と開始反応

開始種の生成にはつぎの二つの方法がある．
① 熱，光，放射線などのエネルギーによるモノマーからのラジカルの生成．
② ラジカルを生成しやすい化合物を開始剤として使用する．
後者の方が反応を規制しやすいため，多くの場合，重合には開始剤が用いられる．

i) 代表的なラジカル開始剤

分解しやすい化合物が開始剤として用いられる．しかし，あまりに分解しやすいとラジカルが一時に多量に生成し，ラジカルどうしの反応ばかりが起こり重合が進まなくなる．したがって，分解速度と生成ラジカルのモノマーへの付加速度が適当であることが必要である．以下に示す過酸化物やアゾ化合物が開始剤に用いられる．

過酸化ベンゾイル（BPO）(**7**)　　代表的な過酸化物開始剤であり，熱分解によりラジカル (**8**) を生成する (4・3式)．(**8**) は条件により CO_2 を脱離してさらに分解し，フェニルラジカル $C_6H_5\cdot$ を生成することがある．BPO の分解の活性化エネルギーは $126\,kJ\,mol^{-1}$ で，$60\sim80\,°C$ で使用されることが多い．また，BPO から生成したラジカル (**8**) は溶媒から $H\cdot$ を引抜きやすく，生成した溶媒ラジカルが BPO の分解を促進するため，$H\cdot$ が引抜かれやすい溶媒（アルコール，エーテルなど）中では分解速度が非常に大きくなるので注意しなくてはならない．

$$C_6H_5\underset{\underset{O}{\|}}{C}-O-O-\underset{\underset{O}{\|}}{C}C_6H_5 \longrightarrow 2\,C_6H_5\underset{\underset{O}{\|}}{C}-O\cdot \quad (4\cdot 3)$$
$$\quad\quad\quad\quad\quad (7) \quad\quad\quad\quad\quad\quad\quad (8)$$

アゾビスイソブチロニトリル（AIBN）(**9**)　　最も広く用いられる開始剤で，N_2 ガスを放出して分解し，ラジカル (**10**) を生成する (4・4式)．(**10**) は $H\cdot$ を引抜かないので，AIBN はどの溶媒中でもほぼ同じ速度で分解する．分解の活性化エネルギーは $129\,kJ\,mol^{-1}$ で，$40\sim80\,°C$ で使用される．また，アゾ結合（$-N=N-$）は光により分解し，光重合開始剤として，さらに低温での開始剤としても使用される．

$$\underset{\underset{CN}{|}}{\overset{\overset{CH_3}{|}}{CH_3-C}}-N=N-\underset{\underset{CN}{|}}{\overset{\overset{CH_3}{|}}{C}}-CH_3 \longrightarrow 2\,\underset{\underset{CN}{|}}{\overset{\overset{CH_3}{|}}{CH_3-C\cdot}} + N_2 \quad (4\cdot 4)$$
$$\quad\quad\quad\quad\quad (9) \quad\quad\quad\quad\quad\quad\quad (10)$$

レドックス開始剤　低温でラジカルを生成する一群の開始剤である．過酸化水素 HO—OH は生成ラジカルを安定化する置換基がないため高温でないと分解せず，重合開始剤として使用できない．しかし，鉄(Ⅱ)イオン（Fe^{2+}）を加えると，Fe^{2+} から過酸化水素に電子が移動した中間体が不安定であり，容易に・OH と OH^- に分解する（4・5式）．・OH はモノマーに付加して重合を開始する．

$$Fe^{2+} + HO-OH \longrightarrow [HO\dot{-}OH]Fe^{3+} \longrightarrow \cdot OH + OH^- + Fe^{3+} \quad (4・5)$$

このように電子の授受で分解が促進される開始剤はレドックス（酸化還元）開始剤とよばれる．$H_2O_2-Fe^{2+}$ 開始剤の分解エネルギーは 39 kJ mol^{-1} と小さく，0 ℃ でも開始剤として使用できる．

ii) 開始反応の進み方

開始剤から生成したラジカルはモノマーに付加して成長ラジカルを生成する（4・2式）が，一部はモノマーに付加することなく，ラジカルどうしが反応して活性を失うことがある．たとえば，AIBN では (4・6)式のような反応が起こる．

$$\underset{(9)}{CH_3-\underset{\underset{CN}{|}}{\overset{\overset{CH_3}{|}}{C}}-N=N-\underset{\underset{CN}{|}}{\overset{\overset{CH_3}{|}}{C}}-CH_3} \xrightarrow{-N_2} \underset{(10)}{2\,CH_3-\underset{\underset{CN}{|}}{\overset{\overset{CH_3}{|}}{C}}\cdot} \begin{matrix} \nearrow CH_3-\underset{\underset{CN}{|}}{\overset{\overset{CH_3}{|}}{C}}-\underset{\underset{CN}{|}}{\overset{\overset{CH_3}{|}}{C}}-CH_3 \\ \\ \searrow CH_3-\underset{\underset{CN}{|}}{\overset{\overset{CH_3}{|}}{C}}-H + CH_2=\underset{\underset{CN}{|}}{\overset{\overset{CH_3}{|}}{C}} \end{matrix}$$

$$(4・6)$$

開始剤が分解して生成したラジカルのうち，重合の開始に用いられるラジカルの割合を**開始剤効率** f（4・7式）という．f は BPO で 0.9〜1.0，AIBN では 0.5〜0.7 である．

$$f = \frac{\text{重合を開始したラジカルの濃度}}{\text{生成した全ラジカルの濃度}} \quad (4・7)$$

これは BPO では分解した生成ラジカル (8) どうしの反応でもとの BPO が再生されるのに対し，AIBN では (4・6)式の反応でもとの AIBN が再生されないためである．

B 成長反応

i) モノマーの反応性

モノマーやラジカルの反応性は，付加反応（4・8式）の速度定数で定量的に比較できる．いま，モノマー M_1 から生成したラジカル $M_1\cdot$ にモノマー M_2 が付加し，ラジカル $M_2\cdot$ を生成する速度定数を k_{12} とする．

$$\text{R-CH}_2\text{-CH}\cdot + \text{CH}_2=\text{CH} \xrightarrow{k_{12}} \text{R-CH}_2\text{-CH-CH}_2\text{-CH}\cdot \qquad (4\cdot 8)$$
$$\underset{X_1}{|} \qquad \underset{X_2}{|} \qquad \underset{X_1}{|} \quad \underset{X_2}{|}$$
$$M_1\cdot \qquad M_2 \qquad\qquad M_2\cdot$$

表 4・2 にモノマーとラジカルの付加反応の速度定数の例を示す．モノマーは上から下に，ラジカルは左から右に置換基の共鳴が大きくなる順序に並べてある．表を縦に眺めると同じラジカルに対するモノマーの反応性が，横に眺めると同じモノマーに対するラジカルの反応性が比較できる．置換基が共鳴しやすいほど，モノマーの反応性は大きく，逆にラジカルの反応性は小さいことがわかる．

表 4・2 で左上から右下への対角線上の値は，ラジカルが自分と同じモノマーと反応する速度定数である．おおよその傾向として，右下から左上に向かって大きくなっている．このことは，置換基の影響がモノマーよりもラジカルに対して大きいことを示している．

表 4・2 モノマーとラジカルの付加反応の速度定数〔単位：$dm^3\,mol^{-1}\,s^{-1}$〕(60 ℃)

モノマー ＼ ラジカル	酢酸ビニル	塩化ビニル	アクリロニトリル	メタクリル酸メチル	スチレン
酢酸ビニル	2040	6150	104	29	3.3
塩化ビニル	6800	12900	130	48	10
アクリロニトリル	3×10^4	6.5×10^5	425	425	435
メタクリル酸メチル	2×10^5	—	2350	575	340
スチレン	2×10^5	6.5×10^5	1×10^4	1250	178

置換基の共鳴効果とともに立体障害も反応性に大きい影響を及ぼす．置換基が一つのモノマー（ビニル化合物）（*11*）では置換基の大きさは重合にほとんど影響しない．同じ炭素に二つの置換基をもつモノマー（*12*）は，一方が塩素やメチル基程度の大きさ（MMA（*6*），$CH_2=CCl_2$ など）であるとポリマーを生成するが，それ以上大きくなると立体障害のため重合が困難となる．（*13*）の構造のモノマーでは，

立体障害が大きくなり特別の場合を除いてポリマーは生成しない．しかし，置換基がFの場合は立体障害がなく高重合体が生成し，多くのFをもつポリマーが種々の分野で使用されている．

$$CH_2=CH \atop |\ X \quad (11) \qquad CH_2=C{<}{X' \atop X} \quad (12) \qquad HCX'=CH \atop |\ X \quad (13)$$

ii) ポリマーの構造

成長ラジカルがモノマーに付加する場合，モノマーの β 炭素付加〔**頭-尾結合**，(4・9)式〕と α 炭素付加〔**頭-頭結合**，(4・10)式〕の可能性がある（§2・2・3）．(**14**) は置換基によりラジカルが安定化されるのに対し，(**15**) は置換基により安定化されない．したがって，重合は (**14**) を生成する方向に進み，$+\!CH_2\!-\!CHX\!+_n$ の構造のポリマーを生成する．しかし，置換基が共鳴する能力が小さい場合は α 付加も少量起こり，ポリマー中に頭-頭結合が含まれる．置換基の共鳴安定化能力の小さい酢酸ビニル (**16**) を 60 ℃で重合すると，頭-頭結合が 1〜2 ％生成する．

$$\sim\!\!\sim\!\!CH_2\!-\!\underset{X}{CH}\!\cdot\ +\ \underset{X}{\overset{\beta\qquad\alpha}{CH_2\!=\!CH}} \begin{matrix}\nearrow\ \sim\!\!\sim\!\!CH_2\!-\!\underset{X}{CH}\!-\!CH_2\!-\!\underset{X}{CH}\!\cdot\quad (4\cdot 9)\\ \\ (\mathbf{14})\\ \\ \searrow\ \sim\!\!\sim\!\!CH_2\!-\!\underset{X}{CH}\!-\!\underset{X}{CH}\!-\!CH_2\!\cdot\quad (4\cdot 10)\\ \\ (\mathbf{15})\end{matrix}$$

$$CH_2=CH \atop |\ O-\underset{\underset{O}{\|}}{C}-CH_3 \quad (\mathbf{16})$$

C 停止反応

2個の成長ラジカルが反応すると，つぎの反応により重合は停止する．(4・11) 式は2個のラジカルが結合し一つのポリマー分子 (**17**) となる反応で**再結合**とよばれる．

$$2 \sim\!\!\sim\!\!\mathrm{CH_2-CH} \cdot \xrightarrow{k_{tc}} \sim\!\!\sim\!\!\mathrm{CH_2-CH-CH-CH_2} \sim\!\!\sim \quad (4\cdot 11)$$
$$\phantom{2\sim\!\sim\!\mathrm{CH_2-CH}\cdot\xrightarrow{k_{tc}}\sim\!\sim\!\mathrm{CH_2-}}\underset{X}{|}\underset{X}{|}$$
$$(17)$$

$$2\sim\!\!\sim\!\!\underset{\underset{X}{|}}{\overset{\overset{CH_3}{|}}{\mathrm{CH_2-C}}}\!\cdot\xrightarrow{k_{td}}\sim\!\!\sim\!\!\underset{\underset{X}{|}}{\overset{\overset{CH_3}{|}}{\mathrm{CH_2-C-H}}}+\sim\!\!\sim\!\!\underset{\underset{X}{|}}{\overset{\overset{CH_2}{\|}}{\mathrm{CH_2-C}}} \quad (4\cdot 12)$$
$$(18)(19)$$

また，(4・12)式は一方のラジカルの水素原子が引抜かれ，飽和の末端基と不飽和の末端基をもつポリマー（**18** と **19**）を生成する反応で**不均化反応**とよばれる．式中の k_{tc} と k_{td} は，それぞれ再結合と不均化による停止反応の速度定数を表す．

再結合と不均化反応の割合の例を表 4・3 に示す．置換基が一つの場合は再結合のみが，メチル基と今一つの置換基が存在すると再結合と不均化反応の両方が起こる．これは二つの置換基があると立体障害のため再結合しにくく，また H を引抜きやすいメチル基が存在するためである．停止反応はラジカル間の反応であり，成長反応に比べて反応速度定数は一般にずっと大きい．

成長反応速度定数（60 ℃） $10^2 \sim 10^4 \, \mathrm{dm^3 \, mol^{-1} \, s^{-1}}$
停止反応速度定数（60 ℃） $10^6 \sim 10^8 \, \mathrm{dm^3 \, mol^{-1} \, s^{-1}}$

表 4・3 ラジカル重合の停止反応における再結合と不均化反応の割合（25 ℃）

	スチレン $CH_2=CH$ $|$ C_6H_5 100	アクリル酸 メチル $CH_2=CH$ $|$ $C=O$ $|$ OCH_3 〜100	アクリロ ニトリル $CH_2=CH$ $|$ CN 〜100	酢酸ビニル $CH_2=CH$ $|$ O $|$ $C=O$ $|$ CH_3 〜100
再結合の割合 （%）[†]				
再結合の割合 （%）[†]	メタクリル酸 メチル $CH_2=C{-}CH_3$ $|$ $C=O$ $|$ OCH_3 34	メタクリル酸 ブチル $CH_2=C{-}CH_3$ $|$ $C=O$ $|$ OC_4H_9 25	メタクリロ ニトリル $CH_2=C{-}CH_3$ $|$ CN 35	

† 再結合の割合 $= \dfrac{k_{tc}}{k_{tc}+k_{td}} \times 100$

ラジカルの生成から重合の停止までのラジカルの寿命は 0.01～数十秒である.

ポリマーラジカルは系が粘稠になると,小さい分子に比べて動きにくい.したがって,重合が進んで反応系が粘稠になると,ラジカルどうしが近づきにくくなって停止反応が起こらず重合が急激に進行し,ときには発熱によって爆発を伴うこともあるので十分な注意が必要である.

D 連鎖移動反応

i) 反応の経路

トルエンや四塩化炭素が存在すると,(4・13),(4・14)式に示すようにラジカル成長鎖はこれらの化合物から H・あるいは Cl・を引抜き活性を失う.しかし新しく生成したラジカルは再び重合を開始する.このような反応を連鎖移動反応,トルエンや四塩化炭素を移動剤とよぶ.連鎖移動反応が起こるとポリマーの分子量は低下する.また,生成ポリマーの末端には,〈Ph〉—CH$_2$〰〰H あるいは Cl$_3$C〰〰Cl のように移動剤切片が存在する.溶媒,開始剤,生成ポリマーも移動剤として作用する.

$$\sim\sim\text{CH}_2-\underset{\text{X}}{\text{C}}\text{H}\cdot \xrightarrow{\text{C}_6\text{H}_5\text{CH}_3} \sim\sim\text{CH}_2-\underset{\text{X}}{\overset{\text{H}}{\text{C}}}-\text{H} + \langle\text{Ph}\rangle-\text{CH}_2\cdot \quad (4\cdot13)$$

$$\xrightarrow{\text{CCl}_4} \sim\sim\text{CH}_2-\underset{\text{X}}{\overset{\text{H}}{\text{C}}}-\text{Cl} + \cdot\text{CCl}_3 \quad (4\cdot14)$$

一方,モノマーも移動剤として作用する(モノマー移動反応).この場合には,成長ラジカルからモノマーへ H・が移動する.(4・15式).

$$\sim\sim\text{CH}_2-\underset{\text{X}}{\text{CH}}\cdot + \text{CH}_2=\underset{\text{X}}{\text{CH}} \longrightarrow \sim\sim\text{CH}=\underset{\text{X}}{\text{CH}} + \text{CH}_3-\underset{\text{X}}{\text{CH}}\cdot \quad (4\cdot15)$$

ii) 連鎖移動反応の起こりやすさ(連鎖移動定数)

連鎖移動反応の起こりやすさを知るためには,モノマーと移動剤との反応性を比較するのが便利である.ここでモノマーおよび移動剤への反応(4・16式および4・17式)の速度定数をそれぞれ k_p, k_{tr} とすると,k_{tr} と k_p の比 c(4・18式)は,成長反応に対する連鎖移動反応の起こりやすさを示す定数となる.

4・1 ラジカル重合

$$\text{〜〜CH}_2-\underset{X}{\text{CH}}\cdot \begin{array}{c} \xrightarrow[\text{CH}_2=\text{CHX}]{k_p} \text{〜〜CH}_2-\underset{X}{\text{CH}}-\text{CH}_2-\underset{X}{\text{CH}}\cdot \quad (4\cdot16) \\ \xrightarrow[\text{AB}]{k_{tr}} \text{〜〜CH}_2-\underset{X}{\text{CH}}-\text{A} + \text{B}\cdot \quad (4\cdot17) \end{array}$$

$$c = \frac{k_{tr}}{k_p} \qquad (4\cdot18)$$

表 4・4 スチレンと酢酸ビニルのラジカル重合
における連鎖移動定数 (k_{tr}/k_p, 60 ℃)

移動剤	スチレン	酢酸ビニル
⌬—CH$_3$	0.000013	0.0021
⌬—CH$_2$CH$_3$	0.000067	0.0055
(CH$_3$)$_3$N	0.00075	0.037
CCl$_4$	0.0092	0.73
nC$_4$H$_9$SH	25	48
モノマー	0.00006	0.00025

表 4・4 にスチレン (**1**) と酢酸ビニル (**16**) の重合における種々の溶媒に対する連鎖移動定数の値を示す. 成長ラジカルが不安定な酢酸ビニルでは連鎖移動定数が大きいことがわかる.

ⅲ) ポリマーへの連鎖移動 (枝の生成)

ポリマーの置換基もラジカルと反応することができる. たとえば, ポリ酢酸ビニルは (4・19) 式のような連鎖移動反応でポリマーラジカル (**20**) を生成し, (**20**) のラジカルを開始点として重合すると長い枝ができる.

$$\text{〜〜CH}_2-\underset{X}{\text{CH}}\cdot + \text{〜〜CH}_2-\underset{\underset{\underset{\text{CH}_3}{|}}{\underset{||}{\text{C=O}}}}{\underset{|}{\text{CH}}}\text{〜〜} \longrightarrow \text{〜〜CH}_2-\underset{X}{\text{CH}}_2 + \text{〜〜CH}_2-\underset{\underset{\underset{\text{CH}_2\cdot}{|}}{\underset{||}{\text{C=O}}}}{\underset{|}{\text{C}}}\text{〜〜} \quad (4\cdot19)$$

(*20*)

エチレンの重合ではさらに複雑な連鎖移動が起こる. エチレンは置換基がないので, 反応性が低く, 高温・高圧にして初めてラジカル重合が可能になる. 末端ラジカル (**21**) は自分の水素原子を引抜き, ラジカル (**22**) を生成する (4・20 式).

$$\begin{array}{c}\text{\textasciitilde\textasciitilde}CH_2CH_2CH_2CH_2CH_2\cdot \longrightarrow \underset{(21)}{} \quad \text{\textasciitilde\textasciitilde}\underset{H}{\overset{CH_2}{\underset{\cdot CH_2}{CH}}}\underset{CH_2}{\overset{CH_2}{C}} \longrightarrow \text{\textasciitilde\textasciitilde}\overset{\cdot}{C}H-CH_2CH_2CH_2CH_3 \\ (21) \hspace{4cm} (22)\end{array}$$

(4・20)

(**22**) のラジカルを開始種として重合が進むと，ブチル基を枝とするポリマーが得られる．また，ポリマー分子の中程の水素原子が引抜かれ，そこから重合すると長い枝が生成する（§2・4・1参照）．

4・1・3 重 合 方 法

　同じモノマーをラジカル重合しても，重合方法によってポリマーの性質が異なり，性質の優れたポリマーを経済的にどのようにして合成するかは，実際上きわめて重要である（表12・1参照）．

　a. 塊状重合　溶媒を加えることなく，モノマーに少量の開始剤を加えて重合する方法で，基礎的な研究に適している．しかし，重合熱の除去や固化したポリマーの取出しが難しく，工業的生産には困難な場合が多い．熱に対して比較的安定なポリスチレンは工業的にこの方法で大量に生産されている．

　b. 溶液重合　モノマーと溶媒を混合して重合する方法で，重合が進行しても固化しないので，重合熱の規制やポリマーの取出しは便利である．しかし溶媒を回収する必要があるので，工業的には有利な方法ではない．

　c. 懸濁重合　水に溶けないモノマーを分散剤の存在で強く撹拌して小さい粒子として水中に分散させ，粒子状で重合させる方法である．モノマーに溶解する

ポリスチレン

　ポリスチレンは無色の硬い樹脂で，透明性と絶縁性に優れ種々の分野で利用されており，射出成形や大量の気泡を含むスポンジ状にするなどの方法で製品にされている．電気機器の部品，家庭用の成形品（プラスチックモデル，コップ・瓶などの各種容器），包装（発泡スチロールを緩衝剤，果物や魚をのせるトレイなどに使用）など，われわれの身近で大量に用いられている．

　メタロセン触媒（§4・3・1を参照)を用いて，高度にシンジオタクチックなポリスチレンも製造され，ザレック（XAREC）という商品名で市販されている（本章扉参照）．結晶性と耐熱性（融点270 ℃）の向上，耐薬品性や寸法安定性を合わせもつ新規なエンジニアリングプラスチックとして，自動車部品などに利用されている．

開始剤を加え，一つ一つの小さい粒子の中で重合させる．まわりに多量の水が存在するので重合熱の除去がきわめて容易である．生成ポリマーは小さい粒子（直径 0.1～1 mm）となり，分離も簡単で，大規模な工業的生産に適している．塩化ビニルのポリマーは懸濁重合で工業的に生産されている．

d．乳化重合 せっけんのような乳化剤を水に溶かしてミセルを形成し，その中に水に難溶性のモノマーを可溶化して小さい粒子とする．これに水溶性の開始剤を加えてラジカルを生成させる．水溶液中で生成するラジカルの数よりミセルの数が多いと，1個のミセル内に1個のラジカルのみが存在し，停止反応が起こらないので大きい重合速度で分子量の大きいポリマーが得られる．生成したポリマー粒子は懸濁重合で得た粒子よりずっと小さい（直径 0.1～1 μm）．水を媒体とし，重合熱の除去も容易なことから，種々のポリマーが工業的に乳化重合により生産されている．

ポリ酢酸ビニルのエマルション

　乳化重合で得られる**ポリ酢酸ビニル**（PVAc）の**エマルション**は，水の中に 30～50 % の PVAc の小さい粒子が分散している白色の乳濁液である．水が蒸発して乾燥すると無色透明のフィルムとなり，木材・布などの多孔質の材料の接着剤としてきわめて有効である．古くから接着剤として"にかわ"が使用されていたが，順次 PVAc エマルションに取ってかわられた．PVAc エマルションが大量に使用され始めたのは，製本の際の背ばりである．従来は糸で縫って留めていたが，PVAc エマルションを使用することにより糸を使用することなく，非常に効率よく製本できるようになった．その後木材の接着（たとえば，家具，机，キャビネットなど）に使用され，現在は合板の製造，建築関係，紙・繊維の加工，塗料のベースなど広い範囲で使用されている．

4・1・4　共　重　合

A 共重合体の組成

　2種類あるいはそれ以上のモノマーを混合して重合すると，ポリマーが生成する．1種類のモノマーから得られるポリマーは**ホモポリマー**（**単独重合体**）とよばれるのに対し，このように2種類以上のモノマーを含むポリマーは**コポリマー**（**共重合体**）とよばれる．コポリマーはホモポリマーの混合物と性質も異なり，多くの分野で使用されている．

M_1 と M_2 の 2 種のモノマーを共重合する場合を考えよう．モノマー中の M_1 の割合が多いと，ポリマー中の M_1 の割合も多くなることは容易に推定できよう．この関係を図示したものが共重合組成曲線で，図 4・1 にその例を示す．モノマーの組成と生成ポリマーの組成を実験で求めると，共重合組成曲線を容易に描くことができる．図 4・1 で，横軸のモル分率 0.5 の点ではモノマー M_1 と M_2 が等モルであり，したがって組成曲線 a の系では反応性は $M_1 < M_2$ であり，組成曲線 b では $M_1 > M_2$ である．もし組成曲線が対角線と一致すると，M_1 と M_2 の反応性はまったく等しいことになる．

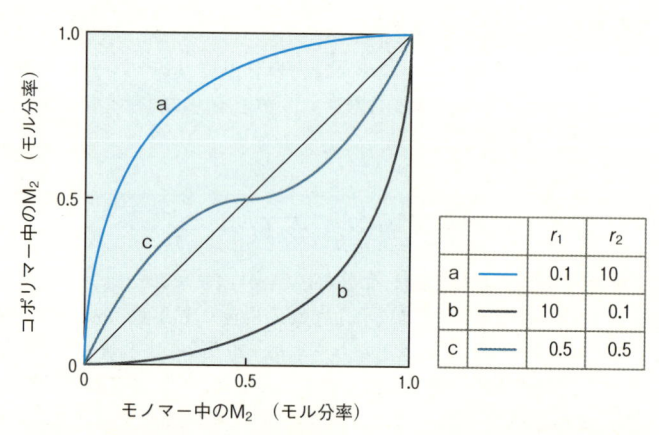

		r_1	r_2
a	——	0.1	10
b	——	10	0.1
c	——	0.5	0.5

図 4・1 種々のモノマーの反応性比 (r_1, r_2) に対する共重合組成曲線
　　　　　(r_1, r_2 は (4・21) 式参照)

B モノマー反応性比

ラジカルに対するモノマーの反応性を定量的に比較するためには，**モノマー反応性比**を求める必要がある．M_1 と M_2 との共重合にはつぎの 4 種類の成長反応が含まれる．ここで〜〜$M_1\cdot$ と 〜〜$M_2\cdot$ は，それぞれ $M_1\cdot$ と $M_2\cdot$ を成長末端とするポリマーラジカルで，下に示すように k_{11} と k_{12} は 〜〜$M_1\cdot$ に M_1 と M_2 が，k_{22} と k_{21} は〜〜$M_2\cdot$ に M_2 と M_1 がそれぞれ付加する速度定数である．

$$\begin{aligned}
\sim\!\!\sim\!\!\sim M_1\cdot + M_1 &\longrightarrow \sim\!\!\sim\!\!\sim M_1\cdot \quad (k_{11}) \\
\sim\!\!\sim\!\!\sim M_1\cdot + M_2 &\longrightarrow \sim\!\!\sim\!\!\sim M_2\cdot \quad (k_{12}) \\
\sim\!\!\sim\!\!\sim M_2\cdot + M_2 &\longrightarrow \sim\!\!\sim\!\!\sim M_2\cdot \quad (k_{22}) \\
\sim\!\!\sim\!\!\sim M_2\cdot + M_1 &\longrightarrow \sim\!\!\sim\!\!\sim M_1\cdot \quad (k_{21})
\end{aligned}$$

ここで r_1, r_2 を (4・21) 式で定義する．

$$r_1 = \frac{k_{11}}{k_{12}}, \quad r_2 = \frac{k_{22}}{k_{21}} \tag{4・21}$$

r_1 と r_2 はそれぞれ 〜〜$M_1\cdot$ と 〜〜$M_2\cdot$ に対する2種のモノマーの相対反応性を示す値であり，モノマー反応性比とよばれる．モノマー反応性比は共重合組成曲線から容易に算出できる．モノマー反応性比の例を表4・5に示す．

表4・5によると，スチレン（St）M_1 とメタクリル酸メチル（MMA）M_2 の共重合では，

$$r_1 = \frac{k_{11}}{k_{12}} = 0.52, \quad r_2 = \frac{k_{22}}{k_{21}} = 0.46$$

である．すなわち，$St\cdot$ に対して MMA の反応性は St の約2倍（$1/r_1=k_{12}/k_{11}=1.92$）であるが，$MMA\cdot$ に対しては逆に約半分（$r_2=k_{22}/k_{21}=0.46$）である．このようにモノマーの反応性は，相手のラジカルの種類によって大きく異なる．

表 4・5 ラジカル共重合におけるモノマー反応性比（60℃）

M_1	M_2	r_1	r_2
スチレン	メタクリル酸メチル 酢酸ビニル 塩化ビニル	0.52 55 17	0.46 0.01 0.02
メタクリル酸メチル	アクリロニトリル 酢酸ビニル 塩化ビニル	1.22 20 12.5	0.15 0.015 0
酢酸ビニル	アクリロニトリル 塩化ビニル	0.06 0.23	4.1 1.7

4・2 イオン重合

ビニル化合物（23）の付加重合で，成長鎖がイオンの場合は**イオン重合**よばれる．イオン重合にはつぎに示すように，アニオン重合（4・22式）とカチオン重合（4・23式）がある．

$$A^+B^- + CH_2=CH(X) \longrightarrow B-CH_2-\bar{CH}(X)\cdots\cdots A^+ \longrightarrow \longrightarrow \cdots \longrightarrow -(CH_2-CH(X))_n- \tag{4・22}$$

(23)

$$A^+B^- + CH_2=CH(X) \longrightarrow A-CH_2-\overset{+}{CH}(X)\cdots\cdots B^- \longrightarrow \longrightarrow \cdots \longrightarrow -(CH_2-CH(X))_n- \tag{4・23}$$

4・2・1 アニオン重合

A モノマーと開始剤

(4・22)式に見られるように，**アニオン重合**はアニオンがモノマーに付加する反応である．したがって，電子を吸引する置換基をもつモノマーは，二重結合の電子密度が小さく反応しやすい．一方，塩基性の強い開始剤は，多くのモノマーを重合できる．

代表的なアニオン重合開始剤とアニオン重合するモノマーとを求核性および反応性の序列に従い表 4・6 に示す．開始剤は求核性の高い順に a—d に，モノマーは反応性の低い順に A—D の四つのグループに分類する．a 群に属するアルキルアルカリは強い塩基であり，表 4・6 のすべてのモノマーを重合させることができる．ピリジンやアミン，水などの弱い塩基（d 群）は特に反応性の大きい D 群のモノマーのみを重合させる．モノマーの側からみれば，A 群のモノマーは，強い塩基である a 群の開始剤によってのみ重合し，b 群に属するグリニャール試薬では重合しな

表 4・6 アニオン重合におけるモノマーおよび開始剤の反応性[†]

求核性	開始剤			モノマーの実例	反応性
高い ↑	K, KR, Na, NaR, Li, LiR MgR_2(錯)	a	A	$CH_2=C(CH_3)C_6H_5$ $CH_2=CHC_6H_5$ $CH_2=C(CH_3)CH=CH_2$ $CH_2=CH-CH=CH_2$	低い ↑
	Li-, Na-, K- ケチル RMgX, MgR_2 AlR_3(錯), ZnR_2(錯) t-ROLi(ROH なし)	b	B	$CH_2=C(CH_3)COOCH_3$ $CH_2=CHCOOCH_3$	
	Li-, Na-, K- アルコラート (ROH 共存)	c_1	C_1	$CH_2=C(CH_3)CN$ $CH_2=CHCN$	
	AlR_3, ZnR_2	c_2	C_2	$CH_2=C(CH_3)COCH_3$ $CH_2=CHCOCH_3$	
↓ 低い	ピリジン, NR_3 H_2O	d	D	$CH_2=CHNO_2$ $CH_2=C(COOCH_3)_2$ $CH_2=C(CN)COOCH_3$ $CH_3CH=CHCH=C(CN)COOCH_3$ $CH_2=C(CN)_2$	↓ 高い

[†] 鶴田禎二，"新訂高分子合成反応"，p.122，日刊工業新聞社（1978）をもとに作成．

い. 最も反応性の高い α-シアノアクリラート [$CH_2=C(CN)COOCH_3$] は空気中の水分でも容易にアニオン重合し固化するので，瞬間接着剤として用いられている．

B アニオン重合の素反応

i) 開始反応

(4・24) 式にアルキルリチウム (RLi) のモノマーへの付加による開始反応を示す．RLi は無極性の溶媒にも溶解するが，Na や K の化合物は極性の溶媒にしか溶解しない．RLi が無極性の溶媒に溶解するのは，Li^+ の配位能力が大きく，RLi が会合した形〔$(RLi)_n$〕をとれるためである．Li^+ の配位能力が大きいことは，§4・5・2 で述べるように，ポリマーの立体構造を規制するうえで重要な役割を演じている．

$$n\text{-}C_4H_9^-Li^+ + CH_2=CHX \longrightarrow n\text{-}C_4H_9-CH_2-\bar{C}HLi^+X \tag{4・24}$$

ナフタレン存在下，アルカリ金属 (Na) を開始剤に用いると，アルカリ金属からナフタレンを経て，モノマーに電子が移動して重合が開始する．(4・25) 式にその反応を示す．この場合，ポリマーは両末端で成長し，連鎖移動も停止反応も起こらないためリビング (§4・2・1c 参照) である．

ラジカルアニオン：緑色 　　　　　　　　　　　　　　　　　　ラジカルアニオン

両末端成長型ジアニオン
（アニオン：赤色）

(4・25)

ii) 成長反応

アニオン重合では，成長アニオンにモノマーがつぎつぎ付加してポリマーが生成する．したがって先に述べたように，電子吸引基をもつモノマーほど反応性は大きい．

イオン重合はラジカル重合と異なり，開始剤から生成した対イオン〔(4・22)式の A^+〕は炭素アニオンの電荷と引合うので，成長鎖はイオン対（*24*）と遊離イオン（*25*）の平衡にある（4・26式）．弱電解質と同様に，溶媒の極性が大きくなると，平衡は右辺に移り，遊離イオンの割合が大きくなる．

$$\underset{\underset{X}{|}}{\sim\sim\sim\overset{-}{C}H}\cdots\cdots A^+ \rightleftarrows \underset{\underset{X}{|}}{\sim\sim\sim\overset{-}{C}H} + A^+ \qquad (4・26)$$

$$\quad\quad\quad (24) \quad\quad\quad\quad\quad (25)$$

遊離イオンとイオン対がモノマーに付加する反応の速度定数をそれぞれ k_p^-，$k_p^\pm$ とすると，遊離イオンは対イオンを解離する必要がなくそのままモノマーに付加するので，k_p^- の値は $k_p^\pm$ よりずっと大きい．Na^+ を対イオンとするスチレンのテトラヒドロフラン（THF）中でのアニオン重合における 25 ℃ での値をつぎに示す．

$$k_p^- = 65000 \, dm^3 \, mol^{-1} \, s^{-1}$$
$$k_p^\pm = 150 \, dm^3 \, mol^{-1} \, s^{-1}$$

遊離イオンによる k_p^- の値は，対イオンが離れているため，対イオンの種類に無関係に一定である．これに対しイオン対の $k_p^\pm$ の値は対イオンの影響を受ける．25 ℃ でジオキサン（無極性溶媒）中でのスチレンの重合の $k_p^\pm$ の値を表 4・7 に示す．対イオンのイオン半径が大きくなると炭素アニオンと電気的に引合う力が小さくなるため $k_p^\pm$ が大きくなる．

表 4・7　スチレンのアニオン重合における $k_p^\pm$

対カチオン	Li^+	Na^+	K^+	Rb^+	Cs^+
$k_p^\pm/dm^3\,mol^{-1}\,s^{-1}$	0.9	3.5	19.8	21.5	24.5

iii）停止および連鎖移動反応

炭素アニオンは極性の化合物とすみやかに反応する．しかし，水やアルコールなどの活性水素をもつ極性化合物がないと，ポリスチレンなどのアニオンは停止や連鎖移動反応を起こさず，何カ月も安定に存在することができる．

C リビング重合

上に述べたような停止や連鎖移動を起こさないポリマーは**リビングポリマー**とよばれ，モノマーが重合で全部消費されても成長鎖は活性を保っている．この系に新

しく同種のモノマーを加えると分子量が増加し（4・27式），異種のモノマーを加えると，異なるポリマー鎖が末端で結合したポリマー（**ブロックポリマー，ブロックコポリマー（ブロック共重合体）**ともいう）が得られる（4・28式）．また，成長鎖の濃度は重合中一定であり，ポリマーの数平均重合度$\overline{P}_n$は（4・29式）で表される．開始反応がすみやかに起こると重合が一斉にスタートするので，分子量分布が狭いポリマー（$\overline{M}_w/\overline{M}_n \cong 1$）が得られる．

$$\text{ポリマー(A)}_m{-} \xrightarrow{nA} \text{ポリマー(A)}_{m+n}{-} \qquad (4\cdot27)$$

$$\text{ポリマー(A)}_m{-} \xrightarrow{nB} \text{ポリマー(A)}_m{-}\text{(B)}_n{-} \qquad (4\cdot28)$$

$$\overline{P}_n = \frac{(\text{反応した全モノマー分子数})}{(\text{全成長鎖の濃度})} \qquad (4\cdot29)$$

リビングポリマーの活性末端に，たとえば二重結合をもつ極性の化合物を反応させると，末端に二重結合をもち分子量分布の狭いポリマーができる（4・30式）．

リビング重合の工業的利用

リビングアニオン重合は酸素や水が存在すると重合が停止し，不純物を高度に除去する必要があるので工業化には困難な点が多い．しかし，ポリマーの一次構造や分子量の規制，末端への官能基の導入などにより特徴のある性質をもつポリマーが得られるので，工業化されるようになってきた．リビングアニオン重合により生産されるポリマーはおもにジエン類の共重合体（合成ゴム）である．ブタジエン，イソプレンのようなジエンとスチレンの共重合体（SBR：スチレン・ブタジエン共重合体ゴム）は主として自動車のタイヤ（写真）に使用されるほか，はきもの，防震ゴム，ベルト，ホースなどに使用されている．

合成ゴムでつくられたタイヤ［横浜ゴム（株）提供］

アクリル系モノマーのリビングアニオン重合により，トリブロック共重合体も合成され，可塑剤不要の熱可塑性エラストマーとして工業化されている．リビング重合の進展は目覚ましく，リビングラジカル重合（§4・5・1参照）を利用して，分子鎖の両末端に官能基を導入したテレケリックポリアクリラートも工業的規模で製造されている．

$$\underset{\sim\sim\sim}{\text{ポリマー(A)}_m}\ominus + \text{X}-\text{C}=\text{C} \xrightarrow{-\text{X}^-} \underset{\sim\sim\sim}{\text{ポリマー(A)}_m}\text{C}=\text{C} \qquad (4\cdot30)$$

同様の反応でポリマーの末端にいろいろの官能基を導入することができる．上の例のようにポリマーの末端に二重結合があると，これをモノマー（マクロモノマー）に用いて，さらに付加重合を行うことができる（4・31 式）．リビング重合については§4・5でさらに詳しく述べる．

$$\underset{\substack{|\\ \text{ポ}\\ \text{リ}\\ \text{マ}\\ \text{ー}\\ |\\ (\text{A})_m}}{\text{C}=\text{C}} \xrightarrow{\text{付加重合}} \cdots-\text{C}-\text{C}-\text{C}-\text{C}-\text{C}-\text{C}-\cdots \qquad (4\cdot31)$$

一般に，このようにある構造の幹に別の構造の枝のついたポリマーを**グラフト共重合体（グラフトコポリマー）**という．リビングポリマーとその反応を利用すると，一定の長さの枝をもつグラフト共重合体が得られる（§2・4・1参照）．

4・2・2 カチオン重合

A モノマー

カチオンがモノマーに付加して成長する重合が，**カチオン重合**であることはすでに述べた（4・23 式）．したがって，電子供与性の置換基をもち，二重結合に電子の豊富なモノマーがカチオン重合しやすい．カチオン重合する代表的なモノマーを表4・8に示す．

表 4・8 カチオン重合する代表的なモノマー（重合反応性：A 群＜B 群）

	スチレン	α-メチルスチレン	イソブテン
A 群	$\text{CH}_2=\text{CH}-\text{C}_6\text{H}_5$	$\text{CH}_2=\text{C}(\text{CH}_3)-\text{C}_6\text{H}_5$	$\text{CH}_2=\text{C}(\text{CH}_3)_2$
	N-ビニルカルバゾール	ビニルエーテル	p-メトキシスチレン
B 群	$\text{CH}_2=\text{CH}-\text{(カルバゾリル)}$	$\text{CH}_2=\text{CH}-\text{OR}$	$\text{CH}_2=\text{CH}-\text{C}_6\text{H}_4-\text{OCH}_3$

スチレン（M_1）とメタクリル酸メチル（M_2）を種々の割合で混合して共重合すると，図4・2にみられるように，開始剤の種類で非常に異なった共重合組成曲線が得られる．カチオン開始剤ではスチレンが，アニオン開始剤ではメタクリル酸メチルが，生成ポリマーの大部分を占めている．

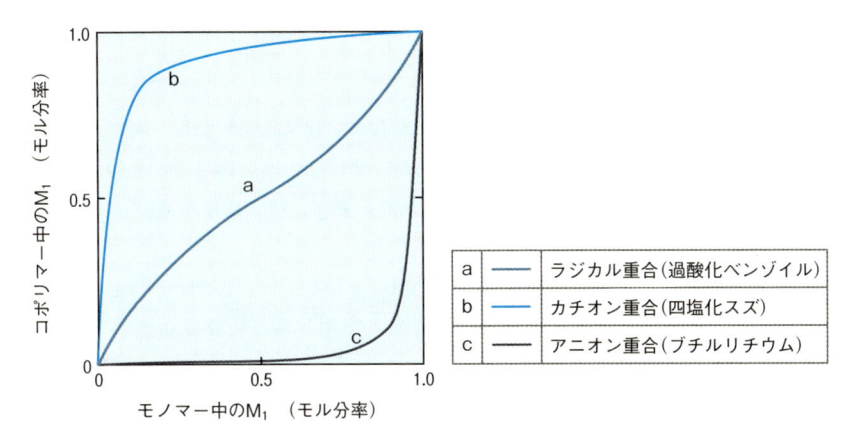

図 4・2 異なる重合機構（開始剤）によるスチレン（M_1）とメタクリル酸メチル（M_2）の共重合組成曲線

a	ラジカル重合（過酸化ベンゾイル）
b	カチオン重合（四塩化スズ）
c	アニオン重合（ブチルリチウム）

B カチオン重合の素反応

i) 開始剤と開始反応

開始剤としては，HCl，H_2SO_4 などのプロトン酸と，$AlCl_3$，BF_3，$SnCl_4$ などのハロゲン化金属が用いられる．後者では，ハロゲンが一部アルキル基と置換した化合物（$EtAlCl_2$，Et_2AlCl など）も使用される．

プロトン酸では，開始剤のプロトン（H^+）がモノマーに付加して炭素カチオンを生成して重合が開始される（4・32式）．したがって強い酸ほど開始剤としても有効で，超強酸（100 % 硫酸より強い酸）とよばれる一群の酸（CF_3SO_3H，$HClO_4$ など）は，非常に活性な開始剤である．

$$HBr + CH_2=\underset{X}{CH} \longrightarrow CH_3-\underset{X}{\overset{+}{CH}}\cdots\cdots Br^- \qquad (4\cdot32)$$

一方，ハロゲン化金属は単独では重合を開始することができず，プロトンや炭素カチオンを生成する化合物（共触媒とよばれる）が存在する場合のみ重合に寄与す

る．これは次式の反応で生成したカチオンがモノマーに付加して，重合を開始するためである．

$$BF_3 + ROH \longrightarrow F_3BO\begin{smallmatrix}R\\ \diagdown\\ H\end{smallmatrix} \longrightarrow H^+\cdots\cdots(BF_3OR)^- \quad (4\cdot33)$$

$$SnCl_4 + (CH_3)_3CCl \longrightarrow (CH_3)_3C^+\cdots\cdots SnCl_5^- \quad (4\cdot34)$$

ii) 成長反応

成長炭素カチオンがモノマーに付加し，重合が進行する．しかし，炭素カチオンは不安定であり，安定な構造に転位をしたり，そのほか種々の副反応を起こすことがある．したがって，α-オレフィンのカチオン重合では，構造が規則正しく分子量の大きいポリマーを得ることは難しい．

たとえば，3-メチル-1-ブテン (26) を低温（$-130\,\text{°C}$）で $AlCl_3$ を開始剤として重合すると（$4\cdot35$ 式），成長イオン (27) はより安定な第三級炭素カチオン (28) に転位し，(29) のような構造のポリマーが得られる．このような重合は**転位重合**あるいは**水素移動重合**とよばれる．

$$R^+ + CH_2=CH\underset{\underset{CH_3}{|}}{\overset{\overset{CH_3}{|}}{CH}} \longrightarrow R-CH_2-\overset{+}{C}H\underset{\underset{CH_3}{|}}{\overset{\overset{CH_3}{|}}{CH}}$$

$$(26) \qquad\qquad (27)$$

$$\longrightarrow R-CH_2-CH_2\underset{\underset{CH_3}{|}}{\overset{\overset{+}{C}}{|}}CH_3 \longrightarrow \left(CH_2-CH_2-\underset{\underset{CH_3}{|}}{\overset{\overset{CH_3}{|}}{C}}\right)_n \quad (4\cdot35)$$

$$(28) \qquad\qquad (29)$$

iii) 停止および移動反応

カチオン重合が進行している系に，塩基性化合物を加えると反応が停止することはいうまでもない．しかし塩基が存在しなくても，H_2SO_4 や $BF_3\cdot H_2O$ 開始剤ではつぎのように成長炭素カチオンに対イオンが付加して重合が停止する（$4\cdot36$，$4\cdot37$ 式）．

$$\sim\!\!\sim\!\!\sim H_2C-\overset{+}{C}H\cdots\cdots\overset{-}{O}SO_3H \longrightarrow \sim\!\!\sim\!\!\sim CH_2-CH-OSO_3H \quad (4\cdot36)$$
（フェニル基）　　　　　　　　　　（フェニル基）

$$\sim\sim\sim H_2C-\underset{\underset{CH_3}{|}}{\overset{\overset{CH_3}{|}}{C^+}}\cdots\cdots\bar{H}OBF_3 \longrightarrow \sim\sim\sim H_2C-\underset{\underset{CH_3}{|}}{\overset{\overset{CH_3}{|}}{C}}-OH + BF_3 \qquad (4\cdot37)$$

また，カチオン重合では成長末端から H^+ が脱離する反応（$4\cdot38$ 式）が活発に起こる．生成した H^+ は再び重合を開始するので，この反応は停止反応ではなく連鎖移動である．室温付近ではこの反応が活発に起こるので，カチオン重合で分子量の大きいポリマーを得ることは困難である．一般に低温ではこの H^+ の脱離が抑制され，分子量の大きいポリマーが得られる．ブチルゴムの原料である高分子量のポリイソブテンは，イソブテンを $-100\,°C$ という低温で重合して初めて得られる．

$$\sim\sim\sim CH_2-\underset{\underset{X}{|}}{\overset{+}{CH}}\cdots\cdots\bar{B} \longrightarrow \sim\sim\sim CH=\underset{\underset{X}{|}}{CH} + H^+B^- \qquad (4\cdot38)$$

カチオン重合の工業的利用

　カチオン重合は低温においてのみ高重合体が生成する．工業的には低温での反応は経済的に不利であり，低温で生産されているのはブチルゴムのみである．したがって，カチオン重合で工業的に生産されているポリマーの量は少ない．

　石油樹脂はナフサ分解で得られる炭素数 5〜10 のオレフィン，ジオレフィンを 0〜100 °C の比較的高い温度で重合させて得られる分子量の低いポリマーで，粘着剤・ホットメルト接着剤・道路用の塗料その他多くの分野で添加剤や改質剤として使用されている．

4・3　配位重合
4・3・1　α-オレフィンの重合
A　チーグラー・ナッタ触媒の発見

　1953 年ドイツのチーグラー（Ziegler）は，溶媒中で $(C_2H_5)_3Al$（Et_3Al）（液体）と $TiCl_4$（液体）を混合すると黒い沈殿を生じ，ここにエチレン（気体）を吹込むと，高分子量の枝のほとんどないポリエチレンが生成することを見いだした．エチレンはラジカル重合性が小さく，ラジカル重合では 1000 気圧以上の圧力で，150 °C 以上の高温にしないとポリマーが得られず，しかもそのポリマーは多くの枝をもっている．したがって，常温常圧でポリエチレンを生成するこの方法は全く画期的な発見であった．

翌年イタリアのナッタ（Natta）は，この触媒（チーグラー触媒という）を用いてプロピレン（*30*）から高分子量のポリマーを得ることに成功した．彼はさらに結晶性（mp 160 ℃）のポリプロピレンは，ポリマー（*31*）中の C^* に結合しているメチル基が立体的に同じ方向に結合したイソタクチック構造であることを明らかにした（4・39式）．

$$CH_2=CH \atop |\ CH_3 \quad \longrightarrow \quad \sim\!\!\sim\!\!\sim CH_2-\overset{*}{CH}-CH_2-\overset{*}{CH}-CH_2-\overset{*}{CH}\sim\!\!\sim\!\!\sim \atop \qquad\qquad\qquad |\quad\quad\quad |\quad\quad\quad |\atop \qquad\qquad\qquad CH_3\quad\ \ CH_3\quad\ \ CH_3 \qquad (4・39)$$

(*30*)　　　　　　　　　　　　　(*31*)

B　チーグラー・ナッタ触媒による重合

Et_3Al と $TiCl_4$ を混合して生じた黒い沈殿は，おもに $TiCl_4$ が Et_3Al で還元された $TiCl_3$ であり，これが重合触媒として活性であることがわかった．そこで直接 $TiCl_3$ の結晶と Et_3Al（**チーグラー（Ziegler）・ナッタ（Natta）触媒**という）を用いてプロピレンを重合すると，Et_3Al と $TiCl_4$ からは 40 ％程度しか得られなかったイソタクチックポリマーが，90 ％も含まれるポリプロピレンが得られた．

$TiCl_3$ には種々の結晶形があるが，α型の結晶の方がβ型の結晶よりイソタクチックポリマー（I-ポリマー）を多く生成する．

　　触媒系：$TiCl_3(\alpha)-Et_3Al$　　　I-ポリマー：80～92 %
　　　　　　$TiCl_3(\beta)-Et_3Al$　　　　　　　　　　40～50 %

このように触媒表面の構造が，生成ポリマーの立体構造を規制している．

Ti は遷移金属の一つで，種々の原子価を示し，錯体を生成しやすいなどの特徴がある．これまで述べてきた実験結果から，重合経路について種々の推定が行われてきた．詳細についてはまだ不明な点も多いが，おおよそつぎのように考えられている（4・40式）．

結晶表面の $TiCl_3$ は，Et_3Al の添加により Cl がエチル基と置換し，Al は，$TiCl_3$ と錯体を形成してその活性を大きくする（*32*）．（*32*）の右の空の配位座にプロピレンが近づき（*33*），Ti 上のアルキル基とプロピレンの間で新しく結合を生成する（*34*）．そこで新しく（*35*）上に生じた空の配位座に再びプロピレンが近づき，Ti—C 結合の間にプロピレンが挿入されて重合が進行する．プロピレンが空の配位座に接近するとき，$TiCl_3$ の結晶構造によりメチル基は常に同じ方向から接近するよう規制され，イソタクチック構造のポリマーが生成する．ここではプロピレンは Ti に配位してから成長鎖と反応するので，この重合は**配位重合**とよばれる．

偶然から出たノーベル賞

　科学の進歩が筋の通った論理の展開であると思っている人があるかもしれないが，そうとは限らない．むしろ直観とかひらめきこそ質的な進歩をもたらすことが多い．ドイツ・ミュールハイムの石炭化学研究所のK.チーグラーにノーベル賞をもたらしたのも，偶然とそれをわが物にする直観であった．

　1950年代，チーグラーは有機金属化合物の一連の研究の中で，トリエチルアルミニウムとエチレンの反応を調べていた．反応ではエチレンが数個つながった，炭素数が数個から10個程度の化合物の混合物ができる．ある日，奇妙なことが起こった．生成物が炭素数4個の化合物，ブテンだけになったのである．原因をいろいろ考えてみたが，どうも反応に使った耐圧容器が汚れていたらしい．その前に行った実験のあと，酸で洗ったときに容器の合金からニッケルが溶け出て，残っていて影響を及ぼしたのではないか．このことは実験で確かめられたが，チーグラーはさらにニッケル以外の遷移金属の効果を手当たりしだいに調べてみることにした．その結果，ジルコニウムやチタンの化合物を加えるとポリエチレンができることがわかった．チーグラー触媒の発見，1953年のことである．

　そうしたある日，イタリア・ミラノ工科大学のG.ナッタが訪ねてきた．彼は共同研究者にプロピレンはやってみたかと尋ね，パッとしないとの答えにミラノへ戻ってプロピレンの重合を試みた．そして触媒の組合わせを少し変えるとうまく重合し，できたポリマーがイソタクチック構造であることを見つけた．この研究はポリマーの立体化学を初めて明らかにしただけでなく，有機金属化合物の研究にも大きな進歩をもたらしたので，この二人は1963年のノーベル化学賞を受けることになった．

$$(4 \cdot 40)$$

(32) (33) (34) (35)

ポリエチレンとポリプロピレン

ポリエチレン（PE）と**ポリプロピレン**（PP）は最も簡単な構造のポリマーであるが，性質が優れていることと安価なことで大量に生産されている．

2010年の日本の生産量はそれぞれ296万トン，271万トンで，これは日本のプラスチック総生産量の約半分ちかくを両者で占めていることになる．（日本プラスチック工業連盟，統計資料による (http://www.jpif.gr.jp/3toukei/conts/2010/2010_genryou_c.htm).）

ポリエチレンはフィルム（ポリ袋）や家庭用成形品（バケツなどの容器）として，ポリプロピレンはコンテナ（ビールやコーラ瓶の輸送用），成形品（ポリエチレンより耐熱性がよいのでお湯を使うもの），自動車，家電製品，ロープなどに利用されている．

この触媒を用いてエチレンを重合させると，プロピレンと同じ機構で重合が進行し，ほとんど枝のないポリエチレンが得られる．プロピレン以外の多くのα-オレフィン（$CH_2=CHR$）やスチレンからも，イソタクチックポリマーが得られている．チーグラー・ナッタ触媒の発見以来，さらに活性の高い，少量でも有効な触媒や，イソタクチックポリマーをより多く生成する触媒を求めて，さまざまな触媒の開発が大学や企業の研究室で進められてきた．その結果，マグネシウム塩の表面にTiを担持したきわめて高活性の触媒が開発された．この触媒を使ってプロピレンの重合を行うと，1gのTiから600kgのポリプロピレンが製造でき，触媒残渣の除去が不要になった．またこれらの不均一触媒と違って，均一系ではたらくメタロセン触媒（例：**36**）も1970代後半にカミンスキー（Kaminsky）らによって見いだされた．重合活性は不均一触媒に比べ1桁以上向上し，1gのZrから数トン以上のポリプロピレンが製造できる．

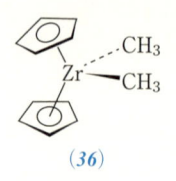

メタロセン触媒の例：ジルコノセン錯体，活性の発現にはメチルアルモキサン（MAO）の存在を必要とする．

MAO: $H_3C-[Al(CH_3)-O-]_n Al(CH_3)_2$

(**36**)

$Ti(OR)_4$とR_3Alの組合わせによる触媒を用いると，アセチレン（**37**）からポリマーが生成する（4・41式）．このポリマーは主鎖に交互に二重結合が存在するた

め，ヨウ素などでドープすると金属に匹敵する導電性を示す（§10・1参照）．白川英樹はこのポリアセチレンフィルムの導電性の発見により，2000年ノーベル化学賞をマクダイアミッド（MacDiarmid），ヒーガー（Heeger）とともに受賞した．

$$HC\equiv CH \longrightarrow +C=C+_n \atop H\ H \qquad (4\cdot 41)$$
$$(37)$$

4・3・2 ジエンの重合

天然ゴムはジエン（二重結合を二つもつ化合物）の一つであるイソプレン（**38**）のシス-1,4-ポリマー（**39**）である．すなわち，(4・42)式に示すようにイソプレンの1位と4位の炭素が結合してポリマーとなっており，主鎖の二重結合に対してポリマー鎖がシス型に存在している．イソプレンを重合すると，このほかにトランス-1,4-ポリマー（**40**），1,2-ポリマー（**41**），3,4-ポリマー（**42**）が生成する可能性がある（§2・2・5参照）．

$$(4\cdot 42)$$

天然ゴムと同じシス-1,4-ポリイソプレン（**39**）を合成する多くの努力がなされてきた．そして1955年に $TiCl_4-Et_3Al$ 触媒を用いると，有効であることが見いだされた．これは，（**43**）に示すように，Ti に二つの空の配位座のある条件を選ぶと，Ti にイソプレンがシス型に配位して，重合が進行するためと推定されている．

同じ年，RLi を開始剤とするアニオン重合でイソプレンのポリマー（**39**）が生成することが見いだされた．無極性の溶媒中では，成長鎖は（**44**）のように末端の炭素と Li^+ が結合した構造であり，この Li^+ にイソプレンがシス型に配位し，ポリマー末端と反応するため，シス-1,4-ポリマー（**39**）が生成するものと推定されている．

$$\sim CH_2-\underset{CH_3}{\underset{|}{C}}=CH-CH_2^- \cdot Li^+ \overset{C}{\underset{C}{\overset{\parallel}{C}}}\hspace{-6pt}-CH_3$$

(**44**)

イソプレンではまた別の触媒系を選ぶことによって，グタペルカと同じトランス-1,4-ポリマーが得られている．トランスポリマーは樹脂状で，ゴルフボールなどに利用されている．

イソプレンと同様に，ブタジエン（$CH_2=CH-CH=CH_2$）からも（**45**）～（**47**）の3種の構造のポリマーが得られる．シス-1,4-ポリマー（**45**）は Ti-Al 系触媒以外に，ブタジエンと錯体を生成する Ni や Co の化合物を用いても生成できることが見いだされている．また，種々の遷移金属触媒を選ぶことにより，トランス-1,4構造（**46**）や 1,2 構造（**47**）のポリマーが得られる．

(**45**) (**46**) (**47**)

4・4 開環重合

開環重合は一般に（4・43）式で示される．ここで X はヘテロ原子（O, N, S など）かそれを含む基である．代表的なモノマーを表 4・9 に示す．環のひずみの大きい三員環や四員環のモノマーは開環重合しやすく，環のひずみの小さい五員環や六員環のモノマーの重合性は低い．また，塩基性の大きいモノマーはカチオン重合反応性が大きい．

$$\overset{\frown}{C_m}X \longrightarrow (C_m-X)_n \qquad (4\cdot 43)$$

4・4 開環重合

表 4・9 開環重合する代表的なモノマー

エチレンオキシド	プロピレンオキシド	テトラヒドロフラン	トリオキサン
CH_2-CH_2 \ $\diagdown\text{O}\diagup$	CH_3 \ CH_2-CH \ $\diagdown\text{O}\diagup$	CH_2-CH_2 \ $\text{CH}_2\;\;\;\;\text{CH}_2$ \ $\diagdown\text{O}\diagup$	6員環（O, CH_2 交互）
エチレンイミン	β-プロピオラクトン	ラクチド	ノルボルネン
CH_2-CH_2 \ $\diagdown\text{N}\diagup$ \ H	CH_2-CH_2 \ $\text{O}-\text{C}=\text{O}$	環状ジエステル	二環式アルケン

A　イオン重合

環状の化合物に酸または塩基を作用させると環が開き，それらがつぎつぎと環状化合物に付加してポリマーを生成する．たとえば，プロピレンオキシド (**48**) はカチオンにより酸素が攻撃され，青線で結合が切断して再びカチオン (**49**) が生成し，(**49**) にモノマーが順次反応してポリマー (**50**) を生成する (4・44 式)．炭素カチオンは不安定であるので，実際はカチオン (**49**) は系中に存在するモノマーの酸素と結合して，オキソニウムイオン (**51**) の形で存在している．一般に炭素カチオンよりもオキソニウムイオンの方がずっと安定である．

$$\text{R}^+ + \underset{(48)}{\text{CH}_2-\overset{\text{H}}{\underset{\text{CH}_3}{\text{C}}}\diagdown\text{O}\diagup\times} \longrightarrow \underset{(49)}{\text{R}-\text{O}-\text{CH}_2-\overset{+}{\underset{\text{CH}_3}{\text{CH}}}} \Longrightarrow \underset{(50)}{+\!\!\left(\text{O}-\text{CH}_2-\underset{\text{CH}_3}{\text{CH}}\right)\!\!_n}$$

$$\underset{(51)}{\sim\!\!\sim\!\!\text{H}_2\text{C}-\underset{\text{CH}_3}{\text{CH}}-\overset{+}{\text{O}}\!\!\diagdown\!\!\underset{\underset{\text{CH}_3}{\text{CH}}}{\text{CH}_2}}$$

(4・44)

三員環の環状エーテル (**52**) は塩基（アニオン）によっても開環重合し，ポリマーを生成する (4・45)．$\sim\!\!\sim\!\!\text{O}^-$ (**53**) が成長鎖となり重合が進行する．

$$\text{RO}^-\text{Na}^+ + \underset{(52)}{\text{CH}_2-\text{CH}_2}\diagdown\text{O}\diagup \longrightarrow \underset{(53)}{\text{RO}-\text{CH}_2\text{CH}_2\text{O}^-\text{Na}^+} \Longrightarrow +\!\!\left(\text{CH}_2\text{CH}_2\text{O}\right)\!\!_n$$

(4・45)

B 配位重合

　環状エーテル (*48*) や (*52*) のカチオン重合あるいはアニオン重合で，高分子量のポリマーを得ることは困難である．高分子量のポリマーは Zn や Al の有機金属化合物を開始剤に用いて初めて生成される．この重合では (*54*) に示すように，あらかじめ金属イオンにモノマーが配位して活性化され，このモノマーと成長鎖が反応するために副反応が抑制され，重合が選択的に進行し，高分子量のポリマーが生成すると推定される．このようにモノマーが重合に先立って金属に配位してから反応する重合を**配位重合**という（§4・3参照）．

$$\overset{\delta+}{\underset{\sim\sim\sim O-ZnOR}{\overset{CH_2-CH_2}{\underset{\delta-}{O}}}}$$
(*54*)

　植物由来のデンプンから発酵法などを経て合成されるラクチド (*55*) は，オクタン酸スズなどの金属塩存在下，開環重合によりポリ乳酸を与える (*56*) (4・46式)．植物由来のこのバイオプラスチックは，環境中の水分や微生物により二酸化炭素と水に分解されることから，カーボンニュートラルなプラスチックとして注目されている．

$$(55) \longrightarrow (56) \qquad (4 \cdot 46)$$

　六員環を除く環状アルケン類は，W や Mo，Ru などの金属カルベン錯体（〜〜〜C＝M）により，モノマーの二重結合が切断され新たに二重結合を主鎖にもつ鎖状のポリマーを与える．ノルボルネン (*57*) の Ru 錯体 (*58*) による重合例とその重合機構を (4・47)式に示す．金属カルベンとモノマーの二重結合の [2+2] 付加環化反応によって生成する含金属シクロブタン中間体を経て，結合の組換え（**メタセシス反応**）が起こり重合反応が進行する．このような環状オレフィンのメタセシス反応による重合を**開環メタセシス重合**という．生成ポリマーは衝撃吸収性や遮音性にすぐれ，防振剤や防音材として利用されている．

$$\text{(57)} \xrightarrow{\text{(58)}} \left[\begin{array}{c} \includegraphics \end{array} \right]_n \quad (4\cdot47)$$

(Cy=シクロヘキシル)

$$\left[\begin{array}{c} \sim\sim\text{C}=\text{M} \\ + \\ \text{C}=\text{C} \end{array} \longrightarrow \begin{array}{c} \sim\sim\text{C}-\text{M} \\ | \quad | \\ \text{C}-\text{C} \end{array} \longrightarrow \begin{array}{cc} \sim\sim\text{C} & \text{M} \\ \| & \| \\ \text{C} & \text{C} \end{array} \right]$$

メタセシス重合

4・5 重合反応の制御
4・5・1 リビング重合

2章で述べたように,高分子材料の物性,機能は高分子の化学構造,分子量や分子量分布,立体規則性などの一次構造によって大きく影響を受けるので,これらの制御はより高性能かつ高機能の高分子材料を開発するうえで大変重要である.リビング重合はこれら高分子の一次構造を制御する最も有効な手法であり,多くの重合についてリビング重合が可能になっている.

理想的なリビング重合は,速い開始反応とそれに続く成長反応のみからなり,停止や連鎖移動反応などは起こらず,成長末端はその活性を保ったまま存在する.具体的には以下の特徴があげられる.

1) モノマーがすべて消費されるまで重合が進行し,その後さらにモノマーを加えると再び重合が進行する.
2) ポリマーの数平均分子量(数平均重合度)はポリマー収率と直線関係にある.
3) ポリマーの数平均分子量はモノマーと開始剤のモル比に比例し,制御できる.
4) 分子量分布の狭い($\overline{M}_w/\overline{M}_n<1.1$)ポリマーが生成する.
5) ブロック共重合体や末端官能基化ポリマーが定量的に得られる.

1956年,最初のリビング重合がシュワルツ(Szwarc)によるスチレンのアニオン重合によって達成されて以来(§4・2・1参照),これまで難しいとされてきた極性モノマーのアニオン重合,カチオン重合やラジカル重合でもリビング重合が可能な重合制御法が開発されている.

カルボアニオンと違いカルボカチオンは非常に不安定なため，β-水素脱離などの連鎖移動反応が起きやすく，ビニルモノマーのカチオン重合でリビングポリマーを得るのは難しいと考えられていた．しかし1984年，プロトン酸と弱いルイス酸などを組合わせた開始剤によりリビングカチオン重合がはじめて可能となった．ここでは，不安定な活性種を一時的に活性のない共有結合性の"**ドーマント種**"に置き換え安定化させ，それが可逆的に活性種に変換し，重合反応が起きることで副反応や停止反応を伴わない，いわゆるリビング重合を達成している．この活性のない"眠っている"を意味する"ドーマント種への変換による重合反応の制御"の概念（4・48式）は，リビングラジカル重合の開発にも活かされている．

$$\sim\sim\sim C-X \underset{\text{速い平衡}}{\overset{Y}{\rightleftarrows}} \sim\sim\sim C^* \cdots X-Y \qquad (4\cdot48)$$
$$\text{ドーマント種} \qquad\qquad \text{活性種}$$

具体的には（4・49）式のように，ヨウ素やハロゲン化亜鉛を対イオンとすることにより成長カチオンの安定化を図っている．これにより，ビニルエーテル，スチレン誘導体，イソブテンなどカチオン重合可能なほとんどすべてのビニルモノマーについてリビング重合が可能となっている．

$$CH_2=CH \atop OR \xrightarrow{HI} CH_3-CH-I \atop OR \xrightarrow{I_2} CH_3-CH\cdots I\cdots I_2 \atop OR$$
$$\xrightarrow{n\,CH_2=CHOR} CH_3-CH{\Big[}CH_2-CH{\Big]}_{n-1}CH_2-CH\cdots I\cdots I_2 \qquad (4\cdot49)$$
$$\qquad\qquad OR \qquad OR \qquad\qquad OR$$

成長ラジカル種そのものの反応性を制御（長寿命化）し，リビングポリマーを得ることは現時点でも難しい．しかし，大津隆行らの先駆的な研究を経て，前述の"ドーマント種への変換による重合反応の制御"の概念を用いたリビングラジカル重合が達成された．不安定な成長ラジカル種を一時的に安定なドーマント種に変換し，平衡関係にある活性種のみがラジカル重合反応に関与するために，以下の三つの方法が考案された．

1) 安定なニトロキシドラジカルであるTEMPO（2,2,6,6-テトラメチルピペリジニル-1-オキシ）を脱離基とする方法．
2) ハロゲンを保護基とし，RuやCuなどの遷移金属錯体を触媒とする方法．
3) チオエステル基を脱離基とし，成長ラジカルとの付加開裂型連鎖移動反応による方法．

それぞれの具体例を (4・50), (4・51) および (4・52) 式に示す.

$$\sim\sim CH_2-CH-O-N\underset{\text{piperidine}}{\bigcirc} \xrightleftharpoons{\Delta} \sim\sim CH_2-CH\cdot \quad \cdot O-N\underset{\text{piperidine}}{\bigcirc} \qquad (4\cdot 50)$$

$$\sim\sim CH_2-\underset{\underset{\underset{OCH_3}{|}}{\underset{O}{|}}}{\overset{\overset{CH_3}{|}}{\underset{|}{C}}}-Cl \xleftarrow{\underset{\text{Fe, Ni など}}{\text{ML}_n\ (\text{M: Ru, Cu,}}} \sim\sim CH_2-\underset{\underset{\underset{OCH_3}{|}}{\underset{O}{|}}}{\overset{\overset{CH_3}{|}}{\underset{|}{C}}}\cdot \quad Cl-ML_n \qquad (4\cdot 51)$$

$$\sim\sim CH_2-CH-S-\underset{\underset{S}{\|}}{C}-NEt_2 \xrightleftharpoons{} \sim\sim CH_2-CH\cdot \quad \cdot S-\underset{\underset{S}{\|}}{C}-NEt_2 \qquad (4\cdot 52)$$

これら以外にも,アルミニウム・ポルフィリン錯体による極性モノマーのリビングアニオン重合やリビング開環重合,金属カルベン錯体を用いたリビング開環メタセシス重合（§4・4参照）なども知られている.

4・5・2 立体規則性の制御

チーグラー・ナッタ触媒によるイソタクチックポリマーの生成が見いだされたころは,固体触媒の結晶表面がポリマーの立体構造の規制には必ず必要と考えられていた.しかし今では均一系のメタロセン系触媒でイソタクチックポリマーを与えるものも知られている.また,RLi によるシス-1,4-ポリイソプレンの生成では,開始剤は完全に溶解した RLi であり,均一な系でもポリマーの立体構造が規制できることを示している.

ビニル化合物の重合においても,均一に溶解した開始剤により,立体構造の規制されたポリマーが得られる.ビニル化合物のイオン重合では,無極性の溶媒中,低温で重合すると,表4・10のようにイソタクチックポリマーが得られる例が多い.(4・26)式に示したように,無極性溶媒中の重合では成長鎖はイオン対である.対イオンが成長鎖の近くに存在して,モノマーは一定方向からでないと成長鎖に接近できないため,イソタクチック構造のポリマーが得られるのであろう.

表 4・10 イソタクチックポリマーの生成

モノマー	成長鎖	開始剤	ポリマー構造[†1]
ビニルエーテル	カチオン	BF_3OEt_2[†2]	I
メタクリル酸メチル	アニオン	RLi, RMgBr[†2]	I

[†1] I: イソタクチック構造　　[†2] 無極性溶媒

　メタクリル酸メチルをトルエン中，かさ高い t-BuMgBr を開始剤に用いて低温でアニオン重合すると高度にイソタクチック（$mm=97\%$）で分子量分布の狭いポリマーを与える．これはポリマーの分子量・分子量分布と立体規則性の両方を同時に制御した重合反応と言える．このような重合を**立体特異性リビング重合**という．

　これに対して，THFなどの極性溶媒中のアニオン重合やラジカル重合を低温で行うと，表 4・11 のようにポリマー中のシンジオタクチック構造の割合が増加する．これは対イオンが存在しないと，モノマーが成長鎖に自由に接近できるので，置換基の向きが互い違いになって立体障害が少ない方向からモノマーが付加することで説明される．このようにイオン重合では，対イオンの有無によってポリマーの構造（立体規則性）が規制できることは興味深い．

表 4・11 シンジオタクチックポリマーの生成

モノマー	成長鎖	開始剤	ポリマー構造[†1]
塩化ビニル	ラジカル	光重合	S
メタクリル酸メチル	ラジカル	光重合	S
メタクリル酸メチル	アニオン	RLi, RMgBr[†2]	S

[†1] S: シンジオタクチック構造　　[†2] 極性溶媒

5

高分子の反応と化学機能

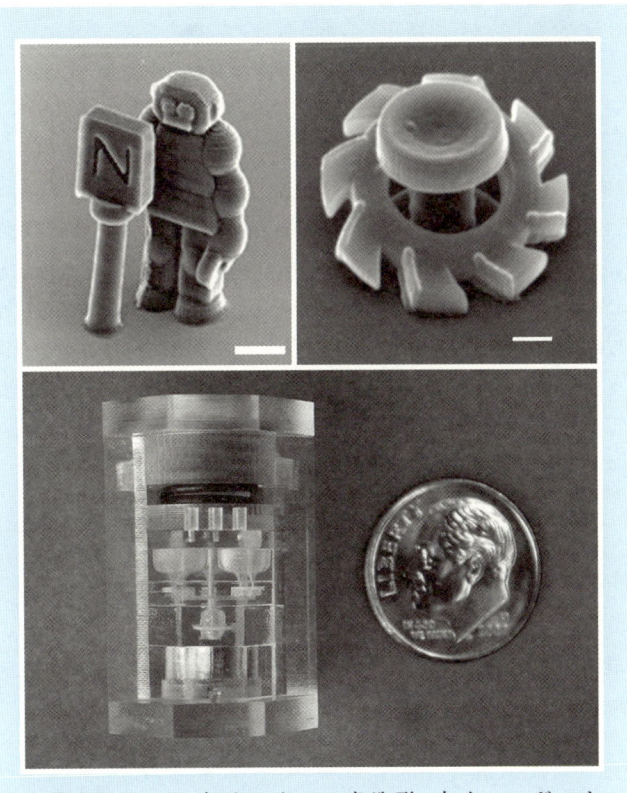

光重合による三次元マイクロ光造形．左上：ロボット（バーの長さは5μm），右上：マイクロタービン（15μm径，100nmの分解能による試作．バーの長さは2μm），下：無細胞タンパク質合成用化学IC）［東京大学大学院情報理工学研究科 生田幸士教授のご好意による］（p.101, 102参照）

高分子を合成する反応としては，モノマーから対応するポリマーを合成する重合反応（3章と4章）とともに，高分子鎖へ新しい官能基を導入する高分子反応がある．高分子反応の研究は実用ととりわけ密接につながって発展してきた．1970年代から，高分子鎖に力学的性質以外の何らかの機能を付与する機能性高分子への関心が高まり，それとともに高分子反応の中身も，酵素反応との類推から高分子効果を考える高分子触媒，ゲルの形成とイオン交換樹脂や膜，LSI作製のキーマテリアルであるフォトレジストの光反応など多岐にわたっている．さらにポリマーが地球環境と調和しながら発展することを目指した生分解性ポリマーの研究開発が進んでいる．第5章では，これらの高分子の行う反応の特徴を学ぶ．

5・1　ポリマー鎖中の官能基の変換

5・1・1　ポリマー鎖の側基の反応

　ポリビニルアルコール（PVA）は，桜田一郎，李 升基らにより1939年に日本で繊維化に成功したポリマーであり，国産第1号の合成繊維ビニロンとして知られ，木綿に近い性質をもち，その特徴を生かした用途に使われている．ポリビニルアルコールは，その名前と構造式からみるとビニルアルコールの重合体のように見えるが，実はビニルアルコールというモノマーは存在しない．ビニルアルコールはアセトアルデヒドとの間にケト-エノール互変異性体の関係にあり，エノール体とケト体の間の平衡はずっとケト体の側に偏っている．

$$
\begin{array}{c}
CH_2=CH \\
| \\
OH \\
\text{ビニルアルコール} \\
\text{（エノール体）}
\end{array}
\quad \rightleftarrows \quad
\begin{array}{c}
CH_3CH \\
\| \\
O \\
\text{アセトアルデヒド} \\
\text{（ケト体）}
\end{array}
\qquad (5・1)
$$

　そこで実際にポリビニルアルコールをつくるには，酢酸ビニルの重合から出発し，得られたポリ酢酸ビニルの側基を加水分解する．

$$
-[CH_2-CH]_n- \quad \xrightarrow[-n\,CH_3COOH]{n\,H_2O} \quad -[CH_2-CH]_n- \qquad (5・2)
$$
$$
\quad\;\;|\qquad\qquad\qquad\qquad\qquad\qquad\qquad\;\;|
$$
$$
\;\;OCOCH_3\qquad\qquad\qquad\qquad\qquad OH
$$

　すなわち，ポリビニルアルコールは高分子の化学反応によりはじめて合成できるポリマーである．ポリビニルアルコールはヒドロキシ基をもつ水溶性ポリマーであり，分子間の相互作用が強いので部分結晶化して，延伸により配向し，繊維となる．

5・1 ポリマー鎖中の官能基の変換

しかし，紡糸したとき水溶性のままでは都合が悪いので，ホルムアルデヒドとの高分子反応により一部をアセタール化して，水に不溶の繊維にする．

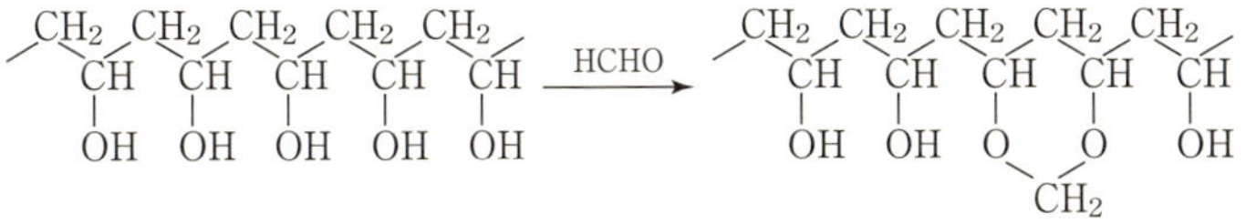

$$\begin{array}{c}\text{—CH}_2\text{—CH}_2\text{—CH}_2\text{—CH}_2\text{—CH}_2\text{—}\\ \text{CH CH CH CH CH}\\ \text{OH OH OH OH OH}\end{array} \xrightarrow{\text{HCHO}} \begin{array}{c}\text{—CH}_2\text{—CH}_2\text{—CH}_2\text{—CH}_2\text{—CH}_2\text{—}\\ \text{CH CH CH CH CH}\\ \text{OH OH O O OH}\\ \text{CH}_2\end{array} \quad (5\cdot3)$$

ポリビニルアルコールフィルムを I_2/KI 水溶液に浸してヨウ素錯体をつくったのち延伸してヨウ素錯体を配向させたフィルムは，液晶ディスプレイの偏光板として使用されている．

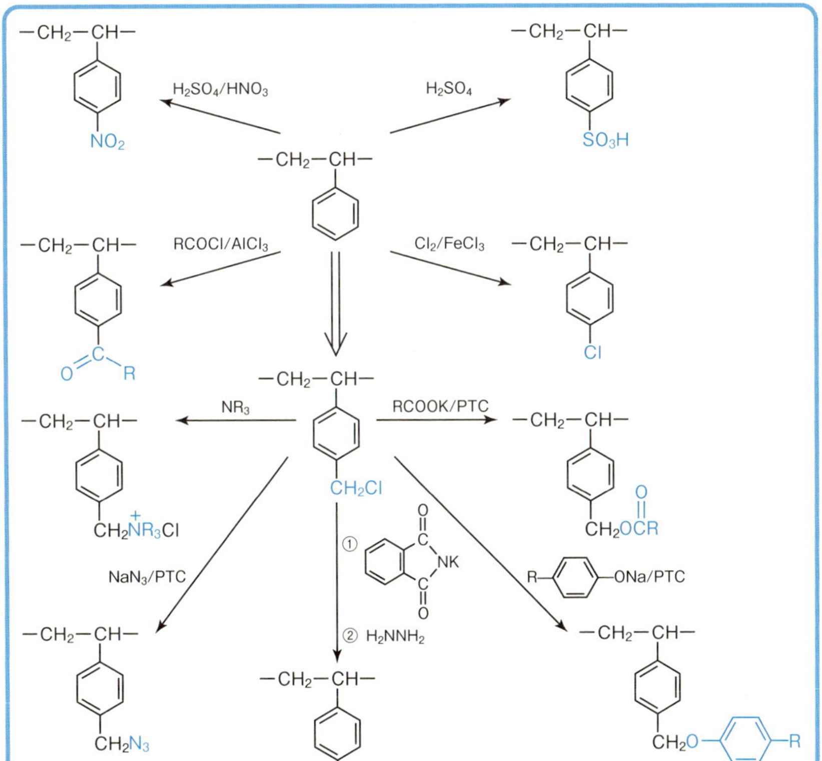

図 5・1 ポリスチレンとクロロメチル化ポリスチレンからの
官能基の導入反応（PTC は相間移動触媒）

高分子鎖中に側基として目的に応じた官能基を導入する方法としては，ポリスチレンとその誘導体の側基であるフェニル基，クロロメチルフェニル基などを出発点として行うことが多い．ポリスチレンとクロロメチル化ポリスチレンからの高分子反応による官能基導入の例を，図5・1に示した．これらの導入された官能基は，さらなる官能基の導入のための出発物質として，あるいはイオン交換樹脂や膜，高分子触媒などの機能を示す基として利用されている．

5・1・2 溶液中の高分子反応の特徴

溶液中の高分子鎖中の官能基と低分子試剤との反応は，官能基が低分子である場合に比べて，どんな異なった特徴が現れるであろうか？ これらには，① 高分子と結合していること自体によって起こる現象もあれば，② 静電相互作用や疎水性相互作用，水素結合の導入による低分子反応基の濃縮効果，さらには ③ 反応場の極性を変えて反応性そのものを増大させる酵素反応類似の効果がある．④ 反応の進行に伴う系の変化が影響をもつ場合も知られている．

① **反応基の高分子鎖への結合効果** これによる一番大きなメリットは基質・触媒・生成物の分離や回収が容易となることである．メリフィールド（Merrifield；1984年ノーベル化学賞受賞）によるタンパク質の固相合成法の素晴らしい成功例を筆頭に，イオン交換樹脂や試薬・触媒を固定化した不溶性ポリマー担体（§5・4・1参照）が利用例としてよく知られている．有機化学において反応生成物の精製・分離および分析に必須のカラムクロマトグラフィーやHPLC（高性能液体クロマトグラフィー）は，高分子担体と分離液中の低分子基質との相互作用を利用している．反応基が高分子鎖へ結合していることによる濃縮効果は，ポリマーコイル中に取込まれた低分子基質に対するポリマー中の反応基の局所濃度が $0.1 \sim 1\ \mathrm{mol\ L^{-1}}$ まで増大する現象である．光合成系を模した光反応の場合には，側鎖官能基の励起状態が高分子内エネルギー移動によって大きく広がって光反応中心の反応性を向上させる光アンテナ効果も知られている．ポリマー側基の反応基に対する高分子鎖による立体障害の影響を少なくするためには，側基にスペーサーを入れればよく，高分子反応基の溶解性を上げるためには，適切な溶媒の選択が大切である．

② **高分子反応における基質の濃縮効果** 高分子鎖中に共重合などによって，側鎖反応基以外に基質と静電性・疎水性・水素結合性・電荷移動などの相互作用をすることができる官能基を導入し，基質のポリマーコイル中への取込みと高濃縮化

5・1 ポリマー鎖中の官能基の変換

を実現して，反応速度を増大させる方法である．互いに混ざり合わない水相中のイオンと有機相中の試剤との反応は，相間移動触媒の添加により効率よく反応させることができ，架橋ポリスチレンゲルに触媒作用をもつ基を担持させると三相触媒となる．架橋ポリスチレンゲルにイオン交換基を結合させた**相間移動触媒**(三相触媒)を用いた反応例を図 5・2 に示す．

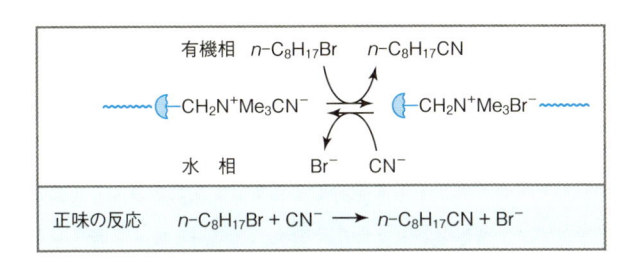

```
有機相    n-C8H17Br    n-C8H17CN
━━━CH2N+Me3CN−         ━━━CH2N+Me3Br−
水  相         Br−    CN−

正味の反応   n-C8H17Br + CN− ⟶ n-C8H17CN + Br−
```

図 5・2 イオン交換樹脂を相間移動触媒として用いた反応の例

③ **反応場効果** 高分子鎖が反応場を形成することにより反応遷移状態の構造が変わり，素反応の化学反応速度定数自体が大きく変化するとき，これを反応場効果という．酵素の触媒作用は，自然が実現しているその最も素晴らしい例であるが，イミダゾール基を側基に含むポリマーによるエステルの加水分解反応においても，高分子触媒としての著しい加速効果が見られる．中性イミダゾール基の触媒作用とともにカチオン性イミダゾール基によるアニオン性基質エステルの選択的取込みの協同効果があり，この協同的触媒効果ではポリマーの重合度が 10 以上で現れるという触媒活性の重合度依存性も知られている．高分子鎖中の官能基の反応では，隣接基の関与により反応が著しく加速されることがある．たとえば，ポリアクリルアミドの加水分解速度は反応の進行とともに加速され，またアクリル酸との共重合によっても加速され，**隣接基効果**とよばれている．

④ **反応の進行に伴う系の変化の影響** 高分子系の反応では反応の進行とともに系の粘度が増加したり，溶媒に溶けなくなったり，逆にイオン化して極性溶媒に溶けやすくなったり，系の凝集状態が大きく変化することが多い．メタクリル酸メチルのラジカル塊状重合で，反応率 20 % 付近から起こる重合速度の急激な増大，いわゆる自動加速効果あるいはゲル効果は，ポリマーラジカル間の停止反応速度が系の粘度の増加と相乗作用をしながら低下するために生じる現象である．

5・2 重合度の増える反応
5・2・1 橋かけ反応とゲル化

ポリマー鎖どうしの反応で化学結合ができると重合度が増加する．2本のポリマー鎖の両方の途中で結合ができるのが**橋かけ**（**架橋**）であり，ポリマー鎖の途中から線状の分子鎖がでているときは**分岐**という．結合の内容には関係なくある小さな領域から4本のポリマー鎖が出ているときに架橋しているといい，多数の架橋点あるいは分岐点を含み遠く離れた任意の二つの架橋点あるいは分岐点をつなぐポリマー鎖の経路が多数存在するときに**ポリマー網目**が形成されたという．

ポリマーは，その分子の形状によって**線状ポリマー**，**分岐ポリマー**，**網目ポリマー**の三つに大別される．リビング重合による末端反応基の反応では，第4章で学んだように，ブロックコポリマー(共重合体)，グラフトコポリマー(共重合体)，星型やくし(櫛)型ポリマーが合成される．片末端に二重結合をもつマクロマーの重合でも分岐ポリマーができる．一方，ジビニルベンゼンやジメタクリレートモノマーを含む系の連鎖共重合や官能基を3個以上含むモノマーの重縮合では，架橋反応を通じて系がゲル化し，網目ポリマーが形成される．

2官能性モノマー A-A と B-B に加えて f 官能性の分岐単位モノマー A-A_{f-1} があり，A反応基とB反応基間の結合により反応が進む逐次重合におけるゲル化の理論は，1940年代後半から50年代にかけてフローリー (Flory) により体系化された．3章で学んだ逐次重合の理論で，両反応基の初期濃度が $[A]_0=[B]_0$，f 官能性分岐単位に属するAの割合を ϕ とする．f 官能性モノマーの反応基Aから2官能性モノマーの反応を通して別の f 官能性分岐単位モノマーにつながっている確率を α とする．このような鎖

$$A_{f-1}\text{-A(B-BA-A)}_i\text{B-BA-}A_{f-1} \qquad (5・4)$$

が，さらに右末端の残っている $(f-1)$ 個のAのうちの一つから別の分岐単位へつながってゲル化と無限網目を形成する確率は $1/(f-1)$ であるので，ゲル化の臨界値 $\alpha_c=1/(f-1)$ となる．AとBが同数なら，ある瞬間にAがポリマー鎖に組込まれている確率つまり反応度を p_A，Bの反応度を p_B とすると，(5・4)式の分子鎖ができる確率 α_i は，鎖の最初のA基が反応してABができる確率は p_A，つぎにBA-ABの結合ができる確率は $p_B(1-\phi)p_A$，最後の BA-A_f ができる確率は $p_B\phi$ なので，$\alpha_i=p_A\{p_B(1-\phi)p_A\}^i p_B\phi$ となり，2官能性単位の対の数 $i=0\sim\infty$ について総和をとると $p_A=p_B=p$ として，

5・2 重合度の増える反応

$$\alpha = \sum_{i=0}^{\infty} \alpha_i = \frac{p^2 \phi}{1-p^2(1-\phi)} \tag{5・5}$$

となる．2官能性の単位 A-A がない A-A$_f$ と B-B のみのときには $\phi=1$ だから $\alpha=p^2$ となり，この条件でゲル化が起こる反応度 p_c は (5・6)式となる．

$$p_c = \alpha_c^{1/2} = \frac{1}{\sqrt{f-1}} \tag{5・6}$$

f 官能性の単位 A-A$_f$ だけが存在し，A 基どうしで反応が進行する場合には $\alpha=p$ となり，$p_c=\alpha_c=1/(f-1)$ である．

生成するポリマーの平均分子量や分子量分布も，反応の進行や無限網目の形成とともに変化する．f 官能性の単位 A-A$_f$ だけで構成されている一番単純な系では，数平均重合度 $\overline{P_n}$ と重量平均重合度 $\overline{P_w}$ は

$$\overline{P_n} = \frac{1}{1-(fp/2)} \tag{5・7}$$

$$\overline{P_w} = \frac{1+p}{1-(f-1)p} \tag{5・8}$$

で表される．ゲル化点では，$\overline{P_w}$ は無限大となるが $\overline{P_n}$ はあまり大きくなく，無限網目高分子（ゲル）が生成すると同時に，分子量の小さい可溶性ポリマー（ゾル）も大量に存在する．反応の進行に伴うゲルおよびゾル部分の生成量の変化および $\overline{P_n}$ と $\overline{P_w}$ の変化を，模式的に図5・3に示す．

ビニルモノマーとジビニルモノマーの連鎖共重合でのゲル化点は，逐次重合のときと同様に等反応性と分子内環化反応は起こらないという二つの仮定をおくと，ジビニルモノマーに属するビニル基の全ビニル基中の割合を ϕ として，ゲル化の始まる臨界反応率 p_c は，ジビニルモノマーがない場合に生成する一次ポリマー鎖の

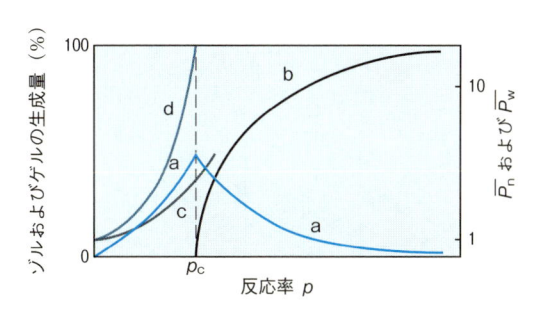

図 5・3 架橋反応における可溶性ポリマー（ゾル）(a) と不溶性ポリマー（ゲル）(b) の生成量と数平均重合度 $\overline{P_n}$(c) および重量平均重合度 $\overline{P_w}$(d) の反応度依存性

重量平均重合度を $\overline{P_{w0}}$ とすると,

$$p_c = \frac{1}{\phi \overline{P_{w0}}} \quad (5 \cdot 9)$$

で与えられる．しかし，実際にはこの予想値よりかなり早くゲル化が起こり，分子内環化の影響が大きい．同一のポリマー鎖内での架橋反応や環化が主として起こると，無限網目ではなく，溶液中で分散状態をとるミクロゲルが生成することがある．

5・2・2 熱硬化性樹脂の硬化反応

熱硬化性樹脂（thermosetting resin）は，プレポリマーとよばれる分子量のあまり大きくない線状ポリマーあるいはそれと共重合させるモノマーとの混合物をさし，成形条件の中で加熱することにより，高分子生成反応と物質としての成形が同時に進行して**熱硬化ポリマー**（thermoset）となる．熱硬化ポリマーはさらに加熱しても軟化することなく，強度を必要とする構造物，表面加工材，接着剤，さらにガラス繊維・炭素繊維・アラミド繊維との複合材料である FRP（繊維強化プラスチック）のマトリックスとして，建材や船舶・車両・航空機材料に広く使用されている．

フェノール樹脂は，人類が合成した最も歴史の古いポリマーであり，フェノール類とアルデヒド類から付加縮合により合成される．酸性条件下ではホルムアルデヒドのフェノールへの付加によるメチロールフェノール，さらにベンジル型のカルボニウムイオンの生成という脱水縮合の繰返しで，アルコールやアセトンに可溶なノボラック型フェノール樹脂(5・10式)が生成する（メチレン鎖は OH 基に対し o- または p-位置に結合）．

$$(5 \cdot 10)$$

($m=0$ または 1, $n=3\sim 6$)

さらにヘキサメチレンテトラミンなどを加えて加熱により，不溶・不融の熱硬化フェノールポリマーとなる．フェノールを塩基性触媒とともにホルムアルデヒドと

反応させると，メチロールフェノールからのカルボニウムイオンの生成はほとんどないために縮合反応は起こりにくく，付加反応が主体となり，レゾールとよばれる液状樹脂が生じる．レゾールはそのまま高温に加熱するか酸性にすることにより，硬化して熱硬化フェノールポリマーとなる．フェノール樹脂は電気部品，機械部品などの成形材料，プリント基板，構造接着剤，塗料用樹脂などに使われている．また，光機能材料としてフォトレジスト（§5・4・2参照）にも用いられている．

エポキシ基またはオキシランとよばれる三員環 $-\mathrm{CH}-\mathrm{CH_2}$ を2個以上分子内に
$\phantom{-\mathrm{CH}-\mathrm{CH_2}}\diagdown\mathrm{O}\diagup$
もち，その開環反応を重合および架橋反応に利用するプレポリマーは**エポキシ樹脂**とよばれる．エポキシ樹脂は通常ビスフェノール A とエピクロロヒドリンから合成され，(5・11)式のような構造をもつ．

$$\mathrm{CH_2-CHCH_2O}\underset{\mathrm{O}}{\diagdown\diagup}\!\!-\!\!\left[\!\!\underset{\mathrm{CH_3}}{\overset{\mathrm{CH_3}}{\mathrm{C}}}\!\!-\!\!\mathrm{OCH_2CHCH_2O}\underset{\mathrm{OH}}{}\right]_n\!\!-\!\!\underset{\mathrm{CH_3}}{\overset{\mathrm{CH_3}}{\mathrm{C}}}\!\!-\!\!\mathrm{OCH_2CH-CH_2}\underset{\mathrm{O}}{\diagdown\diagup}$$

$$(5\cdot11)$$

トポケミカルな重合

　三次元的な結晶構造を保ったまま重合するトポケミカル重合の例を下図に示す．二重結合を分子中に2個もつ 2,5-ジスチリルピラジン（DSP）は，光照射により結晶中で四員環を形成し，線状ポリマーとなる（下図）．この反応は**光四点重合**とよばれている．DSP の結晶は，太陽光下に放置するだけで定量的にポリマー単結晶に変化する．隣接する分子の二重結合間の距離が 0.40 nm より小さいときにのみ反応し，四員環ができると四員環の隣の分子の二重結合がつぎの二重結合により近づいて反応が進む．

2,5-ジスチリルピラジン (DPS) 結晶の光四点重合
[M. Hasegawa, *Chem. Rev.*, **83**, 511 (1983) による]

エポキシ樹脂は室温で架橋剤としてのジアミンやトリアミンと混合すると重付加により架橋して不溶不融の硬化エポキシポリマーとなる．また架橋剤として無水フタル酸などの酸無水物と混合し，180℃まで加熱すると，カチオン重合により架橋して熱硬化エポキシポリマーとなる．エポキシ樹脂は硬化時に低分子を放出することがなく，反応による体積収縮も小さいので，積層板やLSIの封止材料として電気部品に，二液性接着剤や塗料，成形品として広く利用されている．

その他の熱硬化性樹脂としては，メラミンや尿素とホルムアルデヒドとの脱水縮合でつくられ，熱硬化して化粧板などに使われるメラミン樹脂や尿素樹脂，FRPのマトリックスとして使用されており，スチレンとのラジカル共重合で熱硬化する不飽和ポリエステル樹脂などが知られている．

5・2・3 炭素繊維

高分子の官能基の間で分子間反応が起こって結合ができるのは橋かけであるが，同じ分子の官能基の間で反応が起こると環状構造ができることがある．

ポリアクリロニトリルの繊維を酸素遮断下で加熱していくと，黄色から赤褐色を経てしだいに黒化する．このとき分子内で縮合反応が起こってはしご状の構造（ラダーポリマー）ができていると考えられている．

$$(5・12)$$

これをさらに1000〜2000℃に加熱すると脱シアン化水素，脱窒反応が起こり，炭素だけから成る繊維，すなわち炭素繊維になる．レーヨンやピッチを焼成してつくることもできる．

$$(5・13)$$

$$(5・14)$$

炭素繊維は強度と弾性率が高く，耐熱性でもあり，複合材料の素材として航空機，自動車（口絵2参照）や，ゴルフクラブのシャフト，テニスラケット，釣りざおなどのスポーツ用品の製造に用いられている．

5・3 高分子の分解と安定化

高分子の分子鎖の途中で切断が起こると，重合度は減少する．任意の箇所がランダムに切れる反応（**ランダム分解**）と，末端から順にモノマー単位がとれていく**解重合**とがある．高分子材料にとっては，分解はふつう好ましくないことであり，多くの高分子材料には分解を防ぐための安定剤が添加されている．一般の高分子材料は，熱，光，酸素などさまざまな影響のある条件で使用されるので，これらの影響が相乗的にはたらいて高分子の分解が進むことも多い．一方，高分子の主鎖中に芳香環を導入すると，高分子の耐熱性は向上する．また，土壌の中の微生物によって分解する生分解性高分子は，環境と調和して発展する社会を目指す21世紀の高分子材料として重要になってきている．

5・3・1 熱分解

高分子の**熱分解**の仕方は，その構造によってかなり異なる．ポリメタクリル酸メチルの熱分解では，モノマーのメタクリル酸メチルがほぼ定量的に生成する．末端（あるいは弱い結合部）から重合の成長反応の逆の解重合（5・15式）が起こる．

$$\sim\sim CH_2-\underset{\underset{COOCH_3}{|}}{\overset{\overset{CH_3}{|}}{C}}-CH_2-\underset{\underset{COOCH_3}{|}}{\overset{\overset{CH_3}{|}}{C}}\cdot \longrightarrow \sim\sim CH_2-\underset{\underset{COOCH_3}{|}}{\overset{\overset{CH_3}{|}}{C}}\cdot + CH_2=\underset{\underset{COOCH_3}{|}}{\overset{\overset{CH_3}{|}}{C}} \qquad (5\cdot15)$$

これに対して，ポリエチレンの熱分解では種々の炭化水素の混合物が生成し，エチレンはわずかしかできない．高分子鎖の切断はランダムに起こるからである．ランダム分解は，まずポリマー鎖中の結合解離エネルギーの一番小さい結合（ふつうは三級炭素と水素の結合）が切れてポリマーラジカルが生成し，それが**β切断**（5・16式），**巻き戻し**（back biting）（5・17式）を繰返す．ポリスチレンでは高温ではβ切断ののち解重合も進行する．

$$\sim\sim\overset{\cdot}{\underset{\underset{R}{|}}{C}}-CH_2-\underset{\underset{R}{|}}{CH}\sim\sim \longrightarrow \sim\sim\underset{\underset{R}{|}}{C}=CH_2 + \cdot\underset{\underset{R}{|}}{CH}\sim\sim \qquad (5\cdot16)$$

90   5. 高分子の反応と化学機能

$$\begin{array}{c}\text{~CH–CH}_2\text{–C} \overset{\text{H}}{\underset{\text{R}}{}} \overset{\text{•CHR}}{\underset{\text{CH}_2\text{–CH}}{\text{CH}_2}} \underset{\text{R}}{} \longrightarrow \text{~CH–CH}_2\text{–}\overset{\text{•}}{\underset{\text{R}}{\text{C}}}\text{–CH}_2\text{–CH}_2\text{~} \underset{\text{R}}{} \quad (5\cdot 17)\end{array}$$

ポリ塩化ビニルやポリビニルアルコールの場合は側基の脱離反応がまず起こる.

$$\text{~CH}_2\text{–CH–CH}_2\text{–CH–CH}_2\text{–CH~} \underset{\text{Cl}\quad\text{Cl}\quad\text{Cl}}{} \xrightarrow{-\text{HCl}} \text{~CH}_2\text{–CH–CH=CH–CH}_2\text{–CH~} \underset{\text{Cl}\quad\quad\quad\text{Cl}}{}$$
$$(5\cdot 18)$$

いったん二重結合が生成すると，アリルラジカル生成による隣接する基の脱離が起こりやすくなり，共役二重結合が生成していく．これはポリ塩化ビニルの着色のおもな原因である．

おもなビニル型ポリマーの真空中熱分解の半減温度（T_h）とポリマー中の一番弱い化学結合の結合解離エネルギー，および熱分解のタイプを示す熱分解の際のモノマー収率を図 5・4 にまとめておく．モノマー収率が 100 % に近いポリマーは解重合型，ゼロに近いポリマーはランダム分解型である．

主鎖に芳香環を含むポリマーや，熱分解で共役二重結合を多く含む残存ポリマーの熱分解は，さらに加熱すると切断とともに一部は架橋や炭化が進行する．

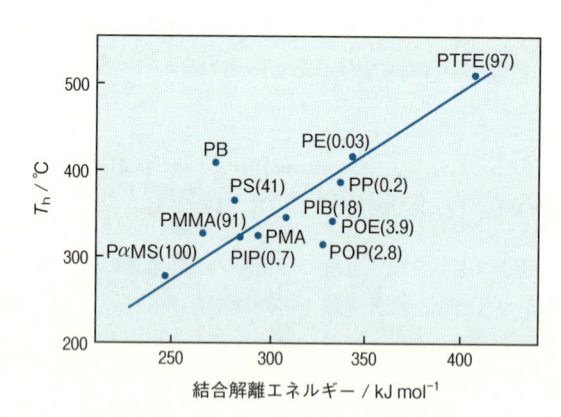

括弧内の数字は熱分解時のモノマー収率（%）．半減温度（T_h）：30 分加熱で重量が半減する温度．ポリマーの略号は付録を参照のこと

図 5・4　おもなポリマーの真空中熱分解の半減温度（T_h）とポリマー中の一番弱い化学結合の結合解離エネルギー［I. Mita, "Aspect of Degradation and Stabilization of Polymers", ed. by H. H. G. Jellinek, p. 254, Elsevier（1978）を改変］

ポリアクリロニトリルは,側基のニトリル基が反応して部分梯子鎖をつくり,やがて炭化し,炭素繊維となる(§5・2・3参照).主鎖芳香環ポリイミドや熱硬化フェノールポリマー,熱硬化メラミンポリマーも炭化型である.

酸素存在下での高分子(PH)の熱分解はより温和な条件でも容易に進行する.反応はポリマーラジカル(P・)の生成で開始し,酸素の付加と生成したペルオキシラジカル(POO・)の水素引抜きによるP・の再生,生成したヒドロペルオキシド(POOH)からのオキシラジカル(PO・)の生成が中心となり,いったんポリマーラジカルができれば増殖型の連鎖反応として分解が進行する.

5・3・2 光分解

ポリエチレンの炭素–炭素結合は直接には光によって切断されないが,実際には微量のカルボニル基(C=O)が存在し,その励起が引き金となって**光分解**が起こる.カルボニル基のα切断(ノリッシュⅠ型反応)(5・19式)と六員環構造からの水素引抜きと引続くβ切断によるノリッシュⅡ型反応(5・20式)が知られている.

$$\sim\sim CH_2-\underset{\underset{O}{\|}}{C}\overset{\alpha}{-}CH_2\sim\sim \xrightarrow{h\nu} \sim\sim CH_2-\underset{\underset{O}{\|}}{C}\cdot + \cdot CH_2\sim\sim \qquad (5\cdot 19)$$

$$\sim\sim\underset{\underset{O}{\|}}{C}-CH_2-CH_2-CH_2\sim\sim \xrightarrow{h\nu} \sim\sim\underset{\underset{O^*}{\|}}{C}-CH_2\overset{\beta}{\underset{H-CH\sim\sim}{|}}CH_2 \longrightarrow \sim\sim\underset{\underset{O}{\|}}{C}-CH_3 + CH_2=CH\sim\sim$$
$$(5\cdot 20)$$

光酸化分解の条件では,ヒドロペルオキシドの分解反応も光により促進され,また高いエネルギー状態の一重項酸素からの分解も生じる.光は分解の開始過程に主として効き,分解の成長および停止反応は熱分解のときと同じと考えられるが,光開始は室温でも始まる反応なので注意が必要である.

5・3・3 高分子の安定化と耐熱性ポリマー

ポリマー材料は,プラスチック,建材,塗料として戸外で長期間使用されることも多いので,前節で学んだ光分解や光酸化分解を防ぐために,実用的にはさまざまな安定化のための添加剤が使われている.ポリプロピレンやゴムには紫外線吸収剤(ベンゾフェノン誘導体など)やラジカル捕捉剤(フェノール類,アミン類)を添加する.ポリ塩化ビニルでは脱塩化水素(5・15式)を防ぐために高級脂肪酸のバリウム塩,ジアルキルスズジカルボキシラートなどが添加される.

ポリマー材料の使用環境が広がる中で，高分子の化学構造の分子設計により本質的に高温で安定なポリマー，すなわち**エンジニアリングプラスチック**と**耐熱性ポリマー**が開発され，使用されるようになった．ポリエチレンなどの汎用ポリマーを水の沸点である 100 ℃ 以上で使用することは難しいのに対して，150 ℃ まで使用可能なポリマーをエンジニアリングプラスチック，200 ℃ 以上でも使えるポリマーをスーパーエンプラ，あるいは耐熱性ポリマーと区別している．

耐熱性ポリマーに要求される性質としては，① できるだけ高温まで力学的強度を保つために，高いガラス転移点（T_g）と高い融点（T_m）をもつこと，② ポリマーの分解温度が高いこと，があげられる．

① については，多くの結晶性ポリマーについて普通 T_g は絶対温度で表して $T_g \cong (2/3)T_m$ の関係があり，T_m は熱力学的には，融解のときのエンタルピー増加 ΔH_m とエントロピー増加 ΔS_m をつかって，(5・21)式で表される．

$$T_m = \frac{\Delta H_m}{\Delta S_m} \qquad (5・21)$$

したがって，ポリマーの T_g や T_m を上げるためには，ΔH_m を大きく ΔS_m を小さくすることが望ましい．ΔH_m には分子間力が効くので，アミド結合のような水素結合をつくる基の導入が望ましい．ΔS_m には分子の対称性や自由度の変化が効くので，自由回転部分が少なく剛直な分子ほど ΔS_m は小さくなる．

② の分解温度については，結合解離エネルギーの小さい結合，すなわち脂肪族炭化水素を含まないポリマーが望ましいことになる．

高分子化学と工業の歴史が始まったばかりの 1940 年代の後半には，すでに耐熱性のよいポリマーとしてポリテトラフルオロエチレンやシリコーン樹脂が知られていたが，これらは加工性の問題やゴム状であるために特殊な用途に留まっていた．人類初の人工衛星スプートニクが地球を周回した 1957 年から 1960 年代への米ソの宇宙開発競争とともに，耐熱性ポリマーの研究が一気に進み，いろいろな芳香環分子を主鎖中に組込んで T_g や T_m を向上させる方向が定まった．

しかし，ベンゼン環を直接つないだポリ(p-フェニレン)は，融点はなく分解温度は 500～700 ℃ と非常に高いが不溶不融で成形性が悪いので，置換基や m-フェニレン構造の導入で対称性を悪くして溶媒に溶けやすくしたり，主鎖にエーテル基やアミド基，スルホン基を入れて分子内回転を起こりやすくし，成形性を上げるための工夫がなされた．アポロ計画が一段落した 1970 年代以降，耐熱性ポリマーは電気・電子産業の中にその需要を伸ばし，絶縁紙としてのポリ(m-フェニレンイソ

フタルアミド）さらに絶縁フィルムやプリント配線基板としてのポリイミドなどが主力となっている．これらの流れを図5・5に示す．

ポリイミドフィルムは200℃以上で長期連続使用に耐えうる絶縁フィルムであり，空気中320℃でもある程度の時間使用可能なので，新幹線の主電動機のコイルの絶縁にも用いられている．放射線損傷にも強く，宇宙帆船"IKAROS"（口絵1）の帆は面積14 m^2，厚さ14 μmのポリイミドフィルムである．一方，耐熱性繊維としては，濃硫酸溶液からの液晶紡糸でつくられるアラミド繊維（ポリ(p-フェニレンテレフタルアミド)；ケブラー®：Kevlar)(§7・4参照) が知られている．ケブラー®は，比重は鋼の1/6にもかかわらずその弾性率は144 GPaで理論弾性率の80%に達し，鋼の弾性率に匹敵している．ケブラー®は融点はなく分解温度は500℃以上である．ジェット機の翼やタイヤコードなどの航空機用のFRPや防弾チョッキなどに使用されている．炭素繊維は，ポリアクリロニトリル繊維やセルロースなど，

ポリスチレン — 主鎖が炭素-炭素一重結合なので，100℃で軟化する

ポリ(p-フェニレン) — 耐熱性はよいが，不溶不融で成形できない

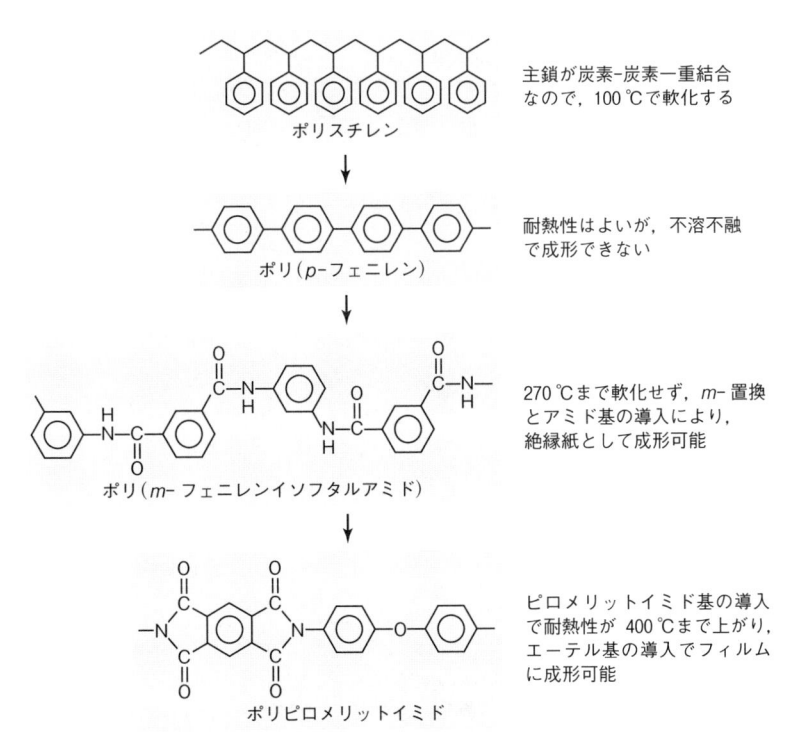

ポリ(m-フェニレンイソフタルアミド) — 270℃まで軟化せず，m-置換とアミド基の導入により，絶縁紙として成形可能

ポリピロメリットイミド — ピロメリットイミド基の導入で耐熱性が400℃まで上がり，エーテル基の導入でフィルムに成形可能

図5・5　耐熱性ポリマーの分子設計

あるいはタールやピッチなどを熱処理して，グラファイトに近い純粋な結晶性の炭素化合物構造に近づけたものである．各種スポーツ用品として使われてきたが，産業用の用途も広がっている（§5・2・3参照）．

5・3・4 生分解性ポリマー

地球環境と調和する社会の発展を考えるとき，現在大量に生産消費されているプラスチックの廃棄物をどうするかは，人類が解決しなければならない大切な課題である．合成高分子は一般に，セルロースやタンパク質のような天然高分子と異なって，自然環境の中で分解されないので，現在広く使用されている合成高分子を，土の中の微生物によって分解される，いわゆる**生分解性ポリマー**に置き換えていくという課題が提起されている．

まず高分子の生分解の機構であるが，生分解は酵素加水分解と非酵素加水分解に大別され，さらに高分子生分解の環境を生体内と生体外に区別して議論する必要がある．

生物は，タンパク質，多糖類，ポリエステルなどの多様な生物高分子を各種酵素を用いてアミノ酸，グルコース，脂肪酸から効率よく合成し，生命活動を営むために用いている．これらの生物高分子は，不必要になると生体内の分解酵素によって再びアミノ酸，グルコース，脂肪酸に分解されて，さらに再び新しい高分子の合成に利用されたり，生体内のさまざまな代謝経路を経てエネルギー生産に使われ，二酸化炭素と水に分解される．

一方，自然環境の中で植物や動物などの生物が生命活動を停止すると，死体が地球上の分解者である微生物によって分解・代謝される．水に溶けない高分子など高分子量の物質は，生物の細胞内に浸透できないので，まず微生物が分解酵素を体外に分泌して高分子物質と結合させ，高分子鎖を分解して低分子化合物が生成する

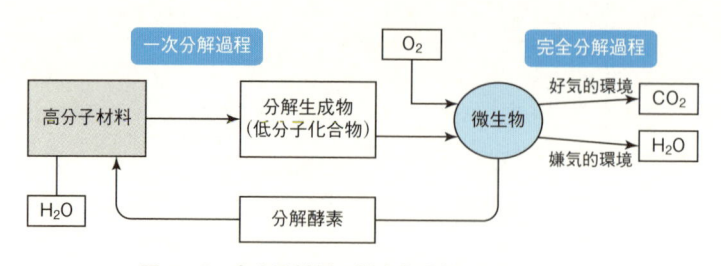

図5・6 高分子材料の微生物分解のメカニズム

(一次分解過程)．ついで，低分子量の分解生成物は微生物体内に取込まれ，さまざまな代謝経路を経て，生体物質の合成やエネルギー生産に使われ，好気的環境では二酸化炭素に，嫌気的環境ではメタンに変換される（完全分解過程）．このような高分子物質の微生物分解のメカニズムは，図5・6のようにまとめられる．

近年医療用高分子材料として用いられるようになった生体内分解吸収性高分子素材の場合には，生体組織内で酵素加水分解あるいは非酵素加水分解により低分子物質にまで分解され，その分解生成物が代謝経路に吸収されるか体外へ排泄されることになる．

このような生分解性を示すポリマーは，どのようにつくられるのだろうか？ 微生物産生系，化学合成系，天然物利用系，および複合系に分けることができる．利用または研究されているおもな例を表5・1に挙げておく．

表 5・1 生分解性ポリマーの例

タイプ	おもな生分解性ポリマー
微生物産生系	バイオポリエステル，バクテリアセルロース，プルラン，カードラン，ポリ(γ-グルタミン酸)
化学合成系	ポリ乳酸，ポリ(ε-カプロラクトン)，ポリブチレンスクシナート，ポリアミノ酸
天然物系	デンプン，セルロース/キトサン，酢酸セルロース
複合系	デンプン/ポリエステル，デンプン/ポリビニルアルコール

微生物のつくるポリ(ヒドロキシアルカン酸)(共重合ポリエステル)は，さまざまな環境の微生物によって容易に分解されるとともに，共重合組成を変えることにより多様な物性を示すために，有望な生分解性ポリマーとして精力的に研究開発されている．代表的なポリエステル合成細菌の *Alcaligenes eutrophus* は，C3からC5までのヒドロキシアルカン酸をモノマー単位として含むランダムコポリマーを生成する．微生物のつくる水溶性多糖のプルランは，水溶液からのキャスト法で強靭な透明フィルムになり，食品包装材に使われている．

微生物分解性が確認されている合成高分子は，ポリビニルアルコール，ポリオキシエチレンのような水溶性高分子と，ポリ(ε-カプロラクトン)のような脂肪族ポリエステルである．ポリ乳酸は，安価なデンプンを原料として乳酸を発酵生産し，それをラクチドに変えて開環重合するか直接重縮合によってポリ乳酸にする製造技術が開発されている．

植物由来の天然高分子は，それ自体が微生物分解性であるので，他の生分解性ポリマーとのブレンドや化学修飾により実用物性を発現させ，生分解性プラスチックとしての利用が進められている．

これらの生分解性ポリマーは，食器容器，コンポスト用ごみ袋，フィルムなどの容器包装材料，さらに手術用医療材料や薬物運搬体（DDC）などのバイオ機能材料として，利用が広がりつつある．

5・4 高分子反応による機能の発現

ポリマー鎖中の官能基の反応性そのものが物質としてのポリマーの機能につながる例として，イオン交換樹脂とフォトレジストなどの感光性ポリマーがある．また，溶液からの光重合により複雑な三次元ミクロ構造を造形できる三次元光造形も注目を集めている．

5・4・1 イオン交換樹脂

イオン交換樹脂は，機能性ポリマーとしては最も歴史が古く，1940 年代半ばにはすでに工業生産が始まっている．ジビニルベンゼンで架橋したポリスチレンゲル

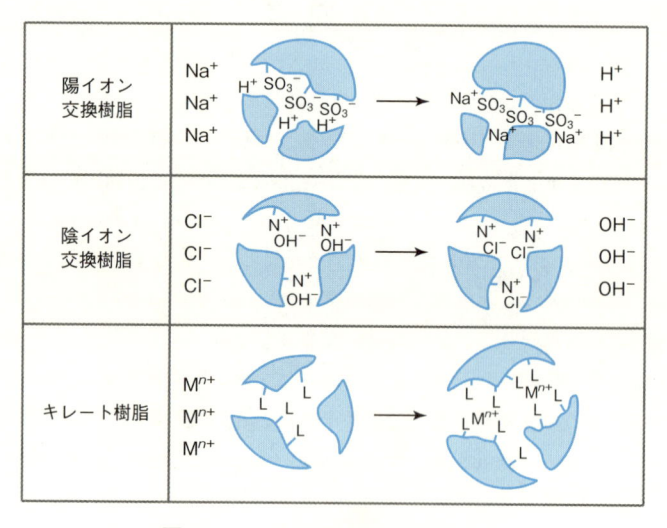

図 5・7　イオン交換樹脂のはたらき

に，スルホ基や第四級アンモニウム基などを導入した陽イオン交換樹脂あるいは陰イオン交換樹脂は，水を浄化する用水廃水処理に利用され，さらに吸着剤，分離用担体，固相触媒（図5・2参照）として用途は多岐に及んでいる．また，ある特定の金属イオンに対する選択的吸着を目的として，窒素や酸素を含む原子団，たとえばイミノ二酢酸基（$-N(CH_2COOH)_2$）と金属イオンとの配位結合（キレート）能を生かしたキレート樹脂が開発され，排水中の重金属イオンの処理に威力を発揮している．イオン交換樹脂のはたらきを模式的に図5・7に示す．

これらの樹脂は溶媒に溶けないという架橋ポリマーとしての特徴を生かしたもので，陽イオンまたは陰イオンを樹脂上に固定することで，目的とする対イオンを溶媒中から容易に，しかも微粒子状の樹脂をカラムに充填したりイオン交換膜として成型したりすれば連続的に，分離することができる．

微粒子（ビーズ）状のポリスチレンゲルは，その網目構造と機能の点から，軟らかく膨潤度の大きいゲル型の微粒子と硬く不均質で大きな孔のあいている多孔質の微粒子とに分けられる（図5・8）．前者の軟らかいゲルはモノマー混合物中の架橋剤の割合が1～2％程度であり，メリフィールドによりタンパク質の固相合成用の支持担体として用いられて以来，このタイプのゲルは有機合成のための触媒や試薬の支持担体として広く用いられている．水溶性のポリアクリルアミドゲルも市販されている．しかしこれらのゲルの機械的強度は弱いのでカラムに詰めて高圧で使用することはできない．

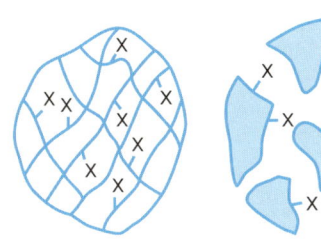

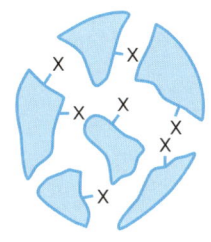

図 5・8 柔らかいゲル型微粒子(左)と硬い多孔質微粒子(右)の架橋ポリマー担体

この点を改良したのが後者の多孔質型の微粒子で，懸濁重合で合成する際に架橋剤の割合を10％以上にし，さらに水と混じらず，モノマーと架橋剤は溶かすがポリマーは溶かさないような物質（非溶媒）を重合溶媒に加えることにより，硬い多孔質のポリスチレンゲルが得られる．これらのゲルでは，重合途中で生成した網目構造（ミクロゲル）が凝集していくすきまに，直径数十～数百 nm のマクロポアが形成されている．イオン交換樹脂として使用する場合，高分子反応で導入した官能

基はマクロポアの壁面に結合していると考えられ，壁面の有効表面積は 20～700 $m^2 g^{-1}$ にも達する．

イオン交換樹脂を膜の形にしたものが**イオン交換膜**である．陽イオン交換膜と陰イオン交換膜を交互に並べ，電気透析を行うと陰陽両イオンの濃縮が起こる（図5・9）．この目的に用いるイオン交換膜は，補強布にスチレンとジビニルベンゼンを含浸重合させ，膜の状態で高分子反応によりイオン交換基を導入して作製される．

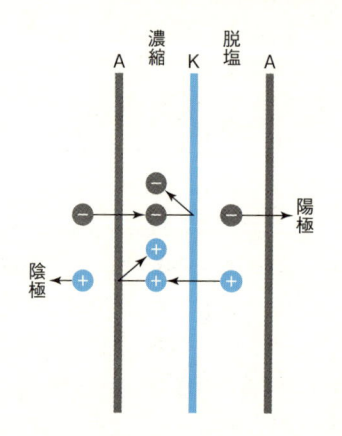

Aは陰イオン交換膜，Kは陽イオン交換膜で，前者は陰イオンは通過するが陽イオンは通過できない．後者では逆に陽イオンのみが通過する．したがって図のように電位勾配をかけるとA→Kの間ではイオンの濃縮が起こり，K→Aの間では脱イオンが起こる

図 5・9 イオン交換膜を用いた電気透析によるイオンの濃縮

イオン導電性ポリマーの一つである含フッ素のペルフルオロポリエチレンスルホン酸（分子構造は表6・2）は，分離用イオン交換膜として食塩の電気分解による水酸化ナトリウムと塩素の製造に使われているが，最近では燃料電池用のイオン交換膜（§10・1・1参照）としても利用されるようになってきた．

5・4・2 感光性ポリマー

光の照射によって化学反応をひき起こし，その化学反応に伴う物性の変化を利用して機能を発揮するポリマーが**感光性ポリマー**である．印刷製版，プリント配線作製，LSIなどの半導体集積回路の作製に広く用いられている．

感光性ポリマーの代表的な原理の一つは，**光橋かけ**である．光により架橋する官能基を線状ポリマーに導入しておくと，光照射によって，露光した部分は分子間橋かけが起こり硬化（不溶化）する．光の当たらない部分は可溶性であるので，適当な溶媒で処理すれば硬化した部分のみが画像として残る．感光性ポリマーの被覆が取除かれた部分のSiウエハー表面あるいは基板上の金属表面は乾式プラズマエッチングあるいは酸処理で腐食されて，リソグラフィによる安定なパターンが得られ

る．パターンができたのち使用した感光性ポリマーは特別の溶媒で除去される．このような感光性ポリマーがICやLSI作製に使われるとき，使用した光マスクと逆のパターンになるのでこのポリマーは**ネガ型フォトレジスト**とよばれる（図5・10右）．レジストという言葉は，用途に応じた化学処理工程中でプラズマや酸に対し保護膜の役割を果たすことからきている．一方，光があたった部分のみが溶媒に可溶となるように変化し，最終的に光マスクと同じ凹凸のパターンの画像を与えるポリマーは，**ポジ型フォトレジスト**とよばれる（図5・10左）．

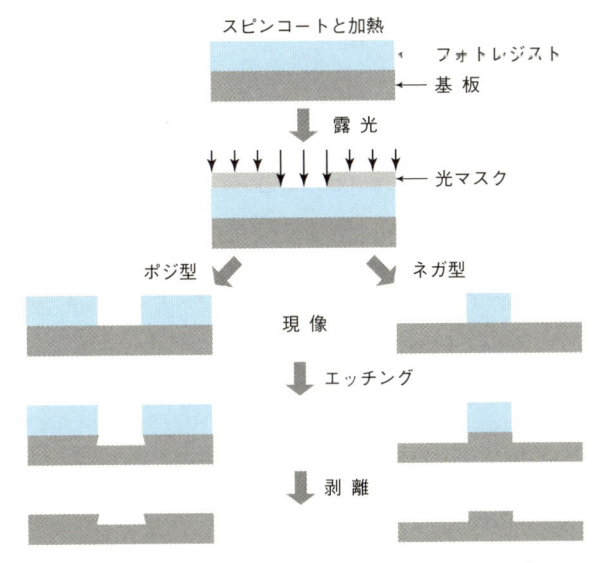

図 5・10 フォトレジストによるリソグラフィ工程

1950年代始めにケイ皮酸の光二量化反応を利用した感光性ポリマーであるポリケイ皮酸ビニルが発表され，さらに環化イソプレン/ビスアジド化合物からなるネガ型フォトレジストがプリント配線基板やICの製造工程に使われるようになった．しかし，IC関連工場からの廃溶媒の環境汚染の問題と解像度の向上のために，フォトレジストは有機溶媒を使うネガ型から水溶性のポジ型へと変換していった．

波長436 nm（g線）ついで365 nm（i線）の高圧水銀ランプにより露光されるポジ型フォトレジストとしては，ジアゾナフトキノンスルホン酸エステル(DNQ)/ノボラック樹脂(N)系が使われている．もともと水に不溶のDNQは436 nmまたは365 nmの光照射によりケテンを経て，水の存在でインデン-3-カルボン酸

(ICA) となり，アルカリ水溶液に可溶となる（5・22式）．

$$(5 \cdot 22)$$

アルカリ可溶性のノボラック型フェノール樹脂（5・10式）と DNQ との混合物は DNQ の存在のために水に不溶であるが，光照射で DNQ が ICA に変化するとアルカリ水溶液に可溶となり，有機アミン水溶液で現像すると，露光部が溶解してパターンが形成される．印刷の平板や LSI 製造用の水系ポジ型フォトレジストとして，広く使われている．

半導体集積回路の高密度化の要求とともに，フォトレジストの解像度も 1 μm 以上の時代から 100 nm の時代へと微細化し，21 世紀へ入って光源の波長も KrF エキシマーレーザー（248 nm）から ArF エキシマーレーザー（193 nm）へと，ますます短くなっている．このような短波長の光に高感度に対応できるポジ型フォトレジストとして，すでに 1983 年に IBM の伊藤 洋らにより発表されていた化学増幅型フォトレジストがある．典型例は，トリアリールスルホニウム塩（たとえば $Ph_3S^+PF_6^-$）などの酸発生剤を紫外光光分解させて発生したプロトン酸を開始剤として，ポリ(t-ブトキシカルボニルオキシスチレン）(PBOCS) が (5・23) 式

$$(5 \cdot 23)$$

のように酸の再生により連鎖分解してポリヒドロキシスチレン (PHS) を生成するもので，PHS はアルカリ水溶液に溶解して露光部が除去され，ポジ型のフォトレジストとなる．露光により発生するプロトン酸の量子収率は 1 以下であるが，溶

解性の変化を起こす実効的な反応の量子収率は1よりずっと大きくなる．これが化学増幅系レジストにおける高感度化の機構である．この化学増幅型のレジストの解像度はすでに 30 nm 程度が報告され，次世代の軟 X 線や EUV リソグラフィへの利用も検討されている．

フォトレジストとしてはポジ型が主流であるが，新聞印刷などに広く使われている感光性樹脂版（電子製版）の工程（図5・11）では，芳香族カルボニル化合物などの光重合開始剤を使った架橋剤を含むモノマーあるいはプレポリマーの光重合による不溶化が利用されている．モノマーおよびポリマーとしては，アクリル系モノマー，水溶性ポリアミド，熱可塑性エラストマー，ポリビニルアルコールなどが用いられる．製版用フィルムを使わないデジタルシステムによる印刷版作製のためには，レーザーにより高速で走査露光できる印刷版が必要になる．CTP（computer to plate）印刷とよばれ，アルミ基板に感光性ポリマーを塗布したものが使用されている．

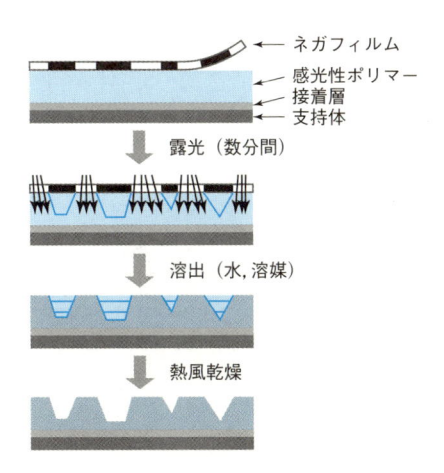

図 5・11 光重合反応を用いるナイロン凸版材の作製工程

近年，ナノの世界へ到達する光重合造形技術として注目されているものに，三次元光造形がある．材料としては紫外線で硬化するタイプのアクリル系あるいはエポキシ系の光重合プレポリマーを用い，図5・12のように，液中に紫外線を照射しながら xy ステージを動かして平面をコンピューター制御でプログラムした形態に薄く硬化し，z ステージを少し沈めてつぎの層を硬化させる手順を繰返し，最終的に

薄い断面を積層した立体を造形する. 図 5・12 の装置は 440 nm の He-Cd レーザーを使用し，硬化分解能は 400 nm であるが，波長 700 nm 以上のパルス Ti-サファイアレーザーを用いた二光子吸収光造形法では，硬化したポリマー中を通って光焦点を結ぶことも可能となり，100 nm の硬化分解能が得られている. 三次元マイクロ光造形法でつくられたモデルやマイクロマシンの例を本章扉に示す. 医療に使われるマイクロマシン，マイクロ化学分析・合成用の化学 IC チップなどへの展開が期待されている.

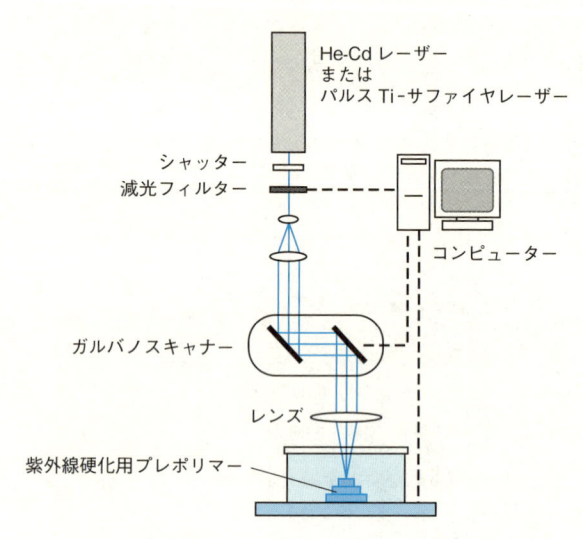

図 5・12　光重合による三次元マイクロ光造形の装置
〔生田幸士，高分子，**52**，466（2003）による〕

6

高分子のかたちと溶液の性質

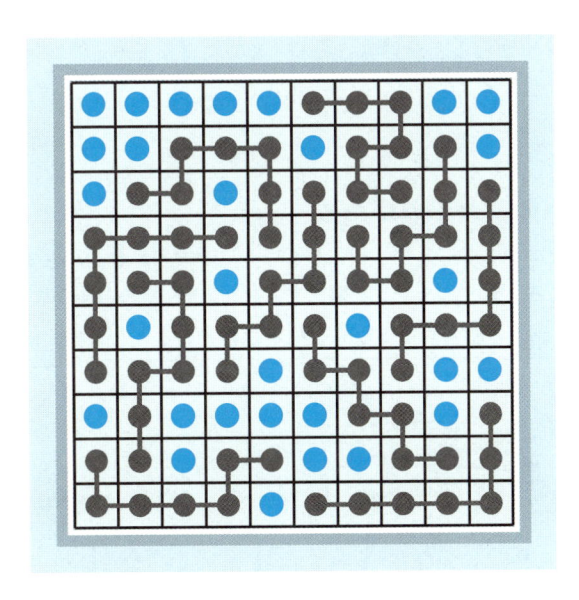

第2章で，高分子の構造は，モノマー単位のつながり方によって決まり化学結合を切ってつなぎ直すことによってのみ変化するコンフィギュレーション（立体配置）と，主鎖結合の分子内回転によって自由に変化するコンホメーション（立体配座）との2種類があることを学んだ．第6章では，溶液中のポリマー分子のかたちを決めるコンホメーションを扱う．

分子量が数千以上の高分子物質は，普通の有機物質（たとえばベンゼン）のように加熱しても気体になることはできず，溶融（メルト）したのちさらに加熱すると熱分解してしまう．したがって物質としての高分子（固体あるいは融体）の性質ではなく，孤立した分子1個の化学構造，分子量とかたちや大きさとの関係など分子としての高分子の特徴を調べるためには，その高分子を溶かす溶媒中で希釈して，孤立分子鎖を実現することが必要である．ここに高分子の溶液物性を学ぶ意義がある．

6・1 溶液中の高分子のかたち

分子の立体的なかたちは，化学結合している原子間の**結合長**，**結合角**，および**内部回転角**で決まる．ポリエチレンを例にとると，炭素-炭素結合の結合長 0.154 nm，sp^3 構造の炭素原子の結合角は 109.5° と固定されているとしても，内部回転角（図

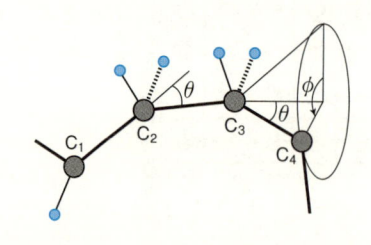

図 6・1 高分子鎖の結合と回転角 ϕ

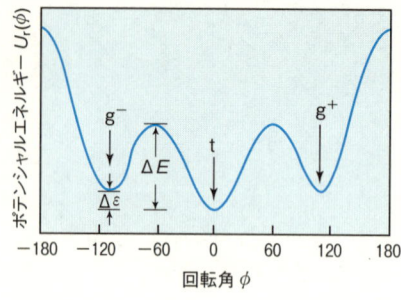

図 6・2 $-CH_2-CH_2-$ の回転角 ϕ とポテンシャルエネルギー $U_r(\phi)$ の変化

6·1 の $C_1C_2C_3$ を含む平面内からの C_4 原子の回転角 ϕ) は，図 6·2 のように，エネルギー的に安定な状態として $\phi=0°$ のトランス (t)，$\phi=\pm 120°$ 付近のゴーシュ$^+$ (g^+) とゴーシュ$^-$ (g^-) の三つの回転異性体が可能になる．この t と $g^\pm$ とのエネルギー差はポリエチレンで $\Delta\varepsilon \cong 2.1$ kJ mol^{-1} 程度で t と $g^\pm$ の熱平衡状態での割合を決める．$\Delta\varepsilon$ はポリマー鎖の静的な柔らかさ (flexibility)，つまりランダムコイルの分子の大きさに関係する．t から $g^\pm$ へ移るポテンシャルの山は $\Delta E \cong 10\sim 16$ kJ mol^{-1} なので室温付近での熱エネルギー (2.5 kJ mol^{-1}) と比較してそれほど大きくなく，t $\leftrightarrow$ $g^\pm$ が相互に変換していることを示している．ΔE はポリマー鎖の動的な柔らかさつまりコンホメーション変化の速さに関係する．もちろん $\Delta\varepsilon$ や ΔE は側鎖置換基の大きさや双極子モーメントの影響を受ける．

6·2 高分子鎖の大きさ

6·2·1 末端間距離

C–C 結合を主鎖とするポリマー分子鎖は，普通ランダムコイル状で溶液中では熱運動のため時々刻々そのコンホメーションを変えており，その形態は統計的に記述されることになる．形態を表す量としてはポリマー分子の平均的広がりがあり，まずポリマー分子の両端を結ぶベクトル $\boldsymbol{R}$ の大きさがその目安となる．ランダムコイル状ポリマー分子のモデルとして，図 6·3 のように，長さ l の棒 n 個がランダムにつながったモデルを考え，各棒の両端をつなぐベクトルを $\boldsymbol{l}_i$ ($i=1, 2, \cdots, n$) とすると，このモデルの末端間ベクトル $\boldsymbol{R}$ は

$$\boldsymbol{R} = \sum_{i=1}^{n} \boldsymbol{l}_i \tag{6·1}$$

で表される．このベクトルの大きさの平均値は，二乗の平均 $<R^2>$ をとる必要があるので，(6·2)式で表される．

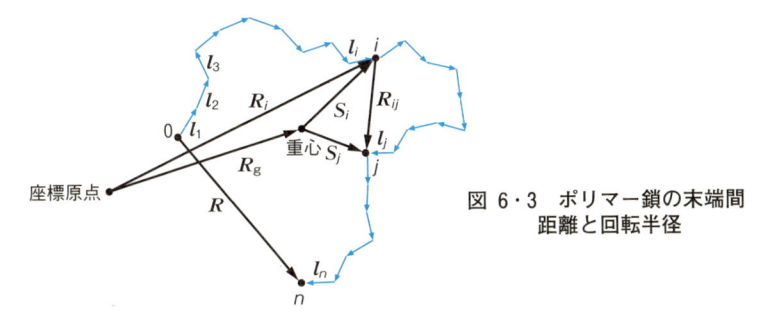

図 6·3 ポリマー鎖の末端間距離と回転半径

$$<R^2> = \left\langle\left(\sum_{i=1}^{n} \boldsymbol{l}_i\right)\cdot\left(\sum_{j=1}^{n} \boldsymbol{l}_j\right)\right\rangle = \sum_{i=1}^{n}<l_i{}^2> + 2\sum_{i=1}^{n}\sum_{j=1}^{i-1}<\boldsymbol{l}_i\cdot \boldsymbol{l}_j> \qquad (6\cdot 2)$$

で表される．$<R^2>$ を**平均二乗末端間距離**または**平均二乗鎖長**という．

a. 自由連結鎖 まず最も簡単なモデルとして，各結合 $\boldsymbol{l}_i$ は他の結合と無関係に自由な方向を向くことができる**自由連結鎖**を考える．結合の長さを l として，まず $<l_i{}^2>=l^2$ である．異なる結合の方向には相関がないので，$<\boldsymbol{l}_i\cdot \boldsymbol{l}_j>=<\boldsymbol{l}_i>\cdot<\boldsymbol{l}_j>$ と書け，さらに $<\boldsymbol{l}_i>=0$ なので，(6・2)式は，自由連結鎖では

$$<R^2> = nl^2 \qquad (6\cdot 3)$$

となる．平均二乗末端間距離 $<R^2>$ は結合数 n に比例している．この性質はつぎに述べるもう少し現実的なポリマー鎖のモデルでも成立する．

b. 自由回転鎖 ビニルモノマーからできたポリマー分子では，図 6・1 における炭素-炭素結合の結合角 θ は一定値に固定されていると考えてよい．さらにポリマー鎖の隣り合う結合は θ を固定した条件で自由に回転できる（ϕ がランダムな値をとる）と仮定したモデルを**自由回転鎖**という．自由回転鎖では，$<\boldsymbol{l}_i\cdot \boldsymbol{l}_j>$ は 0 ではなく，隣り合う結合ベクトル $\boldsymbol{l}_i$ と $\boldsymbol{l}_{i+1}$ との内積の平均値は

$$<\boldsymbol{l}_i\cdot \boldsymbol{l}_{i+1}> = l^2\cos\theta \qquad (6\cdot 4)$$

である．i と j が離れるにつれて $\boldsymbol{l}_i$ ベクトルと $\boldsymbol{l}_j$ ベクトルの相関は小さくなって $<\boldsymbol{l}_i\cdot \boldsymbol{l}_j>$ はゼロに近づき，結局（6・5）式となる．

$$<R^2> = nl^2\frac{1+\cos\theta}{1-\cos\theta} \qquad (6\cdot 5)$$

たとえば $\theta=70.5°$（正四面体角）では $\cos\theta=\frac{1}{3}$ なので $<R^2>=2nl^2$ となり，平均二乗末端間距離 $<R^2>$ は自由連結鎖モデルの 2 倍である．

c. 束縛回転鎖 現実のポリマー分子では内部回転角 ϕ には図 6・2 のようなポテンシャルエネルギー $U_\mathrm{r}(\phi)$ が存在するので，それを考慮すると**束縛回転鎖**モデルとなる．このときには，平均二乗末端間距離 $<R^2>$ は

$$<R^2> = nl^2\frac{1+\cos\theta}{1-\cos\theta}\frac{1+<\cos\phi>}{1-<\cos\phi>} \qquad (6\cdot 6)$$

で表される．ここでボルツマン定数を k_B，温度を T として，$\cos\phi$ の平均値 $<\cos\phi>$ は (6・7) 式で計算できる．

$$<\cos\phi> = \frac{\int_0^{2\pi}\mathrm{d}\phi\cos\phi\exp\left[-\dfrac{U_\mathrm{r}(\phi)}{k_\mathrm{B}T}\right]}{\int_0^{2\pi}\mathrm{d}\phi\exp\left[-\dfrac{U_\mathrm{r}(\phi)}{k_\mathrm{B}T}\right]} \qquad (6\cdot 7)$$

簡単な方法としては t, g$^+$, g$^-$ の三つの場合を考え $\Delta\varepsilon$ から決まる重みを付けた平均値として求められる．$\Delta\varepsilon=2.1$ kJ/mol では $(1+<\cos\phi>)/(1-<\cos\phi>)=1.86$ となる．

6・2・2 有効結合長

前節でポリマー分子の末端間距離は，分子鎖の結合の仕方に対する制約が加わるにつれて長くなることを示したが，いずれにしても平均二乗末端間距離 $<R^2>$ は結合数 n に比例していた．したがって平均末端間距離 $<R^2>^{1/2}$ は $n^{0.5}$ に比例する．これはランダムフライトモデル（われわれの先輩はこれを酔歩モデルと訳した）の基本的特徴である．このランダムフライトモデルに従うと，図6・3の R の分布はガウス関数に従う．またそのときの高分子を**ガウス鎖**という．このことを

$$<R^2> = na^2 \qquad (6・8)$$

と表す．ここで a を**有効結合長**といい，n 個の結合が，自由連結鎖としてふるまったときに実際の $<R^2>$ と同じ平均二乗末端間距離を与えるようにすこし長めに見積もった結合長を示す．

(6・8)式が成り立つポリマー分子のモデルを**理想鎖**とよぶ．これはごく近くの結合間のつまり近距離の相互作用しか考えていないモデルである．しかし実際のポリ

表 6・1　ポリマー分子の有効結合長 a（非摂動状態）

ポリマー	モノマー単位の化学構造	自由回転鎖の計算値 a_{calc}/nm	束縛回転鎖の計算値 a_{calc}/nm	粘度測定からの実測値 a_{exp}/nm	比 $\dfrac{a_{exp}}{a_{calc}}$
ポリエチレン	—CH_2CH_2—	0.218		0.385	1.77
			0.297	0.385	1.30
ポリイソブチレン	—CH_2C(—CH_3)(—CH_3)—	0.218		0.401	1.84
ポリメタクリル酸メチル	—CH_2C(—CH_3)(—CO_2CH_3)—	0.218		0.405	1.86
ポリスチレン	—CH_2CH(—C_6H_5)—	0.218		0.512	2.35

マー鎖では溶液中では溶媒との相互作用もある．また鎖に沿った並び方では離れていても空間的にはすぐ近くに位置する場合もあり，このような遠距離相互作用を考慮したポリマー分子のモデルを**実在鎖**とよぶ．たとえば，実際のポリマー分子が溶液中で占める有効体積を剛体のように考えると，他のモノマー分子が入り込めない**排除体積**とよばれる領域がある．フローリーによって排除体積は斥力的な遠距離相互作用として効き，実在鎖の広がりは理想鎖よりも広がることが示されている．

いくつかのビニル型ポリマー分子の自由回転鎖およびポリエチレンの束縛回転鎖の有効結合長 a の計算値 a_{calc} を表 6・1 に示し，粘度測定（§6・5・5 参照）から求めた実測値 a_{exp} と比較した．置換基のないポリエチレンの場合でも，a_{exp} が隣接する結合間の $\Delta\varepsilon$ のみを考えて計算した束縛回転鎖の a_{calc} よりもなお 1.3 倍大きいのは，g^+ と g^+ あるいは g^- と g^- が続いたときに一つ間をおいて隣接する結合間の立体障害が効く（ペンタン効果）ためである．またポリスチレンのように主鎖からすぐ隣の側基がメチル基からフェニル基へと大きくなることにより，主鎖の内部回転が束縛されていることがわかる．

ポリマー鎖を自由連結鎖として扱うとき，n_c 個の結合をまとめて一つの単位とし，これを**セグメント**あるいは**ブロブ**とよぶことがある．そのときはポリマー分子中のセグメントの数 n' は $n'=n/n_c$ であり，セグメントの長さを l' とすると，

$$<R^2> = n'l'^2 = \left(\frac{n}{n_c}\right)l'^2 = na^2 \tag{6・9}$$

すなわち $l'^2=n_c a^2$ の関係があり，一つのセグメントについても，セグメントの末端間距離 l' とセグメントの中の結合数 n_c との間にランダムフライト（自由連結鎖）の関係が成り立っている．

6・2・3　回転半径

結合数 n のポリマー鎖の大きさを見積もるもう一つの量として**回転半径** S がある．図 6・3 において最初の結合の出発点を 0，n 番目の結合の終点を n，i 番目の結合の終点 i の位置ベクトルを $\boldsymbol{R}_i$ とすると，三次元空間中でのこれらの位置ベクトルの平均値 $\boldsymbol{R}_g=(\boldsymbol{R}_0+\boldsymbol{R}_1+\cdots+\boldsymbol{R}_n)/(1+n)$ がポリマー鎖の重心の位置ベクトルとなる．重心から i 番目の結合の終点へのベクトルを $\boldsymbol{S}_i=\boldsymbol{R}_i-\boldsymbol{R}_g$ とすると，回転半径 S は (6・10) 式で定義される．

$$S^2 = \frac{1}{n+1}\sum_{i=0}^{n} S_i^2 \tag{6・10}$$

ポリマー鎖はいろいろなコンホメーションをとるので，S は平均二乗回転半径 $<S^2>$ として§6・5・4で述べる光散乱法で求めることができる．

6・2・4 半屈曲性高分子

曲がりやすいビニル型ポリマー鎖に比べて，ヘリックス構造をとるポリマー鎖や主鎖中にベンゼン環を含む芳香族ポリカーボネートやポリイミドなどの硬い高分子鎖は，**半屈曲性高分子**とよばれる．半屈曲性高分子の形態を扱うには，曲がりにくさを定量的に表すために，ポリマー鎖中の位置 i と位置 j における接線方向の単位ベクトル $\boldsymbol{u}(i)$ と $\boldsymbol{u}(j)$（図6・4）の相関 $<\boldsymbol{u}(i)\cdot\boldsymbol{u}(j)>$ の平均値が $1/e$ になる距離で定義される**持続長** q が用いられる．

$$<\boldsymbol{u}(i)\cdot\boldsymbol{u}(j)> = \exp\left(-\frac{|i-j|l}{q}\right) \tag{6・11}$$

硬いポリマー鎖ほど i と j が離れていても接線ベクトルの相関が残っており q は大きくなるので，接線長 q は硬さの目安となる．q はまた，ポリマー鎖が最初の結合方向に平均的にどれだけ伸びているかを示し，ポリマーの末端間ベクトルを $\boldsymbol{R}$ として，$<\boldsymbol{R}\cdot\boldsymbol{u}(1)>$ の結合数 $n\to\infty$ における極限値としても定義することができる．

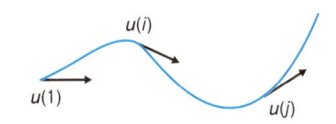

図 6・4 半屈曲性高分子の接線ベクトル

ランダムコイルの理想鎖では $q=a$（有効結合長），完全な剛直鎖では $q=L$（鎖に沿って測った全鎖長）である．その中間の半屈曲性鎖（クラトキー（Kratky）・ポロド（Porod）鎖ともいう）では q は a と L の間の値をとり，二乗平均末端間距離 $<R^2>$ は次式で与えられる．

$$<R^2> = 2qL - 2q^2(1-e^{-L/q}) \tag{6・12}$$

6・3 高分子希薄溶液から濃厚溶液，融体へ

6・3・1 高分子溶液の分類

溶液中の線状高分子鎖の状態は，その濃度により大きく異なる．希薄溶液ではポリマー分子は互いに離れて独立に存在する（図6・5(a)）．その大きさは回転半径 S

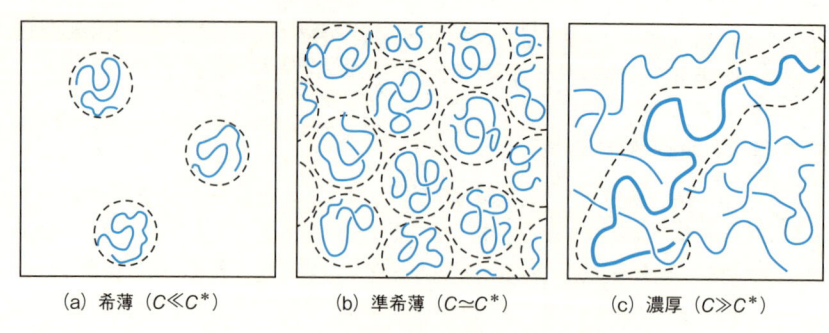

(a) 希薄 ($C \ll C^*$)　　(b) 準希薄 ($C \simeq C^*$)　　(c) 濃厚 ($C \gg C^*$)

図 6・5　糸まり高分子の濃度による状態変化

を用いて $S \simeq an^\nu$ で表される．ここで n はモノマー単位の数，a は有効結合長，ν は広がり指数である．§6・2 に述べたように理想鎖のときは $\nu=1/2$ であり，排除体積をもつ実在鎖のときは $\nu=3/5$ となり理想鎖よりも広がることがフローリーによって導かれている(**フローリーの 3/5 乗則**)．この糸まり状ポリマー分子がカバーする空間内でのポリマー鎖(モノマー単位)の実質的な体積分率 ϕ_{coil} は，

$$\phi_{\text{coil}} \simeq \frac{a^3 n}{S^3} = n^{1-3\nu} \tag{6・13}$$

で表される．$\nu=0.5 \sim 0.6$ であるので，$\phi_{\text{coil}} \simeq n^{-0.5 \sim -0.8}$ となり，モノマー単位数 (重合度) n がたとえば 10^4 のときには ϕ_{coil} は $0.01 \sim 0.006$ となり非常に小さい．希薄溶液中ではポリマー分子は孤立して存在し，高分子 1 個の特性が溶液の物性に反映する．モノマー単位は溶液中で局在しており，モノマー単位濃度は非常に不均一である．これはモノマーがつながっていることによるものである．

ポリマー濃度が大きくなると高分子どうしが接触し始め，その間の相互作用が重要になってくる（図 6・5 (b)）．接触し始めるときの濃度 C^* あるいは体積分率 ϕ^* では，溶液全体としての体積分率が ϕ_{coil} に等しくなる ($\phi^*=\phi_{\text{coil}}$)．重量濃度 C^* で表せば，回転半径 S の 2 倍を一辺とする立方体の体積が高分子 1 個に割り当てられる体積と考えて，$C^*=M/(8S^3 N_A)$ (ただし M はポリマーの分子量，N_A はアボガドロ定数) となる．分子量 M のポリスチレンのシクロヘキサン溶液について試算すると，$S=(na^2/6)^{1/2}$ (ここでは n は結合数) と表 6・1 の $a=0.512$ nm, $M/n=52$ を代入して $C^*=8.5/M^{0.5}$ g cm^{-3} となり，$M=10^6$ ならば $C^*=0.009$ g cm^{-3} となる．このように $C=C^*$ 近くの溶液ではポリマー鎖は接触しているが，高分子の体積分率は ϕ_{coil} 程度であり小さい．そういう意味で，これを**準希薄溶液**あるいは**準濃厚溶液**という．

溶液濃度を ϕ^* を超えてさらに高くしていくと，ポリマー鎖はしだいに重なり合い，絡み合ってくる（図6・5(c)）．それに伴って，モノマー単位の濃度の不均一性も少なくなり，あるモノマー単位がその周辺で同じポリマー鎖に属するモノマー単位と他のポリマー鎖に属するモノマー単位を区別することができなくなる．同じポリマー鎖に属するモノマー単位を区別できる長さを**相関長** ξ とよび，$\phi > \phi^*$ でポリマー濃度が増えるにつれて相関長 ξ は短くなり，$\phi = \phi^*$ のとき S 程度であった相関長 ξ は $\phi > \phi^*$ でセグメント程度の長さになる．さらに濃厚で $\phi \cong 1$ に近い溶液や，メルトまたは融体とよばれる純高分子液体では ξ はモノマー単位の長さである．

6・3・2 希薄溶液中の高分子のかたちとスケーリング則

高分子溶液と溶媒が溶媒分子のみを通す半透膜で仕切られていると，溶液側の大気との界面が溶媒の流入により上昇すること（図6・6）は，**浸透圧**として知られている．浸透圧は数平均分子量の測定法としても大切である．浸透圧 Π は体積 V の低分子理想溶液ではファントホッフ（van't Hoff）の法則に従い，(6・14)式

$$\Pi = \frac{n_1 RT}{V} = \frac{C}{M} RT \tag{6・14}$$

のように溶質分子のモル濃度に比例する．ここで n_1 は溶質のモル数，C は溶質の重量濃度，M は溶質の分子量（モル質量）である．溶質と溶媒に相互作用があるときには，浸透圧 Π の溶質濃度依存性には C の高次の項が現れて，第2ビリアル係数 A_2，第3ビリアル係数 A_3 を使い，

$$\frac{\Pi}{C} = RT\left(\frac{1}{M} + A_2 C + A_3 C^2 + \cdots\right) \tag{6・15}$$

のようにビリアル展開で表される．ポリマー溶液では，M はポリマーの分子量となり，混合熱 $\Delta H_{\text{mix}} = 0$ の無熱ポリマー溶液では混合エントロピー項 ΔS_{mix} の影響

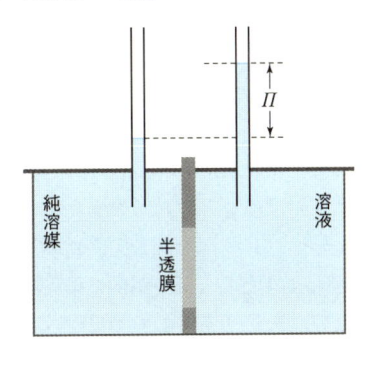

溶質の分子量，濃度が $M = 10^4$，$C = 0.01 \text{ g cm}^{-3}$ の溶液の浸透圧は $\Pi = 2500 \text{ Pa}$ となり，これは水銀柱で約 19 mm の圧力である

図6・6 浸透圧測定の原理

のみが残る．そこで n_0 を溶媒のモル数とすると，$(\partial G_{\mathrm{mix}}/\partial n_0)_{n_1}$ が溶媒の化学ポテンシャルの純溶媒のときと比べた増分に等しいことを使い，純溶媒のモル体積を V_0 として，浸透圧と化学ポテンシャルのよく知られた関係を用いると，$A_2 = V_0/(2M^2)$ の関係を導出することができる．

希薄溶液中の高分子の空間的大きさ d および高分子間の相互作用を表す A_2 と分子量 M との関係を調べよう．

§6・2 で述べた理想鎖では，平均二乗末端間距離 $<R^2>$ や回転半径 S が d に対応し，高分子鎖の排除体積 v が溶媒分子の大きさと同程度と考えると，無熱溶液（$\Delta H_{\mathrm{mix}}=0$）ではアボガドロ定数を N_A として，

$$A_2 = \frac{N_A v}{2M^2} \tag{6・16}$$

となる．

ここで四つの形状の高分子について，剛体分子の直径 d と高分子間の相互作用を表す A_2 を求めてみよう．

a. 剛体球形高分子 血清アルブミンのようにその要素がコンパクトに詰まった剛体球分子の半径を a，その体積を v_1 とすれば，

$$d = 2a = 2\left(\frac{3v_1}{4\pi N_A}\right)^{1/3} M^{1/3} \tag{6・17}$$

となる．また二つの分子が近づきうる極限の中心間距離は $2a$ なので，$v = 4\pi(2a)^3/3 = 8v_1 M/N_A$，したがって (6・16) 式に代入すると，

$$A_2 = \frac{4v_1}{M} \tag{6・18}$$

となる．v_1 は M によらないから，(6・17) 式も用いると，d は $M^{1/3}$ に比例し，A_2 は M に反比例する．

b. θ 状態の糸まり高分子 たとえば 34.5 ℃ にあるポリスチレンのシクロヘキサン溶液では，$A_2=0$ である．この状態を θ 状態といい，ポリマー鎖間の相互作用（引力）と排除体積の斥力がちょうど打ち消されて，見掛け上理想鎖の大きさと同じになる．(6・8) 式に従い，$d \cong <R_0^2>^{1/2}$ であり，d は $M^{1/2}$ に比例する．

c. 良溶媒中の糸まり高分子 ポリスチレンに対してベンゼンやトルエンは良溶媒であり，糸まり高分子は理想鎖よりもずっと広がる．つまり良溶媒分子はなるべく溶質高分子のセグメントに好んで接触しようとして分子鎖内に侵入し，鎖を広げようとする．これは一種の浸透圧効果である．一方分子鎖自身はなるべく縮ん

で（ランダムフライト鎖の状態になり）エントロピーを大きくしようとする．これはミクロなゴム弾性（§8・1・1参照）の効果である．この両者の拮抗する作用が釣り合って分子鎖の d が決まる．このような実在鎖では $d \cong R^* \propto M^{3/5}$ であり，d は $M^{0.6}$ に比例する．また，$v \propto d^3$ として (6・16)式に代入すると，$A_2 \propto M^{-0.2}$ が得られる．

d. 棒状高分子　タバコモザイクウィルス（TMV）のような長さ L，断面積の直径 ϕ の剛直高分子では，ϕ が M によらないならば $d \cong L \propto M$ となる．排除体積は $v = \pi \phi^2 L/2 = 2LMv_1/(\phi N_A)$ と計算できるので，(6・16)式より

$$A_2 = \frac{Lv_1}{M\phi} \tag{6・19}$$

となる．すなわち d は M に比例し，A_2 は M に依存しない．

ある物理量を m 倍したとき，その物理量の関数である別の物理量も m 倍になるとは限らない．しかし非常に複雑な関係になるというのも非現実的である．上記の例では，a～d いずれの場合でも，M の値を変えると d も A_2 も M のべき乗に従って変化する．このようにべき乗則で表せる法則のことを**スケーリング則**ともいう．

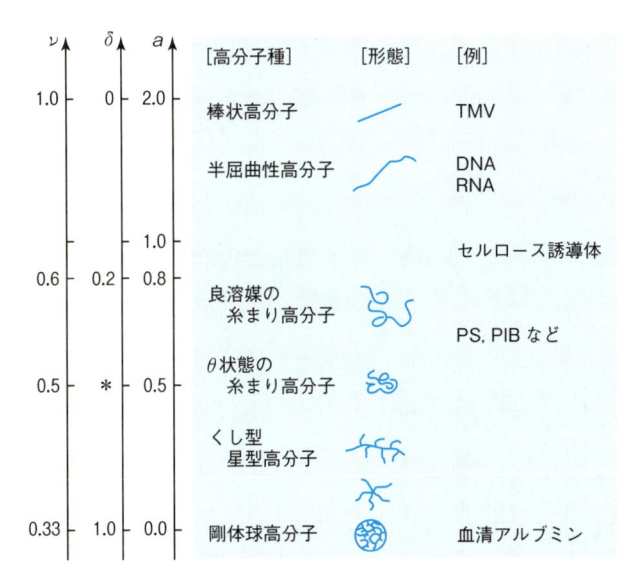

ν	δ	a	[高分子種]	[形態]	[例]
1.0	0	2.0	棒状高分子	─	TMV
			半屈曲性高分子	～	DNA, RNA
		1.0			セルロース誘導体
0.6	0.2	0.8	良溶媒の糸まり高分子	◯	PS, PIB など
0.5	*	0.5	θ 状態の糸まり高分子	◯	
			くし型 星型高分子		
0.33	1.0	0.0	剛体球高分子	●	血清アルブミン

$d \propto M^\nu$，$A_2 \propto M^{-\delta}$，$[\eta] \propto M^a$ の指数 ν, δ, a と高分子形態との関係．ただし * は Θ 状態では $A_2 = 0$ である

図 6・7　いろいろなスケーリング則

さらに重要なことに，指数の値がa～dで異なり，指数の値から分子の形状を知ることができる．図6・7には，d, A_2のほかに，極限粘度数$[\eta]$についても，分子の形状（高分子の種類）ごとの分子量依存性の指数の値がまとめてある．

これらの指数は，高分子の種類ごとにランダムに変わるのではなく，ある一定の向きに変化する．dの指数νを例にとると，空間をすき間なく占有している剛体球で0.33と最も小さく，占有率が減少するにつれて大きくなる．したがって，図中に数字の書いていない値もそれなりに意味をもっている．たとえば，νが0.7や0.8に等しいとき，良溶媒中の糸まり高分子よりは伸びているが，棒状高分子ほどではない．そして，0.8のもののほうが0.7のものより棒状に近い．

6・3・3 準希薄・濃厚溶液と格子模型

高分子溶液が$\phi \geq \phi^*$（ϕは体積分率，ϕ^*は高分子どうしが接触し始めるときの体積分率）となり，高分子のセグメント密度が溶液中で一様になっているとする．このような液体混合系での熱力学的性質において，高分子がつながっている効果，すなわち高分子性がどのように現れるかが，本節のポイントである．この結果は，7章で述べる高分子-高分子混合系（ポリマーブレンド）やミクロ相分離ポリマーの相溶と相分離を考える基礎にもなる．

N_0個の溶媒とN本のポリマー分子を混合した高分子溶液において，溶液が熱力学的に混ざるか混ざらないかを示す指標である混合の自由エネルギーΔG_{mix}は，混合エンタルピーΔH_{mix}と混合エントロピーΔS_{mix}により

$$\Delta G_{mix} = \Delta H_{mix} - T\Delta S_{mix} \quad (6・20)$$

で定義される．フローリーとハギンズ（Huggins）によると，高分子溶液の混合エントロピーΔS_{mix}は図6・8に示すような格子模型を用いて計算される．

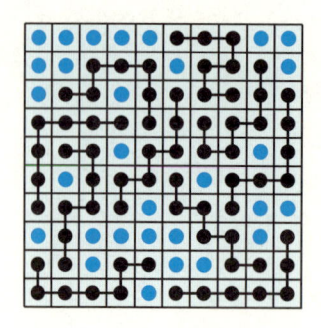

N_0+PN個の小室からなる格子にN個の高分子鎖（●，モノマー単位数P）とN_0個の溶媒分子（●）を配置する

図6・8 糸まり高分子準希薄溶液に対する格子模型

糸まり高分子は P 個のモノマー単位と $P-1$ 個の結合からなり，溶媒は一つのモノマー単位と同程度の大きさをもつと仮定する．混合前は N 個のポリマー分子からなる融体と N_0 個の純粋溶媒であり，混合エントロピーの計算はつぎの二つの重要な仮定のもとに行われる．

① $L = N_0 + PN$ 個の小室からなる格子内に全く無秩序に高分子と溶媒を配置する．

② 最初から i 番目までの高分子を格子内に配置し終わったのち，$i+1$ 番目の高分子のモノマー単位を連続して空いている P 個の格子に収めるとき，空いている格子の隣がすでにそれ以前の i 個の高分子のモノマー単位で占められている確率は iP/L に等しいとする．これを**平均場近似**という．

計算結果から高分子溶液の混合エントロピーは

$$\Delta S_{\mathrm{mix}} = S(溶液) - S(ポリマー融体) - S(純溶媒)$$
$$= -k_\mathrm{B} L\left[\phi_0 \ln\phi_0 + \left(\frac{\phi_1}{P}\right)\ln\phi_1\right] \quad (6\cdot 21)$$

ときれいな形にまとまる．ただし ϕ_0, ϕ_1 は溶媒，ポリマーの体積分率である．

6・3・4　濃厚溶液と融体

分子量が数十万以上の糸まり高分子の濃度がさらに上がると，高分子鎖は互いに絡み合い，それぞれが多数の他の高分子鎖と作用し合う．したがって，一つのセグメントはその近くにいるセグメントが自分と同じポリマー鎖に属するものなのか，他のポリマー鎖のものなのか区別がつかなくなる．つまり排除体積の効果がなくなるので，良溶媒系でもこの濃厚溶液の分子鎖はガウス鎖（ランダムフライト鎖）

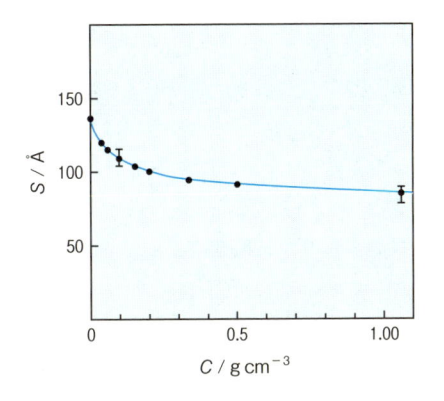

図 6・9　回転半径 S のポリマー濃度 C 依存性（ポリスチレン ($M=1.14\times 10^5$) の二硫化炭素溶液；中性子散乱実験による）[M. Daoud *et al.*, *Macromolecules*, **8**, 810 (1975) による]

になり，広がりは希薄溶液のときより小さくなる．回転半径 S も $n^{0.5}$ に比例するようになる．このことは二硫化炭素中のポリスチレン溶液の中性子散乱実験（図 6・9）で確かめられており，高分子融体中での S と Θ 溶媒中での S と一致する．

第 8 章で詳しく学ぶように，濃厚溶液や高温でのポリマー融体の粘性率 η は，絡み合い効果のために特徴的な挙動を示す．高分子の分子種や濃度で決まる特性分子量 M_c があって，粘度 η と分子量 M との関係は，M_c を境にして，$M < M_c$ ならば $\eta = AM^\beta$ として $\beta \cong 1$，$M > M_c$ ならば $\eta = AM^{3.4}$ と変化する．絡み合いのない $M < M_c$ では指数はおおよそ 1 であるが，$M > M_c$ のときの指数は 3.4 となり，糸まり状高分子の種類にはよらず一定である．これを**粘度の 3.4 乗則**という．

6・4 高分子電解質

高分子を構成するモノマー単位が電離基をもっていると，高分子そのものは 1 本の分子であっても多数の電荷をもつ．高分子電解質の電離基の一部または全部がイオン化すると，高分子は多電荷の状態になり，水溶性となる．これを**高分子イオン**という．高分子イオンはイオンが陽イオン（カチオン）の場合と陰イオン（アニオン）の場合に分類され，それぞれ，**ポリカチオン**，**ポリアニオン**とよばれる．また，電離の相手の低分子イオンを**対イオン**という．高分子電解質のおもな例を表 6・2 に示す．

高分子イオンではモノマー単位間にクーロン型の遠距離相互作用である斥力がはたらくので，中性の高分子鎖よりも伸びた形をしている．もちろんその程度は線状ポリマー鎖上の電荷密度が大きくなるほど棒状に近くなる．また水溶液中の低分子共通イオン濃度が増すと，その遮蔽効果により中性の高分子鎖の状態に近くなる．

水溶液中の高分子電解質は，主鎖がふつう疎水性で側基の一部がイオン化して親水性となっているので，疎水基と親水基のバランスにより，高分子ミセルを形成することがある．セッケン分子や生体中の脂質分子と異なってポリマーは 1 分子でもミセルをつくることができ，このような高分子ミセルは**ユニマーミセル**とよばれる．高分子の医薬応用分野（第 11 章）では，疎水性物質の取込み効果を高めるために，疎水性と親水性の程度の異なる 2 種類のポリマー鎖を結合したブロックコポリマーが利用されている．

水溶液中の pH 値を制御することにより，高分子のかたちや凝集状態を大きく変えうることは，高分子電解質の特徴の一つである．その一例を図 6・10 に示す．

表 6・2 おもな高分子電解質

ポリマー	モノマー単位の化学構造（例）†	用 途
ポリアクリル酸 （PAA）塩	$-CH_2CH-$ | COO^-Na^+	高吸水性ポリマー （§7・5 参照）
ペルフルオロポリ エチレンスルホン酸	$-CFCF_2/CF_2CF_2-$ | $OCF_2CF(CF_3)$ | $OCF_2CF_2SO_3^-Na^+$	イオン交換膜 （§5・4・1 参照） 電池用固体電解質 （§10・1 参照）
ポリアクリルアミド- N-アルキルスルホン酸	$-CH_2CH-$　　　　　PAMPS | $CONHC(CH_3)_2-CH_2SO_3H$	
ポリアクリルアミド- N-アルキルカルボン酸	$-CH_2CH-$　　　　　PAaH | $CONH(CH_2)_5-COOH$	
ポリアクリルアミド- N-アルキルアミン	$-CH_2CH-$　　　　　PAPTAC | $CONH(CH_2)_3-N^+(CH_3)_3Cl^-$	
ポリアルキルアミノ エチルアクリラート	$-CH_2CH-$　　　　　PDEA | $COO(CH_2)_2N(C_2H_5)_2$	
イオン交換ポリマー	$-CH_2CH-$ | $C_6H_5-N^+(CH_3)_3Cl^-$	イオン交換樹脂 （§5・4・1 参照）

(a) はアニオン性ポリマーの pH 変化によるミセル形成, (b) はアニオン性ポリマーとカチオン性ポリマーのポリイオンコンプレックス (PIC) 形成によるミセル形成の例である. (c) は弱いカチオン性モノマー, ジエチルアミノエチルアクリラート (DEA) を光照射で二量化の可能なシンナモイル基を含むモノマー 2-(シンナモイル)エチルアクリラート (CEA) と共重合させたポリマー P(DEA-co-CEA) をポリエチレングリコール (PEG) とブロック共重合させたブロックコポリマー PEG-block-P(DEA-co-CEA) の光照射による不可逆的なミセル形成の例である. (a) と (c) のはたらきをもつブロックコポリマーを組合わせて (d) のように pH 3 でコア-シェル-コロナ型ミセルをつくったのち, (e) のように光照射による架橋と pH 10 へ変えての食塩水を用いた透析により, 静電相互作用を遮蔽することでシェル架橋中空粒子ができることが示されている.

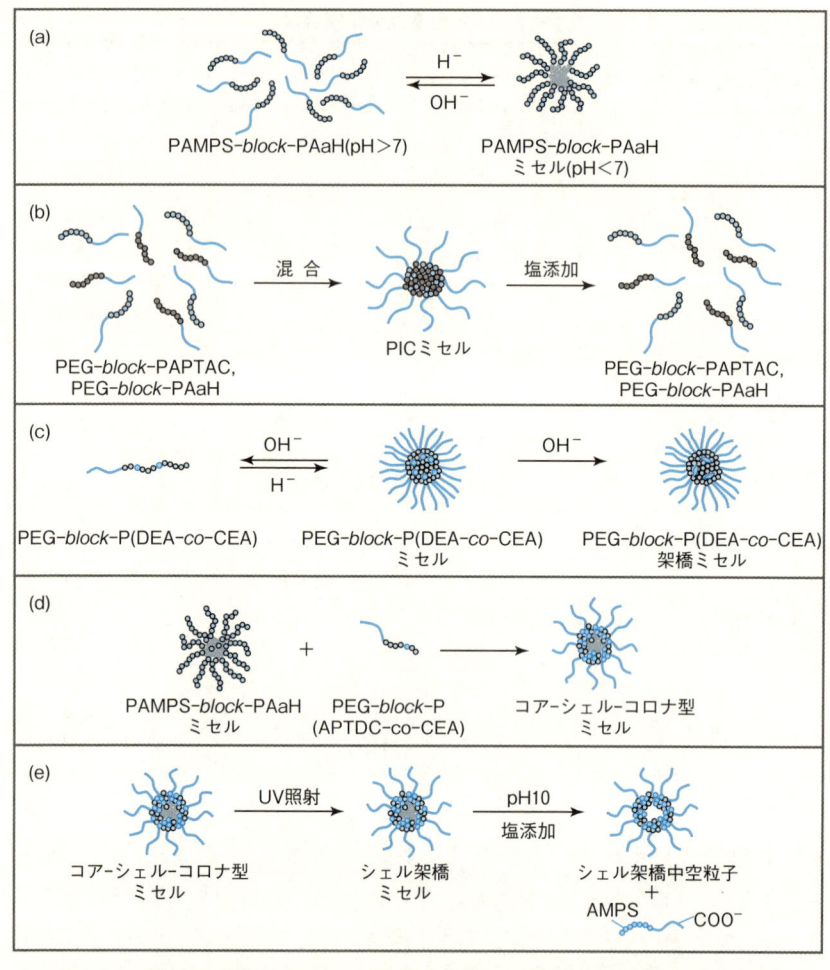

図 6・10 高分子電解質コポリマー系の pH 制御と光架橋による中空粒子の形成
(略号は p.117 参照) [S. Yusa *et al.*, *Macromolecules*, **36**, 4208 (2003); **42**, 376 (2009); *Langmuir*, **25**, 5258 (2009) による]

6・5 分子量測定に関わる性質

第2章で述べたように,合成高分子はふつう分子量分布をもつ,つまり異なった分子量をもつ同族体の混合物として存在する.その平均値としては,§2・2で定義した数平均分子量 M_n,重量平均分子量 M_w があり,それぞれ浸透圧測定,ある

いは光散乱測定で求められる．またシュタウディンガー（H. Staudinger）（1953年ノーベル化学賞受賞）が高分子概念の提唱の実験的裏付けとして用いた粘度法は，現在でも簡便な分子量測定法として有用である．しかし，サイズ排除クロマトグラフィー（SEC）の出現により，現在では平均分子量の測定よりも分子量分布を直接測定し，その分布曲線から重量平均分子量 M_w または数平均分子量 M_n と分子量分散度 M_w/M_n を計算することがふつうである．

6・5・1 サイズ排除クロマトグラフィー

クロマトグラフィーとは，固定相と移動相とよばれる二つの相との相互作用の差により，液体あるいは気体の移動相の中に導入された試料中の各成分を分離する方法である．一定速度で液体の移動相を送り出す高圧液相ポンプ，微粒子状の充填剤を詰めた分離用カラムおよび各種の検出器を主要構成要素とするとき，高性能または高圧液体クロマトグラフィー（HPLC）とよばれる．この分離用カラムに多孔性の吸着不活性な硬質ゲル（通常は架橋ポリスチレンゲル）を充填したものを用いて，高分子の希薄溶液を注入し溶媒で流すと，分子量の大きいものほど早く，小さいものほどゲル粒子中の孔内へ寄り道しやすくなってあとから，検出器のところへ流出してくる．すなわち分子量による分別が行われる．これは**ゲル浸透クロマトグラフィー**（GPC）とよばれていたが，分子の大きさによってゲルの細孔から排除される程度が異なるために分離が起こることをふまえて，近年**サイズ排除クロマトグラフィー**（SEC）とよばれるようになった．溶出溶液の検出器の所での高分子濃度は溶媒との屈折率差，光散乱(LS)光度計，紫外吸収(UV)光度計などで検出される．

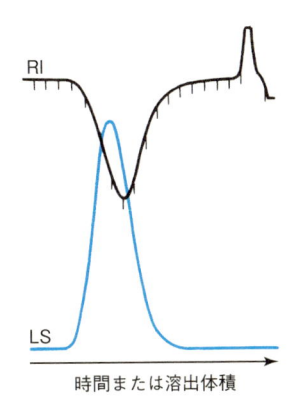

RI：示差屈折計
LS：低角度レーザー光散乱光度計
試料：多分散度ポリスチレン
図 6・11　SEC(GPC)クロマトグラムの例

一例として図6・11に示差屈折計と低角度レーザー光散乱光度計で検出したポリスチレンのSECクロマトグラムを示す．溶出体積を分子量に換算すれば，このクロマトグラムが分子量分布曲線となる．分子量 M が既知で分子量分布が非常に狭い一連の同族列試料（たとえばポリスチレン標準試料）について，よく調整されたカラムを用いて，SECによる溶出体積 V_R を求め，$\log M$ を V_R に対してプロットすると，ある分子量範囲では直線または曲線が得られる．この校正曲線から未知試料の分子量および分子量分布が求められる．

さらに，SECの機構は分子の大きさによる分離なので，分子の大きさ（体積）を表す分子量と極限粘度数（§6・5・5参照）の積 $M[\eta]$ と V_R の関係は，糸まり状の高分子であれば高分子の種類によらず普遍的な関係になる（図6・12）．この関係を**汎用校正曲線**といい，直線になる場合には，C_1, C_2 を定数として

$$\log(M[\eta]) = C_1 - C_2 V_R \tag{6・22}$$

と書ける．同じ V_R においては標準試料の $M[\eta]$ と調べたい別のポリマー試料の $M[\eta]$ は等しいので，SEC測定と同じ条件下で求められている調べたいポリマーについての粘度式 $[\eta] = KM^a$（後出の（6・31）式）の K と a を用いて，（6・22）式は

- ● 線状ポリスチレン
- ○ くし型ポリスチレン
- ＋ 星型ポリスチレン
- △ 枝分かれブロック共重合体 ポリスチレン/ポリメタクリル酸メチル
- × ポリメタクリル酸メチル
- ▽ グラフト共重合体
- ◉ ポリスチレン/ポリメタクリル酸メチル
- ■ ポリフェニルシロキサン
- □ ポリブタジエン

図6・12 **汎用校正曲線の例** [Z. Grubisic, P. Rempp, H. Benoit, *J. Polymer Sci., Polym. Lett. Ed.*, **5**, 753（1967）による]

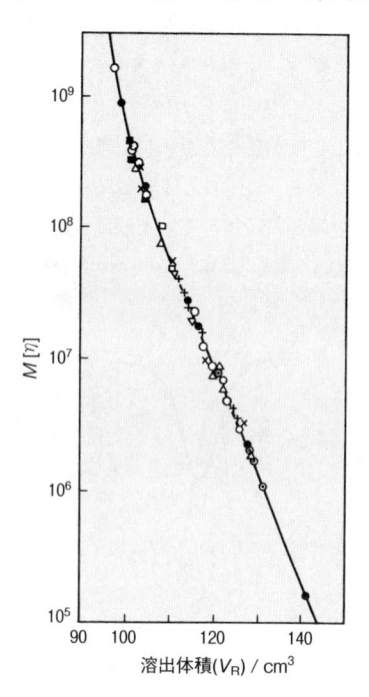

つぎのようになる．

$$\log M = \frac{C_1 - C_2 V_R - \log K}{1+a} \qquad (6\cdot 23)$$

標準試料を用いてあらかじめ C_1 と C_2 を決めておけば，分子量を知りたい試料の SEC クロマトグラムの V_R 値と粘度式の K と a の値から (6・23)式により M の絶対値が求められる．なお，最近では低角度あるいは多角度の光散乱光度計を検出器として備えた SEC 装置も市販されており，溶出成分の M_W を直接測定できるので，これを利用すれば，校正曲線などを用いずとも直接分子量がわかり，分子量分布の計算が可能である．

6・5・2 MALDI-MS（マトリックス支援レーザー脱離イオン化質量分析）

質量分析は試料中の分子をイオン化してその質量数（分子量）とその分布を直接測定する方法であるが，従来は分子量が大きい高分子への利用は難しかった．しかし，レーザーエネルギーを効率よく吸収する大過剰のマトリックス試薬中に分子量を測りたい分子を均一に分散させた試料にレーザー光をパルス照射することにより，分子を分解することなくイオン化して質量分析する **MALDI-MS**（**マトリックス支援レーザー脱離イオン化質量分析**）が，田中耕一（2002 年ノーベル化学賞受賞）らにより開発されて，タンパク質や合成高分子などの高分子量物質への質量分析の利用が，最近急速に普及しつつある．

試料の分子量の絶対値とその分布，平均分子量が求められるが，試料に適したマトリックス試薬を見つける必要がある．分子量 20 万を超える高分子試料では平均分子量の測定は，難しくなる．

6・5・3 浸 透 圧

溶液中に溶けている溶質分子による浸透圧は，(6・14)式に示したように溶質分子の分子数（モル数）に比例する．このような溶質分子の個性に依存せず分子数のみに依存する性質を**束一的性質**とよぶ．沸点上昇や凝固点降下は束一的性質の例である．高分子溶液の浸透圧 Π の溶質重量濃度 C 依存性は (6・15)式で表されるので，希薄溶液で Π を C の関数として測定し，Π / RCT を C に対してプロットして $C \to 0$ へ外挿した値は分子量 M の逆数となる．

分子量 M_i の高分子が重量濃度 C_i ずつ混ざった，分子量分布をもつ高分子溶液では，$C \to 0$ の極限では $\Pi / RT = \sum_i (C_i / M_i) = C / <M>$ であるので，求められた平

均分子量 $<M>$ は，N_i を i 番目の分子で，M_i の分子量をもつ分子の数として，

$$<M> = \frac{C}{\sum_i \frac{C_i}{M_i}} = \frac{\sum_i C_i}{\sum_i \frac{C_i}{M_i}} = \frac{\sum_i M_i N_i}{\sum_i N_i} = M_n \quad (6\cdot 24)$$

となり，浸透圧測定で得られる平均分子量は数平均分子量であることがわかる．

分子量が1万以上の高分子に対しては図6・6のような半透膜による浸透圧測定，分子量1万以下のオリゴマーに対しては蒸気圧浸透圧計 (VPO) による測定が行われる．

6・5・4 光 散 乱

うす暗い部屋の中に一条の光線が差し込むと，空気中のほこりがきらきら光って光の道筋がはっきりわかることがある．**光の散乱**である．溶液中では，濃度の揺らぎに起因する屈折率の不均一性により光が散乱され，その強度と角度依存性から溶質の分子量を求めることができる．

溶液中の濃度の揺らぎは濃度の圧力（浸透圧）依存性 $(\partial C/\partial \varPi)$ に比例し，したがって光の散乱強度 I は (6・15) 式と合わせて，

$$I \propto \left(\frac{\partial \varPi}{\partial C}\right)^{-1} = \frac{(1/M + 2A_2C + \cdots)^{-1}}{RT} \quad (6\cdot 25)$$

で表される．実際には，散乱体から検出器までの距離を r，入射光強度を I_0，ある散乱角 θ 方向の散乱光強度を $I(\theta)$ とすると，実測可能な量である還元散乱強度 $R(\theta)$ と数値係数 K を

$$R(\theta) = \frac{r^2 I(\theta)}{I_0(1+\cos^2\theta)}, \quad K = \frac{2\pi^2 n_0^2 (\partial n/\partial C)^2}{\lambda^4 N_A} \quad (6\cdot 26)$$

で定義して，$\theta \to 0$ および $C \to 0$ の極限では，

$$\lim_{\theta \to 0} \frac{KC}{R(\theta)} = \frac{1}{M} + 2A_2C \quad (6\cdot 27)$$

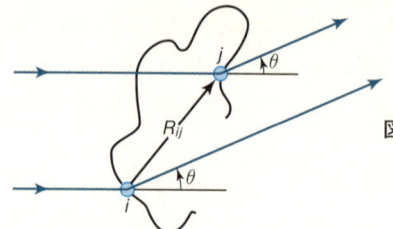

図 6・13 高分子の異なる二つのセグメントによる散乱光の干渉効果

6・5 分子量測定に関わる性質

$$\lim_{C \to 0} \frac{KC}{R(\theta)} = \frac{1}{MP(\theta)} = \frac{1}{M}\left[1+(16\pi^2/3\lambda^4)S^2\sin^2\frac{\theta}{2}\right] \quad (6\cdot28)$$

が用いられる．ここで，n_0：溶媒の屈折率，$(\partial n/\partial C)$：濃度増加による溶液の屈折率増分，λ：光の波長，$P(\theta)$：高分子の分子内での光の干渉（図 6・13）を表す因子である．$P(\theta)$ の具体的な計算から，$I(\theta)$ の散乱角 θ 依存性が高分子の回転半径 S に関係づけられている．

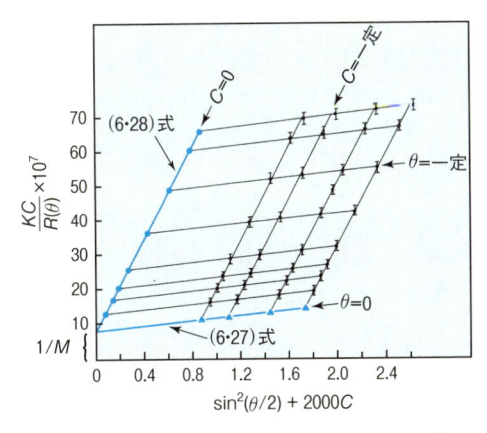

図 6・14 光散乱のジムプロット
（試料は分別硝酸セルロース-アセトン系）

光散乱の実測値である $KC/R(\theta)$ を $\sin^2\frac{\theta}{2}+kC$（$k$ は適当な定数）の関数として図 6・14 のようにプロットする（**ジム**（Zimm）**プロット**とよぶ）と，$KC/R(\theta)$ 軸の切片より分子量 M，$C\to0$ での傾きから回転半径 S，$\theta\to0$ の傾きから第 2 ビリアル係数 A_2 が求められる．

分子量分布のある試料については，(6・27)式から $C\to0$ の極限では $I(\theta) \propto R(\theta) = K\sum_i(M_iC_i)$ なので

$$<M> = \frac{R(\theta)}{K\sum_i C_i} = \frac{\sum_i(M_iC_i)}{\sum_i C_i} = \frac{\sum_i(M_i^2N_i)}{\sum_i(M_iN_i)} = M_w \quad (6\cdot29)$$

となり，光散乱測定で得られる平均分子量は重量平均分子量である．

6・5・5 希薄溶液の粘度

高分子希薄溶液の粘度 η は純溶媒の粘度 η_0 より大きい．高分子溶液の重量濃度 C(g/dL) を変えて，ウベローデ粘度計とよばれる毛細管粘度計でその一定体積の液体の落下時間の比から η/η_0 を測定し，$C\to0$ へ外挿して**極限粘度数**（**固有粘度**とも

いう）$[\eta]$ が求められる．

$$[\eta] = \lim_{C \to 0}[(\eta/\eta_0)-1]/C \qquad (6\cdot30)$$

$[\eta]$ は**マーク**(Mark)・**ホーウィンク**(Houwink)・**桜田の式**とよばれる次式

$$[\eta] = KM^a \qquad (6\cdot31)$$

でポリマーの分子量 M と関係づけられる．ここで定数 K と a はあるポリマー/溶媒系と測定温度に固有な値で，Polymer Handbook などで知ることができる．したがって，K と a が既知の溶液系で粘度を測定すればそのポリマーの M を決めることができる．分子量分布のある場合には，粘度平均分子量 M_v は $(6\cdot30)$ 式から $[\eta] = \lim_{C \to 0}\sum_i([\eta]_i C_i)/C = \sum_i(KM_i^a M_i N_i)/\sum_i(M_i N_i) = KM_\eta^a$ となり，

$$M_v = \left[\frac{\sum_i(M_i^{a+1}N_i)}{\sum_i(M_i N_i)}\right]^{1/a} \qquad (6\cdot32)$$

と表される．図 6・7 のように糸まり状ポリマーでは $a=0.5 \sim 0.8$ の範囲であり，M_v は M_w に近い値になる．

　本節の最後に，これまで述べたおもな高分子の分子量測定の方法とその測定可能な分子量の範囲を図 6・15 にまとめておく．測定の背景にある原理をよく理解し，適切な測定法を選ぶことが大切である．

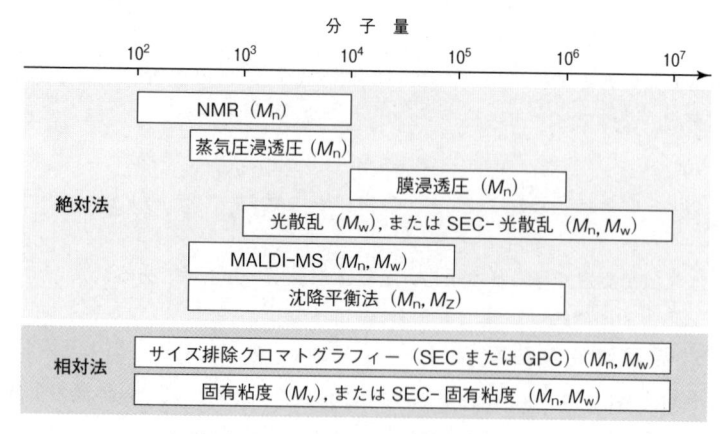

図 6・15　さまざまな分子量測定法と測定可能分子量範囲（M_n は数平均分子量，M_w は重量平均分子量，M_v は粘度平均分子量を表す）

7

高分子の固体構造

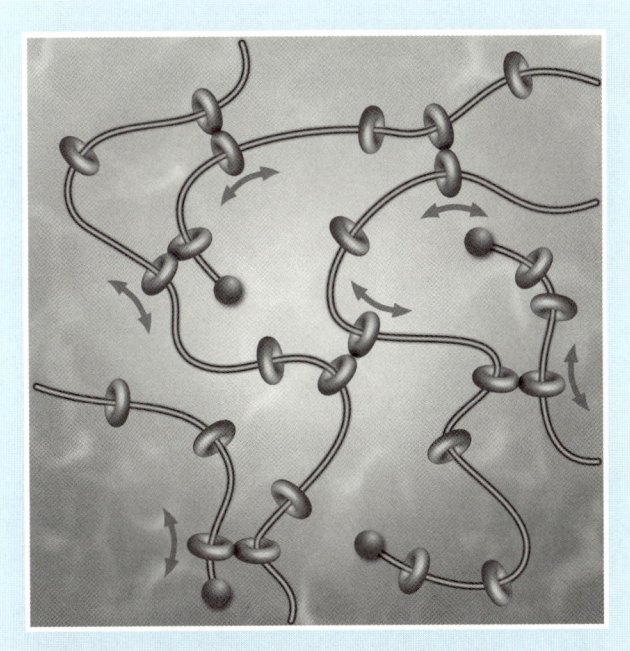

環動高分子材料の模式図．架橋点が自由に動く構造をもつ環動ゲルから新しい環動高分子材料が生まれた．携帯電話などの塗料に組込まれ伸縮性や耐傷特性の著しい向上に役立っている（§7・5・1参照）．［東京大学大学院新領域創成科学研究科 伊藤耕三教授のご好意による］

高分子は衣(繊維),食(タンパク質),住(建築材料)や日常の生活用品(フィルム,プラスチック容器)はいうまでもなく,宇宙材料から自動車用部品,液晶テレビや携帯電話,プリント回路基板などの情報通信機器,人工血管や透析膜などバイオメディカル関係などの先端科学技術分野で活用され,印刷・接着・塗料などの幅広い分野ではフィルムとして使われている.これらの使用形態は物質の3状態(固相,液相,気相)で分類すると主として固相あるいはそれに近いゲルなどであり,固体状態の高分子について学ぶことはきわめて重要である.第7章では,固体状態を中心に,高分子の構造を扱う.

7・1 固体高分子の特徴 —— 部分結晶化と非晶性

7・1・1 結晶化とガラス転移

物質が液体から冷却されて固体になるとき,分子量のあまり大きくないベンゼンやアルコールなどの通常の有機物質では,分子の並進運動が抑えられ分子間相互作用が強くなって,安定な結晶構造をとり発熱する.これを**結晶化**とよぶ.これは熱力学的に可逆的な現象で,加熱すると固体(結晶)は融解する.その温度を**融点**とよぶ.結晶化(融解)は,液相と固相でのエンタルピーと体積が融解の前後で不連続に変化するので**一次転移**とよばれる.

分子鎖が少し長くなったオリゴマー,たとえば分子量のそろった直鎖アルカン(C_nH_{2n+2})分子は,液体状態ではランダムなかたちをとる.しかし冷却により容易に結晶化し,その結晶状態では分子鎖どうしは同じトランスジグザグのコンホメーションをとって平行状態で並ぶので,ちょうどセッケン水溶液が水面上で単分子膜をつくって並んだときの膜を積層したような積み重ね層が形成される.分子の末端基は積み重ね層間の面上にそろっていて,それが界面となっている.

もっと分子量の大きい通常のポリマー分子となると,融液の状態では分子鎖はランダムコイルとなり十分に絡み合っている.したがってこのようなポリマー融液を融点以下に冷却したときには,オリゴマー結晶のような理想的な結晶状態になるのは不可能で,分子鎖の絡み合いを完全に解きほぐすには無限に長い時間が必要である.ポリエチレンやイソタクチックポリプロピレンのように分子構造から考えて結晶化しやすいポリマーでも,溶融状態から100%結晶化させることは難しい.したがって,成形加工でつくられるポリマー固体は,結晶性ポリマーであっても,結晶性部分とそこからはじき出された絡み合いや無秩序な分子鎖構造をもつ非晶領域か

ら成り立っている.

　融液からの冷却過程で結晶化できなかった分子鎖は，ある温度でポリマー主鎖の運動が凍結し，非晶質固体，すなわち**ガラス状態**となる．この温度を**ガラス転移温度**または**ガラス転移点**とよぶ．温度を下げたときのポリマー体積の変化と融点 T_m およびガラス転移点 T_g との関係を模式的に図7・1に示す．

　図7・1の勾配はそのときの体積の温度依存性 $(\partial V/\partial T)_P$ で，融点を過ぎてもしばらくは過冷却液体で融点以上と同じ熱膨張係数の状態が続く．さらに温度を下げていくと，直線からずれて，やがて別の傾き（熱膨張係数）の直線に移行する．低温側の直線に乗っている状態がガラス状態である．2本の直線間の移行は徐々に生じるのでガラス転移は熱力学でいう相転移ではない．冷却速度の違いによる挙動の違いも見られるが，（ガラス2の方が冷却速度が遅い）その違いはそれほど大きくはない．

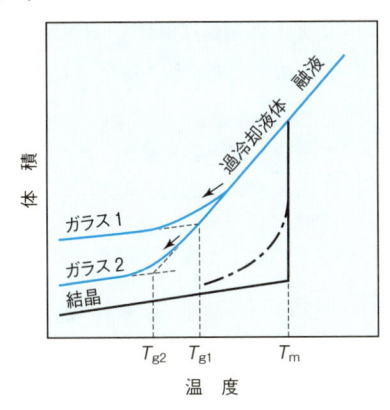

ガラス転移点は冷却速度により，T_{g1}, T_{g2} と異なるが，その差はそれほど大きくない

図7・1　結晶化とガラス転移

　なお，ガラス転移点以上で，ポリマー主鎖のミクロブラウン運動は解放されているが流動によるマクロな変形などは生じない領域を**ゴム領域**とよぶことがある．化学架橋はなくとも絡み合い点が架橋点の役割をはたしてゴム弾性（§8・1参照）を示すことから，この名前が付けられた．

　おもなポリマーの T_m, T_g の値は，表9・2にまとめてある．

7・1・2　非晶性ポリマー

　ラジカル重合で合成したポリスチレン（PS），ポリ塩化ビニル（PVC），あるいは有機ガラスやプラスチック光ファイバーとして知られるポリメタクリル酸メチル（PMMA）などは典型的な**非晶性ポリマー**である．これらのポリマーの共通点は，

ビニル型ポリマーでフェニル基などの大きな側基がついており，主鎖結合の立体配置がアタクチック（§2・2参照）なので棒状にそろうトランスジグザグやらせん構造を取りにくいことである．その結果，固体状態では透明となる．これらの3種のポリマーのガラス転移点 T_g は 80～115℃の間にあり，成形加工に適している．ポリ塩化ビニルには，T_g を制御するために可塑剤を混ぜてあることが多い．T_g が 32℃のポリ酢酸ビニル（PVAc）はチューインガムの原料になり，T_g が 10℃前後のポリアクリル酸エステルは粘着剤として用いられる．

非晶性ポリマーのガラス転移点 T_g がどのようにして決まるかということについては，これまでいくつかの理論が提出されている．等自由体積理論によると，ポリマー固体の体積は原子団のファンデルワールス（van der Waals）体積で決まる占有体積とそれらのすき間に対応する自由体積の和として表され，経験式であるWLF式（§8・3参照）と組合わせると，T_g では自由体積分率 f はポリマーの種類によらず，$f=0.025$ であると考えられた．しかし実測値はポリマーの種類によって $f=0.015$～0.036 程度のばらつきがある．より精密な等配位エントロピー理論もある．

T_g の分子量依存性は，自由体積に及ぼす末端基の効果を考慮すると，末端基の数は分子量 M の逆数に比例するので T_g も M に反比例する項を含む．分子量無限大のポリマーの T_g を $T_{g\infty}$ とすると

$$T_g = T_{g\infty} - \frac{a}{M} \qquad (7\cdot1)$$

となる．ここで a は物質定数で，ポリスチレンでは $a=2\times10^5\,\mathrm{K\,g\,mol^{-1}}$ 程度の大きさである．

7・1・3　結晶性ポリマー

部分結晶化を示す**結晶性ポリマー**は，主鎖がC—Cあるいは C—O 結合，アミド結合をもち，平面ジグザグまたはらせん構造（図7・2）をとる．汎用ポリマーのポリエチレン（PE），ポリプロピレン（PP），さらにポリテトラフルオロエチレン（PTFE），ポリオキシメチレン（POM），脂肪族ポリアミド（ナイロン），生分解ポリマーであるポリ-L-乳酸（PLA）などと，主鎖に芳香環を含み伸びきった分子構造をとりやすいポリエチレンテレフタラート（PET）やポリカーボネート（PC），芳香族ポリアミド（アラミド）などが知られている．ナイロンの結晶構造形成には ＞N-H…O=C＜ の分子間水素結合が重要な役割を果たしている．

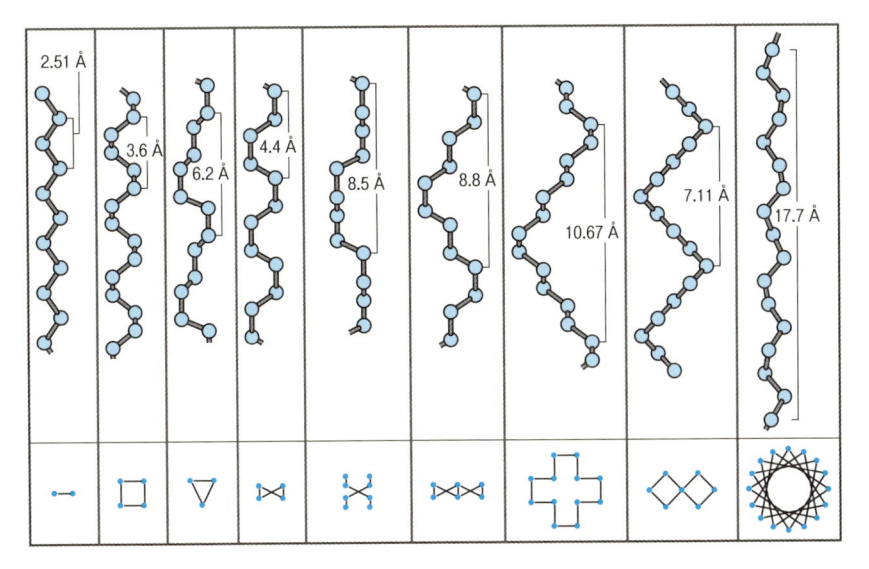

7・1 固体高分子の特徴——部分結晶化と非晶性

図 7・2 種々のコンホメーションの組合せによる典型的高分子鎖形態
（上：側面図，下：上面図．右端のらせん構造の上面図は，側面図に対応するものより大きく描いてある）

ポリエチレンの融液を融点 T_m より少し低い温度に冷却して放置すると，まず 1〜10 nm 程度の結晶核ができてそれが成長し，層（**ラメラ**）状構造の微結晶ができる．この微結晶の方向はランダムであるので，X線回折写真（図 7・3 (a)）をとると，デバイ（Debye）・シェラー（Scherrer）環とよばれるリングが観察される．

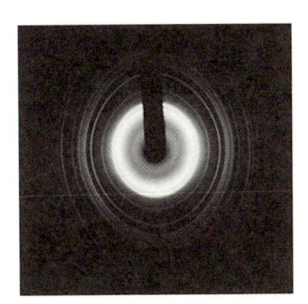

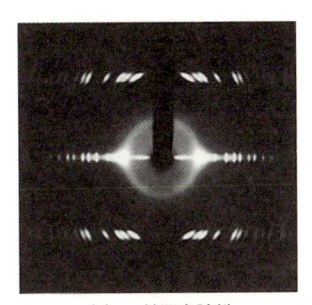

(a) 無配向試料　　(b) 一軸配向試料

図 7・3 高密度ポリエチレンの X 線回折写真

この半径方向のリングの位置から結晶の回折面間距離が計算できる．真ん中の黒い部分はイメージングプレート検出器を保護するためのX線のビームストッパーの影である．

ポリマー中の結晶の方向をそろえるためには，**延伸**とよばれる冷却中の配向操作が加えられる．図7・3(b)は一軸配向試料のX線回折写真で，原子間距離だけでなく原子間ベクトルの向きに秩序のあることを示す斑点が観測される．(b)の解析から，配位重合で合成した高密度ポリエチレンの結晶領域の構造は，図7・4のようなものであることがわかる．(a)についてもあるまとまった範囲の大きさ（ドメイン）でみる限り結晶構造は図7・4の形をしている．ただし，マクロな物質全体としては，結晶軸がランダムな方向になっている．

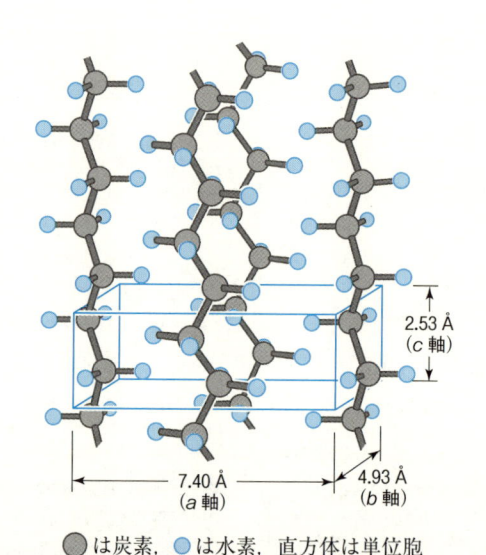

図7・4 高密度ポリエチレンの結晶構造
● は炭素, ○ は水素, 直方体は単位胞
分子鎖は c 軸方向に並んでいる

結晶性ポリマーは，延伸によるフィルムや繊維の成形により結晶領域の割合（結晶化度）や分子鎖の配向性が増加し，それによって，強度，弾性率，熱膨張と収縮，熱伝導などの物性の向上と異方性が現れる．

結晶の配向は，配向関数 f_0（7・2式）により定量的に表される．

$$f_0 = \frac{1}{2}(3<\cos^2\phi> - 1) = 1 - \frac{3}{2}<\sin^2\phi> \qquad (7\cdot2)$$

ここで ϕ は試料（たとえば一軸に延伸した繊維）の延伸方向の軸と結晶軸（c 軸）のなす角であり，< > はその余弦あるいは正弦の二乗平均を表す．結晶軸と繊維軸が一致しているときは $f_0=1$，完全にランダムな配向で $f_0=0$，垂直配向では $f_0=-0.5$，となる．$<\cos^2\phi>$ は結晶面（hkl）の X 線回折写真の強度分布から計算することができる．

　結晶性ポリマーの結晶化度は，密度測定や結晶の融解熱測定，あるいは広角 X 線回折測定（WAXS）により求められる．密度測定は，完全結晶の密度と非晶体の密度の値を用い加成性が成り立つと考えて試料の実測密度より結晶化度を求める方法である．融解熱は示差走査熱量計(DSC)で測定した融解の吸熱ピークと結晶融解熱の文献値との比較から，WAXS の場合には結晶部のピーク面積と非晶部に由来する緩慢散乱（ハロー）のピーク面積との比較から，結晶化度が推定される．

7・2 高分子結晶の階層構造

　高分子を融液から T_m より少し低い温度に放置して結晶化させたとき，部分的に層（ラメラ）状の微結晶が生成し，部分結晶化することはすでに述べた．ラメラ状の結晶構造はさらに大きな球晶に成長したり，ずり応力下ではシシカバブとよばれる特有の高次構造を形成したりする．また希薄溶液中からゆっくりとていねいに結晶化させると，単結晶も得られる．本節ではそれらの高次構造の階層構造について学ぶ．

7・2・1　単　結　晶

　高分子の**単結晶**は，1957 年ケラー（A. Keller）ら，および同じころ日本のグループによって見いだされた．ポリエチレンの 0.01 ％程度の希薄キシレン溶液を 80 ℃で放置すると結晶化して白濁した溶液となり，その透過電子顕微鏡写真（図 7・5 (a)）では菱型の単結晶が見える．この X 線回折写真をとると，高分子鎖の長さは数百ないし数千 nm あるにもかかわらず，分子鎖は菱形の底面に垂直に配向しており，しかも菱形の垂直方向の高さは数十 nm しかないことがわかる．このことから長い分子鎖は図 7・5 (b) に示すように，折りたたまれているものと考えられている．この X 線回折写真からは図 7・4 と同じ結晶構造が示される．このようにしてでき

た薄板状の微結晶を**ラメラ**，あるいは**折りたたみ鎖**（folded chain）**結晶**（FCC）とよぶ．このような単結晶はポリエチレンのみならずナイロン 6 やポリオキシメチレンなどでも観察されている．

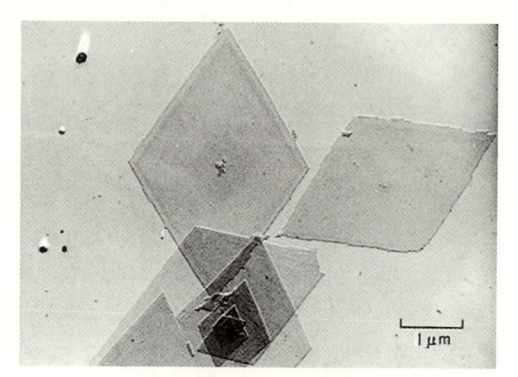

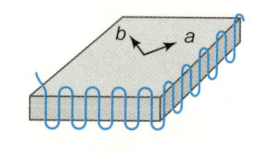

(a) 透過型電子顕微鏡写真　　　(b) 単結晶の折りたたみ鎖結晶（FCC）モデル

図 7・5　キシレンの希薄溶液から析出されたポリエチレン単結晶

7・2・2　ラメラの成長と球晶の形成

　高温で溶融したポリエチレンをゆっくりと室温まで冷却すると，直交ニコル（偏光子と検光子の光軸を 90°にした状態）を用いた偏光顕微鏡下では，図 7・6 の (a) に示すような，中心から放射状に広がり一定周期の縞模様をもつ数 μm サイズの**球晶**が観察される．この中身を調べると，(b) のように幾重にも重なったラメラが結晶の b 軸を軸として中心から伸びて成長し，しかも b 軸のまわりに一定周期でねじれている．つまり c 軸と a 軸がある周期をもってらせん状に回っている．この周期が球晶の縞模様（消光リング）に対応している．球晶どうしは試料の各点から成長をはじめ，互いにぶつかって成長が止まる．(c) は 1 枚のラメラの中の折りたたみ構造（ラメラ厚に対応する長さの分子鎖部分（c 軸方向）を**ステム**という），(d) は結晶格子中でのステムの充填構造で図 7・4 と同じものを示している．

　球晶の形成は，結晶性ポリマーにみられる一般的現象であり，ポリエチレン，ポリプロピレンのみならず，ポリエチレンテレフタラートや生分解性ポリマーなどさまざまなポリマーで，偏光顕微鏡さえあれば，キラキラしたきれいな球晶形成を容易に観察することができる．

7・2 高分子結晶の階層構造

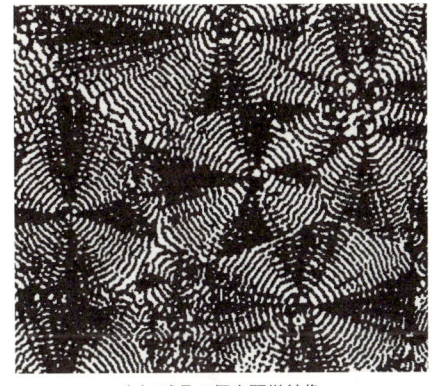

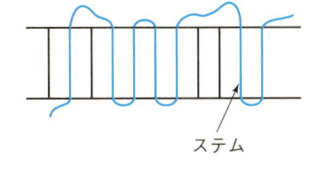

(a) 球晶の偏光顕微鏡像

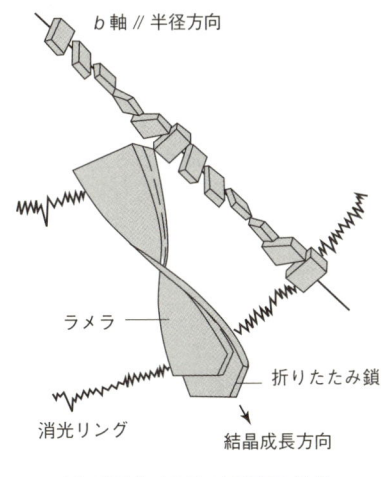

(c) 1枚のラメラ中での分子鎖折りたたみ構造
ステム

(b) 球晶中でのラメラ積層の様子
b軸 // 半径方向
ラメラ
消光リング
折りたたみ鎖
結晶成長方向

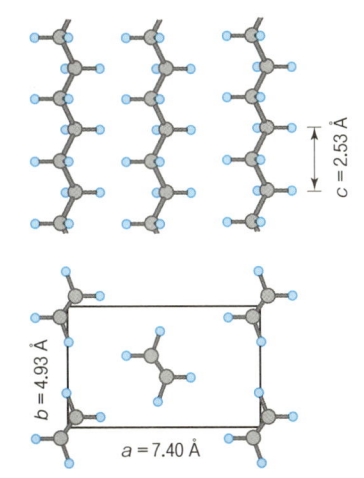

(d) 結晶格子中でのステム充填構造
$c = 2.53$ Å
$b = 4.93$ Å
$a = 7.40$ Å

図 7・6 溶融状態からの冷却によって得られたポリエチレン球晶の構造 ["基礎高分子科学", 高分子学会編, p.115, 東京化学同人 (2006) による]

7・2・3 伸びきり鎖結晶

結晶性ポリマーの力学強度は, 結晶化度を上げ分子鎖がまっすぐに並ぶことにより増大すると予想される. したがって, 折りたたみ構造でなく伸びきった状態で結晶化させた結晶の作成が, さまざまに研究されてきた.

常圧下での結晶化では折りたたみ鎖結晶ができるが,ポリエチレンを 0.3 GPa 以上の高圧かつ高温で溶融させて等温結晶化させると,ラメラ晶の厚さが大きくなった**伸びきり鎖結晶**(ECC)が形成される(図 7・7).

一方ポリエチレンの溶液からの結晶化を撹拌させながら行うと,糸がガラス棒に巻きつき,電子顕微鏡で眺めると,ちょうど中心の糸のまわりにラメラがこびりつ

図 7・7 ポリエチレン伸び切り鎖結晶(ECC)破断面のレプリカ透過電子顕微鏡写真
[辻田義治ほか,"エッセンシャル高分子科学",講談社, p. 157(1998).写真は筑波大学学際物質科学研究センター 京谷陸征博士のご好意による]

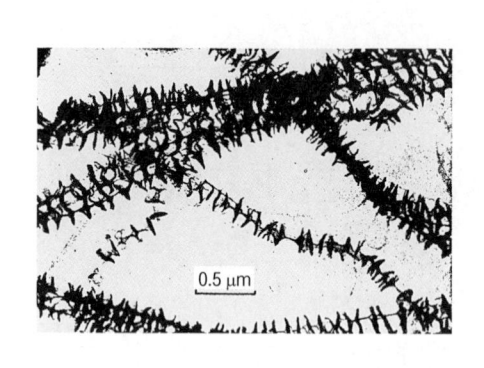

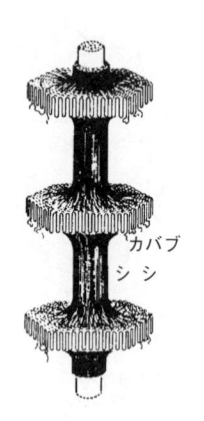

図 7・8 撹拌させた溶液から作製した超高分子量ポリエチレンのシシカバブ構造 [B. Wunderlich, "Macromolecular Physics", vol 1, Academic Press(1973)による]

いた状態が観測される．中心は ECC，そのまわりに折りたたみ鎖結晶（FCC）がついた状態で，形態の特徴からシシカバブ構造（図 7・8）とよばれる．FCC は ECC に比べると不安定であるため，溶媒で洗うと ECC が残る．一本の繊維（中心のシシ）が ECC からできていることになる．この伸びきり鎖部分の弾性率はスチール（鋼）の値よりも大きい．もう少し濃度の高い溶液をつくり，高温状態から氷水に入れて急冷するとゲルが得られる．これを紡糸すると同じような ECC からなる繊維が得られる．

7・2・4　延伸などによる配向構造の制御

流動性のある状態のポリマーを細い口金から押し出しながら延伸することにより糸状に固化させる紡糸は，延伸による配向制御のよく知られた例である．延伸はフィルム状態でも行われる．延伸によって得られるポリマーの分子鎖集合状態の様式を模式的に図 7・9 に示す．ポリエチレンを溶融状態から氷水に入れて急冷し，それをゆっくり延伸する(冷延伸)と，くびれ(ネッキング現象)が起こり，分子鎖がある程度延伸方向に配向した構造が得られる．これは**フィブリル構造**とよばれ，ある程度の大きさのラメラ様の微結晶が高分子軸（c 軸）を延伸方向に向けて配向していると考えられる（図 7・9 (b)）．さらに延伸の度合いを上げるとフィブリル内の細分化したラメラ晶から分子鎖が引き延ばされて細長い結晶（シシ）の形成が期待される．フィブリル化とさらなる延伸による配向結晶化は，繊維の構造形成過程の基本的特徴である．イソタクチックポリプロピレンでは，融点から数度低い温度へ急冷しながらずり速度 $200\,\mathrm{s}^{-1}$ 以上で押しつぶし延伸を行うと，大きさ 50 nm のナノ配向結晶からなる結晶化度が 90 % 以上のフィルムが得られるという報告もある．

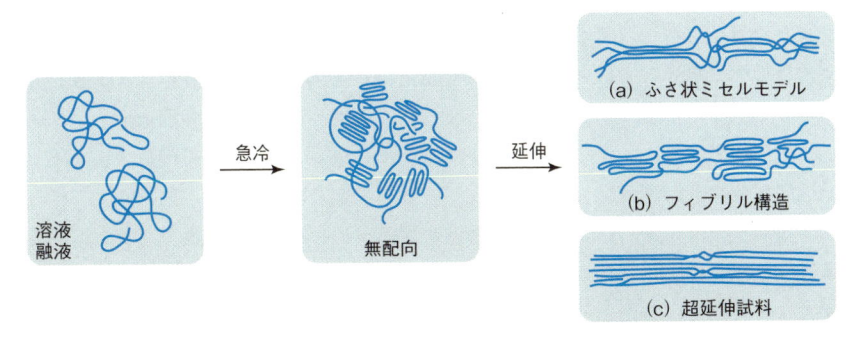

図 7・9　延伸によって得られる配向試料における分子鎖集合状態

溶融状態や溶液状態であらかじめポリマー鎖の配向が実現できれば，配向構造の実現は容易になる．液晶状態をとりうるオキシベンゾエート基を含む芳香族ポリエステル系高分子やポリアミド酸の溶媒を含むフィルム状態からイミド化反応により強靭なフィルムを形成するポリイミドなどの，主鎖に芳香環をもつ剛直鎖の高分子では，結晶性の程度により，図7・9(a)のようなふさ状ミセル構造と図7・9(c)のような分子鎖のそろった配向構造をとる．

7・3　ポリマーブレンドとブロックコポリマー

　2種類以上の異種高分子の巨視的に均一な混合系を**ポリマーブレンド**という．ブレンドによりポリマーの異なった性質を組合わせる道が開け，ポリマーの材料としての用途が飛躍的に拡大してきた．混合系が，ある温度・圧力・組成の範囲において分子レベルで相溶した単一相を形成することができる能力をもつ場合に**相溶性ポリマーブレンド**，そうではないが巨視的には均一な物性を示すポリマーブレンドを**混和性ポリマーブレンド**とよぶ．均一相を形成して高い弾性率とともに十分な靱性を示すポリスチレン（PS）/ポリフェニレンオキシド（PPO）ブレンドは前者の例であり，ポリスチレン中にゴム成分であるポリブタジエン（PBD）をブレンドした耐衝撃性ポリスチレンは後者の例として知られている．

　一方，熱力学的に相溶しないポリマーどうしでも，ブロックコポリマー（ブロック共重合体）としてそれぞれの末端を化学結合でつないでしまえば（第4章参照），巨視的には均一なポリマー物質であるがミクロには相分離したポリマーが得られ，そのミクロ相分離構造に基づいてさまざまな新しい性質を示すことになり，研究と開発が進んでいる．たとえば，ポリスチレン/ポリブタジエン/ポリスチレンの3元ブロックコポリマー（SBS）は，高温では溶融してランダムコイル状態をとるが，室温付近ではポリスチレン鎖が分子間で固化してガラス状態となり，ゴム状態であるポリブタジエン鎖に対する架橋点となって，全体としてはゴム弾性を示す．可逆的に成形加工できるゴム材料（熱可塑性エラストマー）として，靴底やプラスチック改質に使用されている．

　ブロックコポリマーでは，普通には混ざり合うことのない親水性ポリマー鎖と疎水性ポリマー鎖を化学結合することもできるので，その場合には水/油界面で整列することになる．したがって，水/油界面での界面活性剤や生体系での，たとえば薬物運搬物質としてのはたらきなども期待できる．ポリオキシエチレンは非イオン

性界面活性剤（中性洗剤）の親水性部分としてよく知られているが，ポリオキシエチレンを親水性成分として含むブロックコポリマーは，**高分子ミセル**として医薬品の基剤（第11章参照）への利用が進んでいる．

ポリマーブレンド系とブロックコポリマー系とを合わせて，金属における合金系との類推から**ポリマーアロイ**とよばれることもある．

7・3・1 高分子混合系のフローリー・ハギンス理論

二つの成分が混ざるかどうかを決める混合特性は，一般に (6・20)式の混合に対するギブズ自由エネルギー変化を考察することにより議論される．高分子-低分子（溶媒）系および高分子-高分子系（ポリマーブレンド）の，低分子-低分子系に対する特徴的な違いは混合エントロピー項 ΔS_{mix} に現れる．高分子1と高分子2との混合系では，各ポリマーの重合度を n_1 と n_2，分子数を N_1 と N_2 として $L = n_1 N_1 + n_2 N_2$ なので

$$\Delta G_{mix} = -T \Delta S_{mix} + \Delta H_{mix}$$
$$= RT\, n_L \left[\left(\frac{\phi_1}{n_1}\right) \ln \phi_1 + \left(\frac{\phi_2}{n_2}\right) \ln \phi_2 + \chi\, \phi_1 \phi_2 \right] \quad (7 \cdot 3)$$

が得られる．

まず，混合の必要条件は $\Delta G_{mix} < 0$ であるので，低分子の混合液体系では $n_1 = n_2 = 1$ であるから，$\ln \phi_1$ と $\ln \phi_2$ が負であることをふまえて，右辺第1項と第2項のエントロピー項が負の大きな値をとることによって混合に有利になっている．しかし高分子-高分子混合系では，$n_1 \gg 1$, $n_2 \gg 1$ であるから，エントロピー項の負方向への増加は極端に小さく，分子量無限大の極限ではゼロになる．したがってそのときには，相互作用パラメーター χ が正の場合には必然的に非相溶である．χ が負の場合には混合する異種ポリマー鎖間の接触相互作用は普通は吸熱（$\chi \geq 0$）である．

7・3・2 相図と相分離

大気圧下におけるポリマーブレンドの相図は，図7・10のように体積分率 ϕ_1 と温度 T を変数として表されることが多い．χ パラメーターは，局所的相互作用が純粋にエンタルピー的な場合には図7・10中の上に凸の曲線に対応し，χ パラメーターは正の値で温度 T に反比例する．両ポリマーの分子量が十分小さければ高温では完全相溶である．温度を下げていくと χ は増加して完全相溶の領域は終わり，

$\chi > \chi_c$ で相分離領域が生じる。そのとき χ が χ_c となる温度を T_c とすると，対称混合系では

$$\chi = \frac{2}{P}\frac{T_c}{T} \qquad (7\cdot 4)$$

となり，$T = T_c$ で，一相領域と二相領域との境界を示す**バイノーダル線**（共存曲線）は極大を示す。この温度 T_c は**上限臨界溶解温度**（UCST）とよばれる。T がさらに下がると χ が大きくなり，2 相に相分離する。上に凸で UCST を示す相図をもつ混合系の例としてはポリスチレン（PS）/ポリブタジエン（PBD）混合系がある。

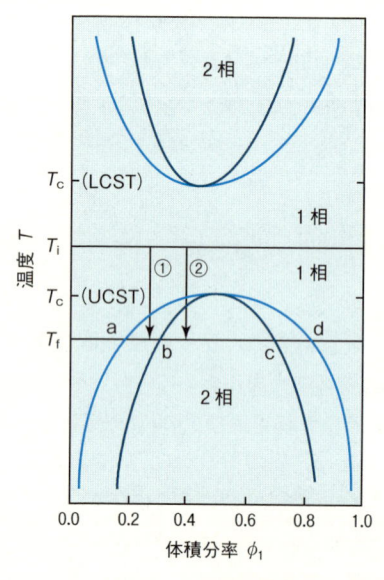

UCST の場合，中央の 1 相領域（たとえば T_i）から 2 相領域（たとえば T_f）へ温度ジャンプすると，2 相領域のどの場所へジャンプするかによって，① 核生成と成長による相分離か，② スピノーダル分解による相分離かが決まる。━━ は共存（バイノーダル）曲線，━━ はスピノーダル曲線。スピノーダル分解はこの二つの曲線の間で発生する。LCST では UCST とは逆で温度を上昇させることによって 1 相から 2 相へと相分離をする

図 7・10　重合度の等しい高分子 2 成分ブレンド系の相図
（相分離曲線の温度 T と体積分率 ϕ_1 依存性）

一方，発熱系のポリマーブレンドは，図 7・10 の下に凸な共存曲線のように，高温側で相分離領域を生じることがある。χ パラメータがある温度以下で負であり，T の増加とともに χ が負の値からゼロに近づき，さらに正の値で増加する場合にこのようなことが起こり，低温側から出発したときの相分離温度 T_c を**下限臨界溶解温度**（LCST）とよぶ。このような LCST を示す相図を与える例として，ポリスチレン(PS)/ポリビニルメチルエーテル(PVME) 系が知られている。ポリマーブ

レンドではなく高分子-低分子の混合系であるが，中性洗剤/水系も LCST をもち，室温で溶液となるが温度を上げると溶けなくなる．

ポリマーブレンドが均一相から相分離する機構については，核形成と成長による分離と，おのおのの成分が連続し絡み合ったドメインを形成するスピノーダル分解による分離との2種類の機構が知られている．

7・3・3 ブロックコポリマーのミクロ相分離

2種類のポリマーが化学結合でつながるとブロックコポリマー（ブロック共重合体）となる．本節の始めに述べたブタジエン成分の多い SBS 型のポリスチレン (PS)/ポリブタジエン (PBD)/ポリスチレン(PS)ブロックコポリマーの内部の分子鎖構造は，図7・11のように示される．室温ではポリスチレン部分は T_g 以下であるので凝集して硬く，ゴム弾性を示すポリブタジエン鎖に対して架橋点としてはたらき，熱可塑性エラストマーとなっている．

```
――― ポリスチレン部分
――― ポリブタジエン部分
●   橋かけ部分
```

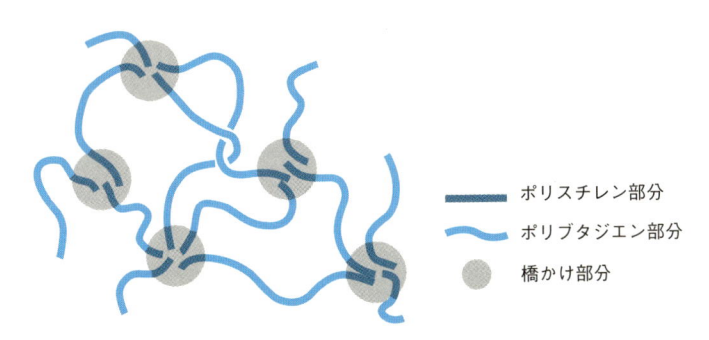

図 7・11　SBS 型ブロックコポリマーにおける分子の相互関係

2種類のポリマー A と B を混合しようとしたときに，ポリマーブレンド系では巨視的に相分離してしまう系でも，A と B のブロックコポリマーでは化学結合によって巨視的な分離は妨げられる．したがって，A と B は分離するがその分離ドメインの大きさは単一ブロック鎖の広がり程度となり，しかもすべてのドメインの大きさが固体中で均一なときには規則的な配列となる．このようなメソ領域（10 nm から 1 μm 程度の大きさの領域）で形成される規則的な構造を**ミクロ相分離構造**という．また，A ポリマー鎖と B ポリマー鎖の重合度を n_A と n_B，AB 型ブロックコポリマーの重合度を $n_{AB}=n_A+n_B$ とすると，ミクロ相分離状態の構造は，図7・12に示すように，A 鎖と B 鎖の割合 $n_A/n_B=\phi_A/\phi_B$ の変化に従って，さまざ

に変化する．$n_A \ll n_B$ のとき B マトリックス中に A の球粒子が現れ，それらは体心立方格子となる．$n_A < n_B$ では A ドメインは円柱（シリンダー）状となり，六方格子として配列する．基本的に対称な条件つまり $n_A \cong n_B$ になると熱力学的に安定な界面は平面となるのでラメラ（層）状の格子が形成される．さらに $n_A > n_B$ となると相は逆転して今度は A ブロックがマトリックスを形成し，B ブロックが円柱状になり，$n_A \gg n_B$ では B の球粒子ができる．

図 7・12 で円柱状とラメラ状のミクロ相分離構造の間に位置している共連続（ダブルジャイロイド）構造は，ポリスチレン（PS）/ポリイソプレン（PIP）ブロックコポリマー系で観察された，両方の相が連続して相互侵入しあった周期構造である．これは円柱構造とラメラ構造の間の n_A/n_B 比の狭い範囲でしか現れず，かつ A と B との間の斥力があまり強くないとき（χP_{AB} があまり大きくない，不均一性が弱い系）に観察される．

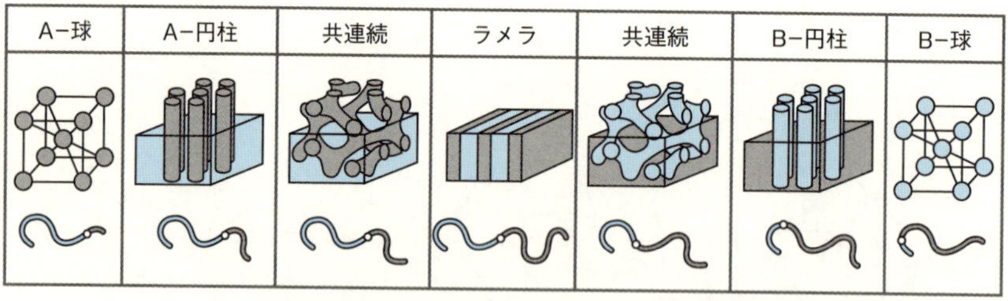

A-球	A-円柱	共連続	ラメラ	共連続	B-円柱	B-球

図 7・12 ジブロックコポリマーのミクロドメインの形態（上段）と対応するコポリマー中のモノマー組成（下段）

ブロックコポリマーの構造解析の手法としては，電子顕微鏡観察と小角X線散乱（SAXS）測定が適している．電子顕微鏡観察では，OsO_4 による染色処理をすると PS-b-PIP ブロックコポリマーでは PIP が黒く染色されて明瞭なラメラ構造や円柱の断面構造が観察され，ラメラ層の厚みはブロック鎖の重合度とともに増加する．SAXS 測定では，1 nm から 1 μm 程度の大きさの不均一構造の測定に適し，X線散乱強度の散乱角依存性から分散相の形状やその表面状態と凝集状態が明らかになる．最近では SPring-8 などの大型放射光施設の利用により，溶液中からの高次構造形成過程の SAXS その場観察もなされている．

ABC 型 3 元ブロックコポリマーでは，さらに複雑なミクロ相分離の周期構造を分子設計することができる．

7・4 高分子液晶

7・4・1 液晶の構造と特徴

　ある種の有機化合物は融点以上では透明な液体であるのに対して，融点以下でも流動性があるにもかかわらず不透明になる．後者には，分子軸方向に配向しており複屈折性のあることから，液体と固体の中間という意味で**液晶**という名称が与えられている．**中間相**（mesophase）とよばれることもある．

　液晶になりうる化合物は，**メソゲン**とよばれる硬い剛直なコア部分と炭化水素鎖からなる細長い部分からなり両端に電子供与基と電子吸引基が結合して分極している場合と，炭化水素鎖をもつ円盤状分子である場合が多い．

　液晶には，低分子液晶と高分子液晶とがある．低分子液晶は，その電場による配向効果や屈折率異方性（複屈折）から機能性物質として液晶テレビなどに使用され，高分子液晶は，その分子鎖配列状態がエンジニアリングプラスチックの成形や液晶紡糸に生かされている．また液晶には，ある温度範囲で液晶状態を実現するサーモトロピック液晶と，適当な溶媒中で液晶状態を実現するリオトロピック液晶がある

　液晶状態は，その秩序性と流動性の度合いにより，スメクチック液晶（S），ネマチック液晶（N），コレステリック（キラルネマチック）液晶（Ch），ディスコチック液晶（D）の4種類に分類される（図7・13）．リオトロピック液晶はネマチック

(a) 結　晶　　(b) スメクチック液晶　　(c) ネマチック液晶

(d) コレステリック液晶　　(e) ディスコチック液晶

円盤状分子が積層してできた柱状組織（カラム）

円盤状分子

n（円盤の法線）

ネマチック

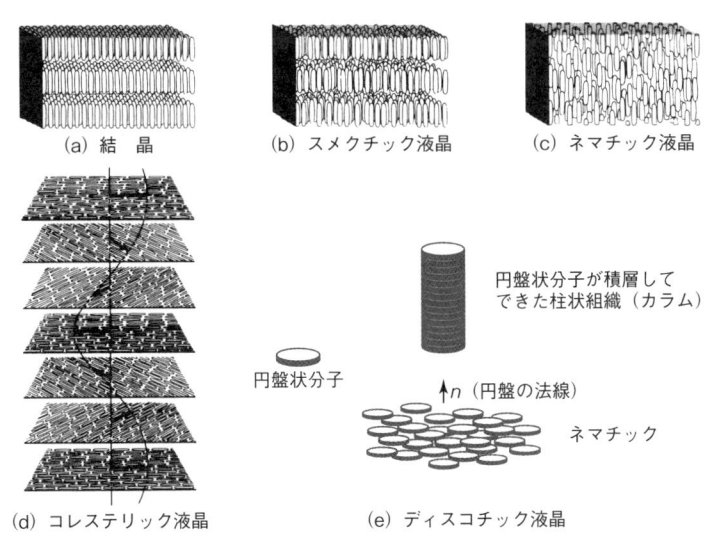

図 7・13　結晶と液晶状態の分類

かコレステリック状態をとる．

スメクチック液晶の特徴は，粘性率が大きいことと分子配向に加えて一次元的な長距離秩序があることである．分子軸が層に垂直に並んでいるときには光学的に一軸配向性を，傾斜して並んでいるときには光学的に二軸配向を示す．**ネマチック液晶**の特徴は，粘性率が小さいことと光学的に一軸配向性を示すことである．また**コレステリック液晶**は，ネマチック相の配向面が少しずつずれて，配向面に垂直ならせん軸をもちキラル（光学活性）な性質を示す．**ディスコチック液晶**は，円盤状分子が柱状（カラム）あるいは非柱状（ネマチック）に重なり合って，光学的に一軸配向性を示す．ネマチック液晶とコレステリック液晶は電気光学効果（電場の印加により媒質の屈折率を変化させ光をオン・オフする効果）をもち，コレステリック液晶ではらせん軸のピッチの変化にかかわることが特徴である．

メソゲン基を化学結合でつないだ構造をもつ**サーモトロピック高分子液晶**では，そのつながり方により図 7・14 のように，主鎖型高分子液晶(a)と側鎖型高分子液晶に分かれる．リオトロピック高分子液晶では，分子全体が剛直な棒状分子でなければならないので，主鎖芳香環の剛直なポリマーやポリペプチドのような α-ヘリックス構造をもつ棒状高分子，あるいはセルロース誘導体が液晶状態を示す．

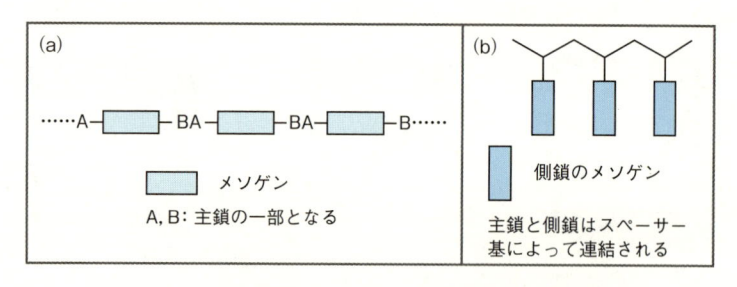

図 7・14　主鎖型高分子液晶(a)と側鎖型高分子液晶(b)

7・4・2　主鎖型高分子液晶

高分子液晶の分子鎖の配向性と流動性の特徴が広く世の中に知られるようになったのは，デュポン（duPont）社の女性研究者である S. L. Kwolek による 1960 年代の芳香族ポリアミド繊維の液晶紡糸の発見によるところが大きい．ポリ(p-フェニレンテレフタルアミド)（ケブラー®: Kevlar）(*1*) は分子間水素結合により主鎖

内の回転は抑えられ，通常の有機溶媒には全然溶けず，濃硫酸に溶けるだけである．彼女らはこの芳香族ポリアミドが濃硫酸中で不透明になりかつ流動性を保つことを見いだし，リオトロピック液晶状態からの紡糸により高配向の繊維の作製に成功した．この繊維の弾性率は 150 GPa で結晶弾性率の理論値の 80 % 以上に達しており，消防服や防弾チョッキに，あるいはラジアルタイヤや繊維強化複合材料（FRP）用の繊維として広く使われている．

$$\mathrm{+NH-\!\!\bigcirc\!\!-NHCO-\!\!\bigcirc\!\!-CO+} \qquad (1)$$

1980 年代から高強度のエンジニアリングプラスチックの開発を目指す研究の中で，エステル結合が非対称についたポリエチレンオキシベンゾエート（2）などのポリエステルが高温で液晶状態となり，分子鎖のそろったネマチック液晶状態から延伸して高強度のフィルムをつくれることが知られるようになった．オキシベンゾエート基をコモノマーとするさまざまな高強度ポリエステルが製造されている．ポリエステル型の主鎖型高分子液晶はサーモトロピック液晶で，低温から温度上昇とともに，結晶−スメクチック液晶−ネマチック液晶−等方性液体 と相転移していくことが，示差走査熱量計（DSC）で観察できる．液晶の構造は，偏光顕微鏡観察と X 線回折や NMR 測定で調べられている．

$$\mathrm{+O-CH_2CH_2-O-\!\!\bigcirc\!\!-CO+} \qquad (2)$$

7・4・3 側鎖型高分子液晶

主鎖型高分子液晶が，成形加工時に液晶状態から延伸して配向を固定化することにより，高強度の繊維やフィルムを製造することに利用されているのに対し，**側鎖型高分子液晶**は，機能性材料の実現を目指して研究されている．側鎖にアゾベンゼン誘導体を含む高分子液晶，たとえば（3）は，アゾベンゼン基の光異性化を使って光照射により液晶状態を可逆的に相転移させることができる．光照射では，フィルムに対する微細なパターン形成も可能である．ジビニル型モノマーを加えて架橋液晶高分子にすると，偏光をうまく用いて，液晶高分子フィルムを巨視的に曲げられることも報告されている．

$$\mathrm{+CH_2CH+ \atop COO(CH_2)_6-O-\!\!\bigcirc\!\!-N=N-\!\!\bigcirc\!\!-O(CH_2)_5CH_3} \qquad (3)$$

7・5 ポリマーゲル

7・5・1 ポリマーゲルの分類と特徴

ポリマー分子が架橋点でつながって高分子網目を形成し，溶媒中に拡がって巨視的なまでに大きい一つの分子として存在する物質を**ポリマーゲル**とよぶ（図7・15）．その構成要素は高分子，架橋点，溶媒であり，それらの種類によりポリマーゲルは表7・1のように分類される．

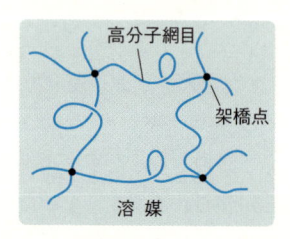

図 7・15　ゲルの構造

高分子鎖が架橋して無限網目をつくる三次元網目高分子としては，古くからフェノール樹脂，エポキシ樹脂などの熱硬化性ポリマーと，架橋ポリスチレンビーズや架橋ポリアクリルアミドなどのイオン交換ポリマーが知られていた．しかし，ゲルの重要な特徴の一つは多量の溶媒を吸収し保持できることである．ゲルが基礎科学および応用研究の対象として注目されるようになったのは，1978年に田中豊一らによりポリアクリルアミド系ゲルで，温度やイオン強度などの環境変化により可逆的かつ不連続な体積相転移現象が発見されたこと，および1970年代に自重の10^3倍もの水を吸収するポリマーが発見され，その後高吸水性ポリマーとして生理用品

表 7・1　ポリマーゲルの分類

分類	架橋点の構造	ゲル形成過程の可逆・不可逆性	例
化学ゲル	化学結合	不可逆	高吸水性ゲル 体積相転移ゲル イオン交換ポリマー 各種機能ゲル（電場応答ゲル，光応答ゲル，形状記憶ゲル，アクチュエーターゲルなど）
物理ゲル	水素結合，イオン結合，配位結合，微結晶など	可逆	アガロースゲル，セルロースゲル，PVAゲル
絡み合いゲル	分子鎖の絡み合いシクロデキストリン環による8の字構造	不可逆	二重網目(DN)ゲル 環動(slide-ring)ゲル （本章扉参照）

や紙おむつなどに広く実用化されるようになったことが，大きな要因である．

高分子科学研究において機能性ポリマーへの関心が高まっていく全体の流れの中で，ゲル研究は，溶媒組成，温度，pH，電場，光などのさまざまな外部環境変化に応答して形態や物性を変える機能性ゲルの設計と応用の研究が進み，人工筋肉（アクチュエーター），センサー，形状記憶材料などへの期待が高まっている．水を溶媒とするゲルは，ヒドロゲルとよばれる．

7・5・2 膨潤平衡にはたらく力

糸まり状の柔らかいポリマー鎖からなる高分子網目は，ポリマーの溶媒中に浸すと膨潤して大きくなり，やがて平衡膨潤状態に達する．平衡膨潤度は，ポリマー鎖が溶媒中で示す熱力学的効果とヒドロゲルで電荷をもつ場合にはそのイオン濃度に依存する静電反発力とが膨潤方向へはたらき，架橋点の存在によるゴム弾性の力（§8・1）が膨潤を抑制する方向へはたらくことにより，そのバランスによって決められる．

純溶媒と比較したゲルの浸透圧 Π は

$$\Pi = -\frac{RT}{v_0}[\phi + \ln(1-\phi) + \chi\phi^2] + f_i\nu RT\left(\frac{\phi}{\phi_0}\right)$$
$$+ \nu RT\left[-\frac{\phi}{2\phi_0} - \left(\frac{\phi}{\phi_0}\right)^{\frac{1}{3}}\right] \quad (7・5)$$

で表される．ここで第1項は格子モデルに基づく浸透圧の力で χ は相互作用係数とよぶ．第2項は高分子鎖上の電荷による力，第3項はゴム弾性の力であり，ϕ は膨潤状態でのポリマー鎖の体積分率，ϕ_0 は基準状態のポリマー鎖の体積分率，v_0 は溶媒のモル体積，ν は単位体積中の架橋点間ポリマー鎖のモル数，f_i は架橋点間ポリマー鎖あたりの解離イオン数である．

ポリマーゲルの平衡膨潤比 $Q=V/V_d=1/\phi$（V と V_d は平衡膨潤状態および乾燥状態のゲルの体積）は，(7・5)式で $\Pi=0$ として近似計算することができ，$\phi\ll 1$ で $f_i=0$ の中性ゲルでは

$$Q^{5/3} \cong \frac{1}{\nu v_0}\left(\frac{1}{2} - \chi\right) \quad (7・6)$$

となる．溶媒が良溶媒（$\chi<0$）になるとともに，また架橋密度 ν が小さくなるとともに Q は大きくなる．f_i が正の値をもつ電解質ゲルでは f_i とともに Q は増加するが，共通塩濃度が高くなると中性ゲルの膨潤特性に近づく．

7・5・3 体積相転移

水溶液中で不連続体積相転移を示すポリ(N-イソプロピルアクリルアミド)(PNIPAM)ゲルの平衡膨潤曲線の温度およびイオン強度依存性を図7・16に示す.

図7・16 部分イオン化した架橋 PNIPAM ゲルの水中における膨潤曲線(Vは体積, V_0は架橋したときの体積)
[田中豊一, 広川能嗣, 高分子, **35**, 237 (1986) による]

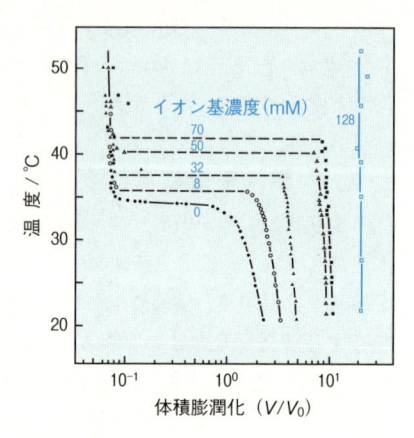

PNIPAM/水系は LCST を示し, 低温で可溶, 高温で相分離する. PNIPAM ゲルの水溶液をつくり, 温度を上げていくと 32℃で白濁し始め, 部分イオン化して一部がアクリル酸基となった PNIPAM ゲルの場合には, ある温度で急激な収縮が起こる. これは, 気体がある温度・圧力で凝集して液化し体積が不連続に変化することと同様の現象であり, ファンデルワールス (van der Waals) の状態方程式に似た理論曲線 (点線) に一致している. 臨界点に対応する不連続変化のなくなるところでは, 気体のときと同様に系の密度揺らぎが極端に大きくなることが, 動的光散乱 (DLS) 測定から確かめられている. 体積膨潤比の不連続変化は100倍に達する. UCST を示す部分イオン化したポリアクリル酸 (PAA)/水系ゲルでは, 温度を下げることにより体積相転移を示して凝集し, また pH 変化やアセトン/メタノールなどの混合溶媒の溶媒組成比の変化により不連続の体積相転移を示す.

PNIPAM ゲルは, 室温あるいは人間の体温近くで体積相転移を示すので, アミドの置換基の化学構造を変えて相転移温度を制御する試みがなされてきた.

また, アクチュエーターとしての使用を考えるとき, 体積相転移の速度も大切な因子である. 体積収縮の速度は PNIPAM ゲルのサイズに依存し, サイズが大きくなると表面の収縮により体積収縮の進行が著しく遅くなる. この問題の解決には, PNIPAM ゲルの網目部にグラフト鎖を導入して表面が収縮しても内部の水が抜けていけるミクロなパスを形成する試みなどが提案されている.

8

分子運動と力学的性質

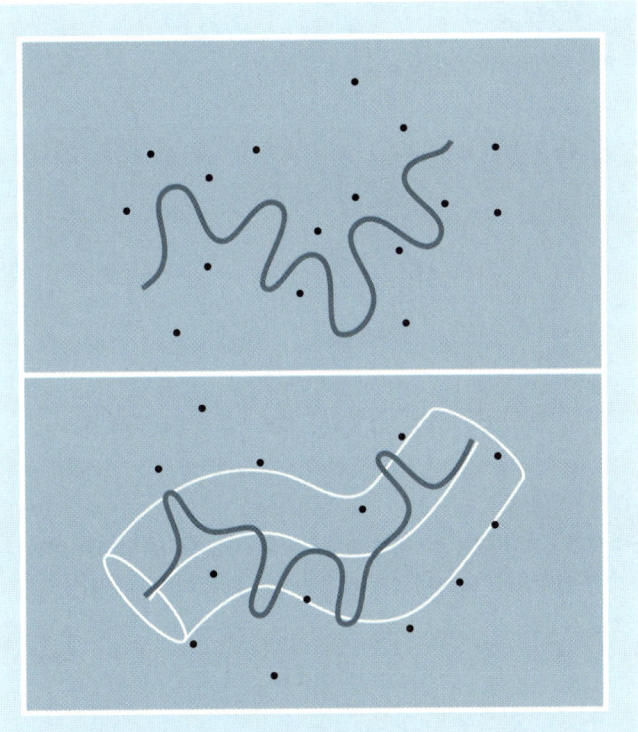

高分子溶融体の力学的性質を説明するための分子モデル．黒い線は1本の高分子鎖で黒い点はその高分子鎖を取囲んでいる他の高分子鎖の断面．白い線は1本の高分子鎖が動ける筒状の空間を示している．[M. Doi, S. F. Edwards, "The Theory of Polymer Dynamics", p. 190, Oxford Science Publications (1986) による]

高分子鎖の形とその集合構造を前章までに学んだ．本章では，高分子鎖がどのように動き，その動きによって発生する力学的な性質，あるいは構造を形成したときの力学的性質について考える．これらの力学的性質は，高分子を成形加工するのに必要な知識であり，高分子材料の最終製品を使うときの，基本的な物性である．

8・1 1本の高分子鎖の運動
8・1・1 孤立鎖高分子鎖のモデル

1本の高分子鎖の動きを考えるとき，図8・1左のように $-(CH_2-CH_2)_{\overline{1}}$ のような高分子の構造単位が数個からなる長さ a のセグメントを仮定する．

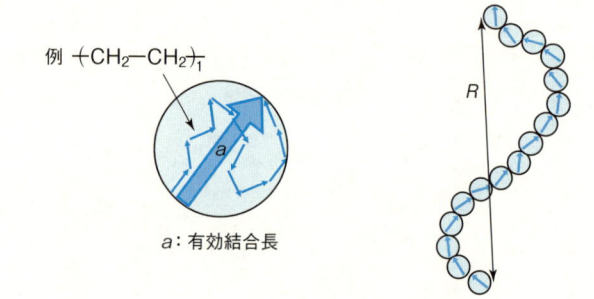

図 8・1 セグメント(左)で構成された高分子鎖(右)

N 個のセグメントからなる高分子鎖の大きさは (6・8) 式で求まる末端間距離 $R(=\langle R^2 \rangle^{\frac{1}{2}})$ で表すと便利である．

一つ一つのセグメントがランダムな方向を向いているとすれば，統計力学によれば任意の末端間距離 r が空間に位置するセグメントの分布関数 (P) はガウス (Gauss) 型になり，

$$P = N^{-\frac{3}{2}} \exp\left(-\frac{3r^2}{2R^2}\right) \qquad (8・1)$$

と表せる．このときの高分子鎖は**ガウス鎖**とよばれている．

この末端間距離 R のガウス鎖を長さ r に伸ばしたときのエントロピー ($S(r)$) は，(8・1) 式を用い，$S(r) = k \ln P$ として (8・2) 式で表される．

$$S(r) = S_0 - \frac{3r^2}{2R^2} \qquad (8・2)$$

ここで S_0 は変形前のエントロピーである．

このrに伸ばされた状態の高分子鎖の自由エネルギー（$F(r)$）は熱力学の法則により

$$F(r) = F_0 + \frac{3Tr^2}{2R^2} \quad (8\cdot3)$$

と表せる．ここでF_0は変形前の自由エネルギー，Tは温度である．

図8・2のような1本の高分子鎖の両端に力fと$-f$をかけたときの高分子鎖の末端間距離をrとする．そのときの力fは，(8・3)式の自由エネルギーをrで微分すると得られ，

$$r = \left(\frac{R^2}{3T}\right)f \quad (8\cdot4)$$

となる．伸びは力に比例し，その比例定数は絶対温度に逆比例する．あるいは，伸ばされた状態から平衡状態への回復力fは伸びの大きさrに比例する．

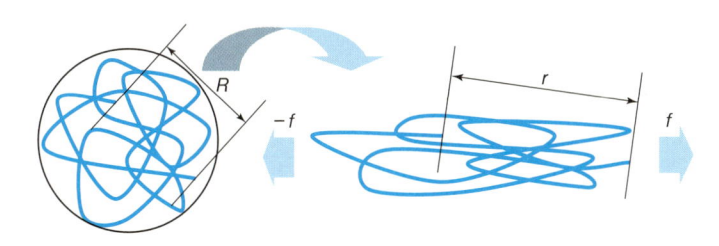

図8・2 1本の高分子鎖の伸長

(8・4)式はゴムを引張ったときの変形にも適用でき，いわゆる**ゴム弾性の基本式**である．力の原因がエントロピー変化にあるので，**エントロピー弾性の基本式**ともいわれる．

ここで，ゴムは架橋された分子鎖からなり，図8・2の分子鎖の両端が架橋点に相当する．その架橋点が単位体積中にn個ある場合を考える．ゴム変形を体積一定と仮定した場合を，**アフィン変形**という．ある方向にλ倍伸びたとすると，体積一定の仮定なのでそれに直交する他の2方向には$1/\sqrt{\lambda}$ずつ縮む．これを考慮すると，ゴムの単位断面積あたりの張力σ（応力）と伸び（伸長比λ）との関係は高分子鎖の自由エネルギーの伸びによる変化量として

$$\sigma = nk_{\mathrm{B}}T\left(\frac{\lambda-1}{\lambda^2}\right) \quad (8\cdot5)$$

で表せる．ここでk_{B}はボルツマン定数である．

伸長比 λ が 1 に近いときには，λ=1+γ とすると，(8・5)式から

$$\sigma = 3k_BT\gamma \tag{8・6}$$

となる．ゴムの引張弾性率は (8・6)式の比例定数と定義され，$3k_BT$ となる．ここで，γ は**ひずみ**であり，力学的性質を記述するときに，応力 σ とともに重要なものとなる．

天然ゴムでの実験値と (8・5)式の計算結果を図 8・3 に示す．小変形で実験値と計算値は一致するが，大変形では実験値が急激に大きくなる．

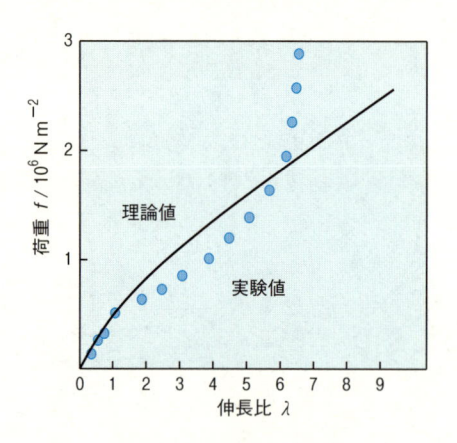

図 8・3 加硫ゴムの伸長

8・1・2 ラウス鎖

もう一つの高分子鎖の表現に**ラウス**(Rouse)**鎖**がある．ラウス鎖は図 8・4 のようにビーズ玉をバネで連ねたモデルで高分子鎖を表している．しかも，1 本の高分子鎖は自分自身を自由に通り抜けることができ（図 8・5），変形を受けたラウス鎖のビーズ玉が動く速度は加えられた力に比例すると仮定している．

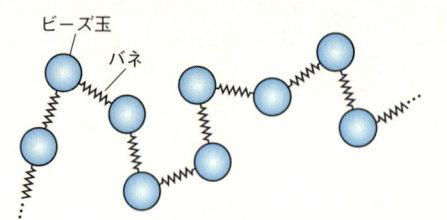

図 8・4 ラウスモデル

8・1 1本の高分子鎖の運動

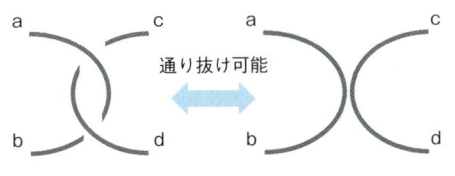

図 8・5 ラウスモデルの仮定

これらの仮定から，ラウス鎖が伸びた状態からランダムな状態へと戻るときの末端間距離（r）の時間（t）変化は (8・7) 式で表せる．

$$r(t) = \alpha \exp\left(-\frac{t}{\tau}\right) \tag{8・7}$$

ここで，α は振幅，τ はラウス鎖の最もゆっくりした動きに対応する緩和時間である．この式の結果は，図 8・6 のように，ラウス鎖の末端間距離は時間とともに減衰し，伸ばされた状態の末端間距離 r_1 と平衡状態の末端間距離 r_0 との差の約 2.7（$\fallingdotseq e$）倍になるまでの時間間隔が緩和時間（τ）と定義できる．

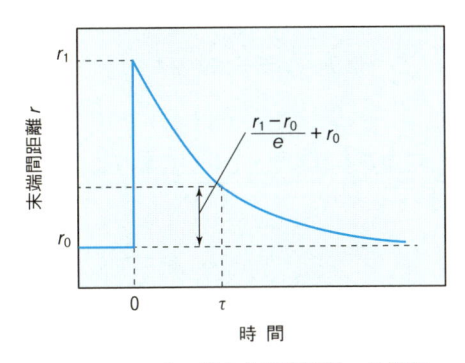

図 8・6 ラウス鎖の末端間距離 r の緩和

ラウス鎖の緩和時間 τ_R は解析的に求められており，(8・8) 式で与えられる

$$\tau_R = \frac{\zeta N^2 b^2}{6\pi^2 k_B T} \propto M^2 \tag{8・8}$$

ここで，ζ はラウス鎖のビーズ玉にはたらく摩擦力であり，N はセグメントの数，k_B はボルツマン定数であり T は温度である．M はラウス鎖分子量である．

ラウスモデルはモデルに含まれている仮定のために，ラウス鎖は1本の高分子鎖の動きを記述するには不向きであるとされている．しかし，高分子溶融体のような多数の高分子鎖を取扱うときの基準としてよく使用される．

8・2 多数の高分子鎖の運動

8・2・1 高分子溶融体の運動

多数の高分子鎖からなる溶融体の分子運動は二つのモデルで説明されている．

一つは，1本の高分子鎖の運動で述べたラウスモデルである．多数の分子を考えてつくったモデルではないが，実験的には低分子量の高分子鎖からなる高分子溶融体に適用できることが知られている．

もう一つは，分子量の大きい高分子鎖からなる高分子溶融体に適用されている**管モデル**である（本章扉参照）．分子量が大きい場合には，異なった高分子鎖間で，お互いに通り抜けることができない，あるいは絡み合っている．つまり，図8・7に示すように，ab鎖はcd鎖の上から下へ通り抜けることができない．

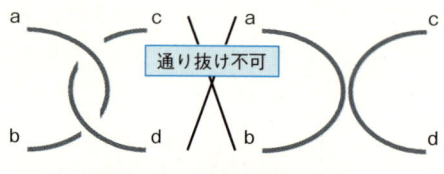

図 8・7　分子鎖の絡み合い

これを**絡み合い点**とよぶ．1本の高分子鎖のまわりには，このように通り抜けることができない他の高分子鎖が多数あり，それが管状の壁の中に閉じ込められているようにふるまう（図8・8a）．

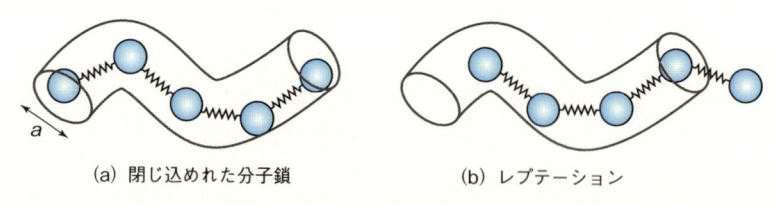

図 8・8　管モデル

(a) 閉じ込めれた分子鎖　　(b) レプテーション

管の直径をaとすると，高分子鎖はaより短い距離を動くときは他の高分子鎖を意識せずに自由に動くことができる．一方，aより長い距離を動こうとすると他の高分子鎖にじゃまされて，管の長さ方向の運動のみが許される．これはヘビやミミズの動きと似ており，**レプテーション運動**とよばれている（図8・8b）．

ここで，aは絡み合い（entanglement）点間分子量M_eをもつ高分子鎖の広がりに等しい．これにラウス鎖を適用し，長さbのセグメントの数をN_eとすると，

$$a^2 = N_e b^2 \tag{8・9}$$

である．管の中心軸は長さ a の線分が z 個のランダムな方向につながったものである．z は 1 本の高分子鎖あたりの絡み合い点数である．

$$z = \frac{N}{N_e} = \frac{M}{M_e} \tag{8・10}$$

ここで N, M は 1 本の高分子鎖の重合度と分子量である．

管モデルでは，高分子鎖の動きを三つに分けている．管の半径方向の分子鎖の動き，管の長さ方向の管自身の伸縮，管の長さ方向にそっての分子鎖のレプテーションである．

a. 管の半径方向の動き この運動はラウスモデルで表せる（(8・8)式参照）．この運動しつづける時間 τ_e は分子量 M_e のラウス鎖の最大緩和時間で，次式で表せる．

$$\tau_e = \frac{\zeta b^2}{k_B T} N_e^2 \tag{8・11}$$

b. 管の長さ方向の伸縮 この運動も N セグメントのラウス鎖で表せる．

$$\tau_R = \frac{\zeta b^2}{k_B T} N^2 \tag{8・12}$$

c. 管の長さ方向にそってのレプテーション 高分子鎖は管の中を一次元的にブラウン運動して，管から脱出する．その脱出に必要な時間 τ_d は

$$\tau_d = \frac{\zeta b^2}{k_B T N_e} N^3 \tag{8・13}$$

となる．

8・2・2 非晶固体の高分子鎖の運動

ポリスチレンなどの**非晶固体**における高分子鎖の運動を考えると，溶融体での分子運動とは異なり，高分子鎖自身の重心の移動はない．

溶融体から温度を下げると，高分子鎖の重心の移動が停止する．さらに温度を下げるとセグメント単位の動きも凍結される．このセグメント単位の動きの凍結，言い換えるとミクロブラウン運動が凍結される温度を**ガラス転移点**（T_g）とよぶ．

ガラス転移点以下の非晶固体（**ガラス状態**）では，主鎖のねじれ運動や側鎖の運動，さらに小さな部分の局所の運動のみとなる．

8・2・3 結晶性固体における高分子鎖の運動

ポリエチレンのような**結晶性高分子**を溶融状態から温度を下げると，ガラス転移点よりはかなり高温で高分子鎖の重心が移動するような動きが止まり，結晶化する．

融点近くの結晶状態では，結晶の中の高分子鎖の熱運動によって，結晶自身が変形可能となる．

低温になると，結晶自身の動きも止まり，結晶表面や結晶界面などで分子鎖の滑りによる動きがある．

さらに低温になると結晶内の局所の動きのみとなる．これはガラス状態での動きと類似している．

8・3 高分子の運動と力学的性質

8・3・1 緩和時間

高分子鎖の運動は**緩和時間**で特徴づけられる．前節では1本の高分子鎖および多数の高分子鎖の緩和時間について学んだ．ここでは，高分子を塊状（バルク）ととらえ，高分子の力学的性質を学ぶ．

高分子の緩和時間を調べる典型的な方法は**応力緩和**である．これは，高分子材料に一定の変形を加え，材料に加わる応力の変化をみる方法であり，図8・9にその例を示す．

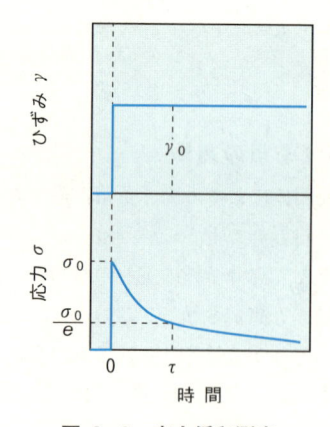

図8・9 応力緩和測定

図の縦軸はひずみ γ，応力 σ であり，横軸は時間 t である．試料に時間 0 で，ひずみ γ_0 を与えたときの瞬間の応力を σ_0 とし，一定の長さに伸ばした状態で，応力が $\dfrac{\sigma_0}{e}$ となるまでの時間を緩和時間 τ と定義する．

8・3・2 マクスウェルモデル

応力緩和を現象的によく表現できる力学モデルが**マクスウェル**（Maxwell）**モデル**である．これは図に示すようにダッシュポットとスプリングを直列につないだモデルである．

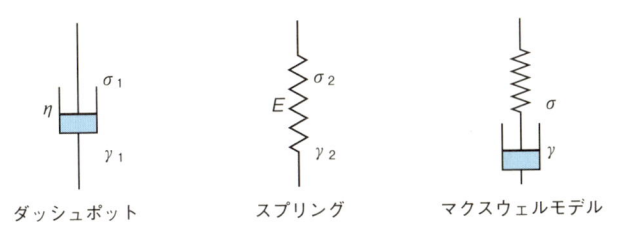

図 8・10 マクスウェルモデル

粘度 η をもつダッシュポットにかかるひずみを γ_1 応力を σ_1 とする．また，弾性率 E をもつスプリングにかかるひずみを γ_2，応力を σ_2 とする．これらを直列につないだマクスウェルモデルにかかるひずみを γ とし応力を σ とする．ダッシュポットの応力・ひずみ関係は $\sigma_1 = \eta\, d\gamma_1/dt$ と表せ，スプリングの応力・ひずみ関係は $\sigma_2 = E\gamma_2$ と表せる．また，全体にかかる応力 σ は σ_1 と σ_2 に等しく，全ひずみ γ は γ_1 と γ_2 の和となる．この条件からマクスウェルモデルの基本式は次式で表せる．

$$\frac{d\gamma}{dt} = \frac{1}{E}\frac{d\sigma_1}{dt} + \frac{\sigma_2}{\eta} \tag{8・14}$$

この基本式を応力緩和の条件（$\gamma=\gamma_0$, $t>0$），（$\sigma=\sigma_0$, $t=0$）で解くと，

$$\sigma = \sigma_0 \exp\left(-\frac{E}{\eta}t\right) \tag{8・15}$$

となる．ここで，(8・15)式の $\dfrac{E}{\eta}$ を緩和時間 τ に等しいとすると

$$\tau = \frac{E}{\eta} \tag{8・16}$$

となり，前節のラウス鎖の緩和（8・7式）と同じ形になっている．

8・3・3 ひずみ速度

緩和時間 τ をもつ高分子液体を考える．ゆっくりした速度で流すと，高分子鎖は丸まった状態のまま流れる．しかし，ある程度速い速度で流すと，高分子鎖は伸ばされる．このときの流す速度は "**ひずみ速度**" とよばれ，"ひずみ" の時間微分 $\dot{\gamma}$ で表される．

$$\dot{\gamma} = \frac{d\gamma}{dt} \tag{8・17}$$

緩和時間 τ（8・16 式）をもつ液体では，ひずみ速度が大きい（$\dot{\gamma} \gg 1/\tau$）ときに，高分子鎖は変形しながら流される．

図 8・11 に示すように原長 l_0 の試料を l に伸長変形するときの，ひずみ速度は

$$\dot{\varepsilon} = \frac{\dot{l}}{l} \quad \left(\dot{l} = \frac{dl}{dt}\right) \tag{8・18}$$

と定義される．せん断変形では，図 8・11 のように隙間が h の 2 枚の板で液体をはさみ，一方の板を $\dot{x}$ の速度で動かすときに，

$$\dot{\gamma} = \frac{\dot{x}}{h} \quad \left(\dot{x} = \frac{dx}{dt}\right) \tag{8・19}$$

と定義される．

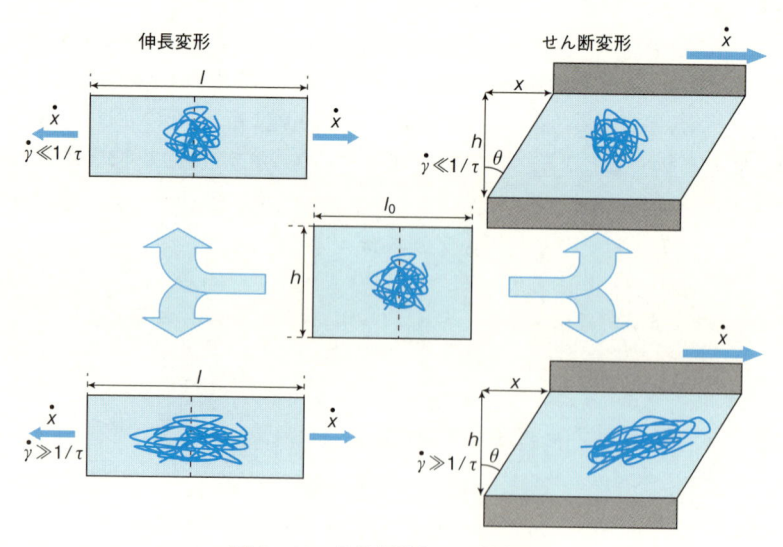

図 8・11　伸長変形とせん断変形

8・3・4 微小変形と大変形

材料の変形を考えるとき，材料の構造を乱さない範囲の変形を**微小変形**とし，材料の力学的性質を調べるのによく用いられる．ここで，微小変形とは，おおむねひずみが"1"以下（$\gamma < 1$）の変形をいう．

ひずみは伸長変形では

$$\gamma = \dot{\gamma} t = \ln\left(\frac{l}{l_0}\right) \quad \text{ヘンキー（Hencky）ひずみ} \quad (8・20)$$

あるいは

$$\gamma = \frac{l - l_0}{l_0} \quad \text{コーシー（Cauchy）ひずみ} \quad (8・21)$$

で定義される．ヘンキーひずみはおもに液体で使われ，コーシーひずみは固体で使われるが，ひずみが"1"以下（$\gamma < 1$）の微小変形では同じになる．

せん断変形でのひずみは次式のように定義される．

$$\gamma = \frac{x}{l_0} = \tan\theta \quad (8・22)$$

成形加工での変形は**大変形**である．ひずみ速度が大きい状態での大変形では，高分子鎖が流動中に大きく変形することとなり，高分子鎖の運動は微小変形とは大きく異なるものとなる．

8・3・5 線形粘弾性と温度時間換算則

微小変形での高分子材料の力学的性質は**線形粘弾性（線形レオロジー）**とよばれる．

測定方法は§8・3・1で述べた応力緩和，あるいは動的測定を利用する方法が一般的である．

応力緩和測定では，試料に一定ひずみ γ_0 を加えたあとの応力の変化を測定する．このとき，応力（$\sigma(t)$）とひずみ（γ_0）の比を**緩和弾性率** $G(t)$ とよぶ．

$$G(t) = \frac{\sigma(t)}{\gamma_0} \quad (8・23)$$

この測定例を図8・12(a)に示す．各温度での曲線が類似していることが図からわかる．ウィリアム（Williams），ランデル（Landel），フェリー（Ferry）らはこれらの曲線群から1本のマスターカーブが得られる（図8・12(b)）ことを見いだした．このことは温度と時間が換算できるとのことを意味しており，高温での測定

はゆっくりした測定結果に相当し，低温での測定は速い測定結果に相当する．これを**温度時間換算則**あるいは，これを発見した研究者の名前から **WLF 則**とよばれている．

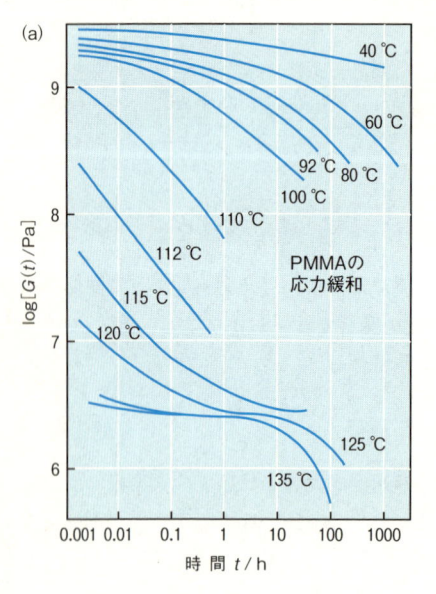

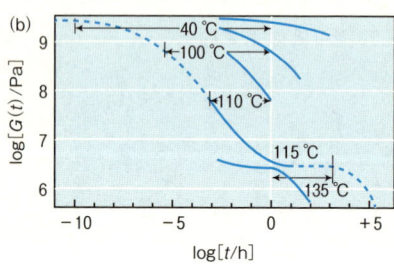

図 8・12　PMMA の緩和弾性率 $G(t)$ の温度依存性(a)と WLF 式を用いた重ね合わせ(b)

このときの横軸のシフトファクター a_T（図 8・12 (b) の ←→）を温度に対してプロットすると，図 8・13 が得られる．

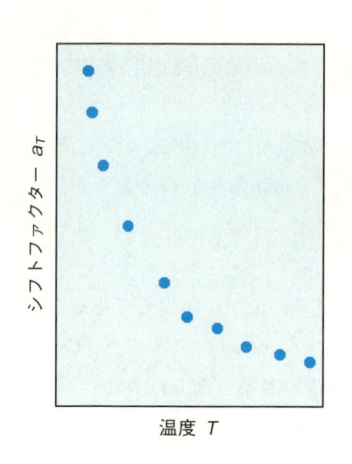

図 8・13　シフトファクター a_T の温度依存性

8・3 高分子の運動と力学的性質

このグラフは次式で表されており，材料の種類に独立な関係である．

$$\log a_T = \frac{-C_1(T-T_\mathrm{r})}{C_2+T-T_\mathrm{r}} \tag{8・24}$$

で表され，物質のガラス転移点（T_g）のみで決まる．ここで，C_1，C_2 は高分子の種類と基準温度（T_r）によって決まる定数である．基準温度を $T_\mathrm{g}+50\,℃$ に選べば，$C_1=8.86$，$C_2=101.6\,\mathrm{K}$ となり，高分子の種類によらない値となる．粘度や緩和時間の温度依存性を知るのによく利用される．

一方，動的測定は試料を振動数 ν で振動させる方法である．このときひずみは角振動数（$\omega=2\pi\nu$）を用いて次式で表される．

$$\gamma = \gamma_0 \sin(\omega t) \tag{8・25}$$

微小変形では，応力も同じ周波数の正弦波になり，位相が δ だけ進んだものになる．

$$\sigma = \sigma_0 \cos(\omega t + \delta) = \sigma_1 \cos \omega t - \sigma_2 \sin \omega t \tag{8・26}$$

これより，**動的緩和弾性率**として，

$$G'(\omega) = \frac{\sigma_1(\omega)}{\gamma_0}, \quad G''(\omega) = \frac{\sigma_2(\omega)}{\gamma_0}, \quad \tan \delta = \frac{G''}{G'} \tag{8・27}$$

が得られる．ここで $G'(\omega)$ は**貯蔵弾性率**で，$G''(\omega)$ は**損失弾性率**である．

マクスウェルモデルにこの動的測定を適用すると，次式が得られ，図 8・14 のような結果となる．

$$G' = G\frac{\omega^2\tau^2}{1+\omega^2\tau^2}, \quad G'' = G\frac{\omega\tau}{1+\omega^2\tau^2} \tag{8・28}$$

この動的緩和弾性率にも応力緩和による弾性率と同様に温度時間換算則が適用できる．

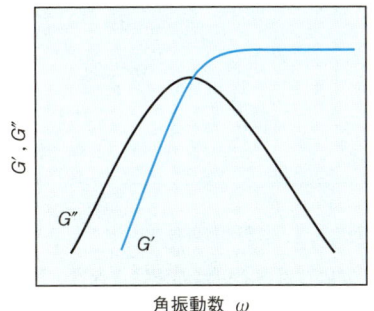

図 8・14　マクスウェルモデルの貯蔵弾性率 G' と損失弾性率 G''

8・4 ガラス状高分子の力学的性質

8・4・1 ガラス状態の線形粘弾性

ガラス状態では，高分子鎖の重心の移動はないが，高分子鎖の局所的な部分が動ける．その動きは，微小変形による応答によって調べられる．

測定方法は§8・3・5で述べた方法と同じである．緩和弾性率 G' と $\tan\delta$ の温度依存性（あるい周波数依存性）として，図8・15に破線で示す．実線は結晶性高分子の貯蔵弾性率と $\tan\delta$ の温度（あるいは周波数）依存性である．

非晶高分子について，$\tan\delta$ の温度依存性に着目すると，最も低温側に **δ 緩和** といわれているメチル基などの小さな運動によるピークがある．つづいて，側鎖の運動に起因する **γ 緩和**，主鎖の局所的な運動に起因する **β 緩和**，さらに主鎖のミクロブラウン運動による **α 緩和** がある．α 緩和はガラス転移と関係する．

結晶性高分子で，上記非晶高分子と同じものによる緩和ピークが見られるが，最も高温で結晶内分子鎖の運動に起因する **α_c 緩和** が付け加わっている．

この $\tan\delta$ のピーク値から一つの周波数に対応した緩和温度が求められる．このような実験を広い範囲の周波数に対して行うと，それぞれの緩和に対する温度と周

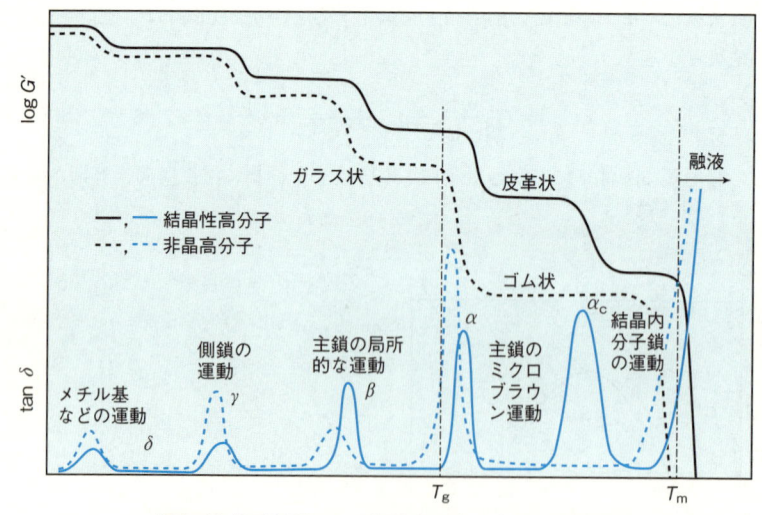

図 8・15 貯蔵弾性率 G' と $\tan\delta$ の温度依存性あるいは周波数依存性
["基礎高分子科学", 高分子学会編, p.219 (2006) による]

波数の関係がわかる．そこで，それぞれの緩和に対するピーク温度の逆数に対して，周波数をプロットしたのが図 8・16 である．図 8・15 のピーク記号を示す．これは**分散地図**とよばれ，測定できない周期数や温度での高分子の動きを予測するのに便利良く利用されている．

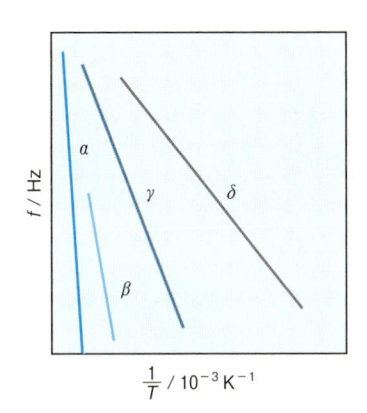

図 8・16　各分散のピーク温度の逆数と周波数の関係（分散地図）

　非晶性高分子の線形粘弾性には，分子構造に起因する力学的緩和現象がおもに関与している．図 8・15 に示すように log G'，tan δ の変化が，低温側からメチル基の回転による緩和，側鎖の熱運動による緩和，主鎖の局所的ねじれによる緩和，分子鎖の部分的なミクロブラウン運動による緩和などとして説明されている．

　特に，ミクロブラウン運動による緩和はガラス転移点付近にあり，**主分散**とよばれており，高分子製品を使うときには重要となるものである．主分散の緩和時間の温度依存性および圧力依存性は WLF 式に従う．

8・4・2　ガラス状高分子の大変形における力学的性質

　ガラス状高分子に大きな力を加えると変形するとともに，大きな音を立てて壊れていくつかの破片になるか，あるいはある程度の力を維持しながら大きく変形して，力を除いても元には戻らなくなる．大きな音を立てて壊れて破片になる場合が**ぜい性破壊**である．力を除いても大きな変形が残る場合が**延性変形**である（図 8・17 参照）．

162 8. 分子運動と力学的性質

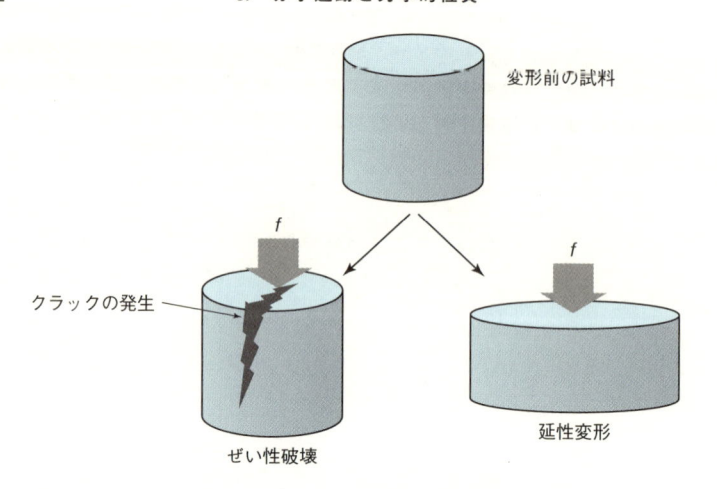

図 8・17 ぜい性破壊と延性変形

ガラス状高分子のアクリル樹脂は大きな変形を示さずに，ぜい性的に破壊する．一方，同じガラス状高分子でも，ポリカーボネートは降伏後に図 8・21 で示すように，ネッキングを形成して延性的に大きく変形して破壊する（図 8・18）．

ここで，変形を高分子鎖の立場で考えると，まず初期状態では高分子鎖はランダムな方向に向いている．それに外力が加わると，外力の方向とは異なった方向にあ

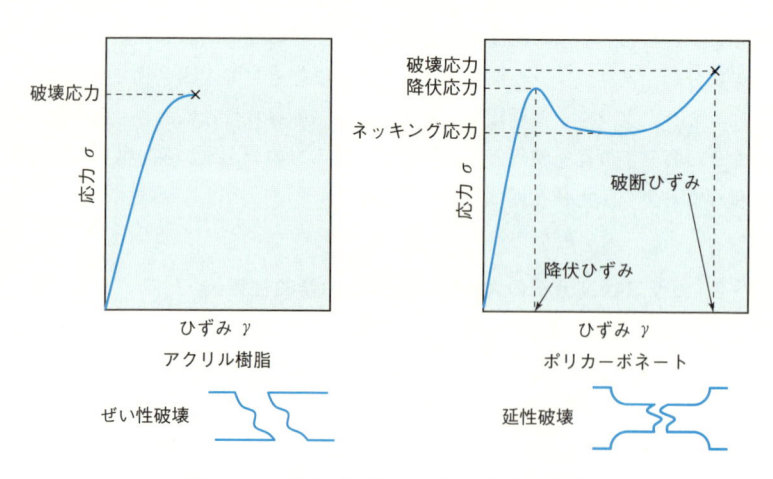

図 8・18 非晶性高分子の応力-ひずみ曲線

る高分子鎖は力の方向に回転することによって大きな変形が可能となる．この回転は高分子鎖の局所部分の運動によって起こるものであり，この降伏は高分子鎖の局所の運動によるもので，高分子鎖全体の動きではない．したがって，高分子の分子量には依存しない．これがガラス状高分子の大変形の特徴である．

初期の降伏を越えて，さらにひずみが増加すると，ひずみ軟化が起きる．その一つの理由として，変形による発熱が考えられている．

さらなるひずみの増加では，高分子鎖が再び配向して応力が増す（配向硬化）．これは絡み合い点間の分子鎖の伸びきりで説明されている．その後分子鎖の切断を伴ってガラス状高分子は破壊する．

8・5 高次構造と力学的性質
8・5・1 結晶性高分子の線形粘弾性

結晶性高分子の線形粘弾性には，一次構造に起因する力学的緩和現象と高次構造に起因する力学的緩和現象がある．

一次構造によるものとしては，図8・15に実線で示すように基本的には非晶性高分子の力学緩和と同じである．

主分散ではミクロブラウン運動をしている分子鎖のまわりに微結晶があり，その効果で高温側あるいは低周波数側にシフトしている．結晶化度が増すにつれて，緩和強度は小さくなる．延伸すると，分子鎖の緊張束縛による緩和時間が長時間側に移動するが，熱処理による分子鎖緊張の緩和によって短時間側に移動する．

結晶性高分子では，融点近くで微結晶内の分子鎖の熱運動が増加し，そのため結晶自身が粘弾性的となる，いわゆる結晶緩和 α_c がある．結晶相内の分子間距離はこの結晶緩和温度域より急激に増加する．

結晶性高分子全体の力学的性質を，近似的に結晶部分と非晶部分の力学的性質の組合わせで表現することができる．最も単純なモデルとして，結晶部分と非晶部分の直列モデルがある（図8・19）．

この直列モデルによると全体の弾性率は次式で与えられる．

$$\frac{1}{E} = \frac{1}{E_a} + \frac{1}{E_c} \tag{8・29}$$

ここで E_a は非晶部分の弾性率で，E_c は結晶部分の弾性率である．

結晶部分では分子鎖が伸びきっているため，分子鎖方向への弾性率は分子鎖がランダムな方向に向いているガラス状態の弾性率より 2 桁程度大きい．結晶の分子鎖と垂直方向の弾性率はガラス状態の弾性率と類似している．ゴム状態の弾性率はこれらの弾性率よりはさらに 2 桁程度小さい．

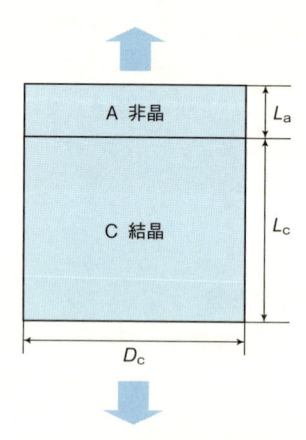

図 8・19　固体構造のモデル

このときの弾性率の温度依存性は図 8・20 のようになり，ガラス転移点以上融点以下では液体状態の非晶部分の変形が全体の変形を担うこととなる．

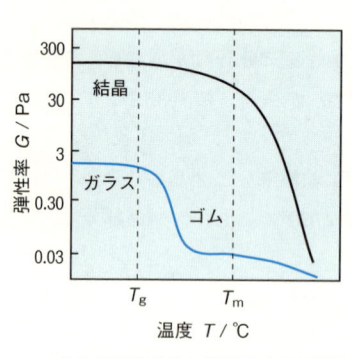

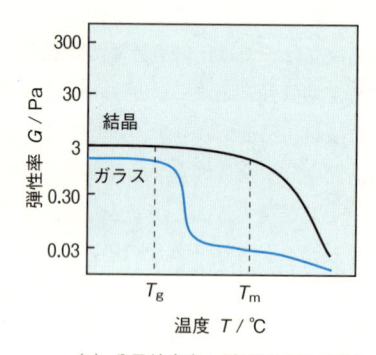

(a) 分子鎖方向と引張り方向が平行　　(b) 分子鎖方向と引張り方向が垂直

図 8・20　弾性率の温度依存性 (T_g: ガラス転移点，T_m: 融点)

8・5・2 結晶性高分子の大変形における力学的性質

ポリプロピレンに対する力とひずみの関係を図 8・21 に示す．傾斜が一定な状態で力が増加する弾性域のあと，降伏する．その降伏後に試料の一部が極端に細くなりネッキングが形成される．さらに，ひずみが増加するとき，高分子鎖の配向により配向硬化が起き，試料は破壊することなく，ネッキングは全体に広がる．

降伏はラメラ結晶自身の変形でも説明でき，ラメラ結晶の分子鎖軸方向の滑りにより発生する．それは流動のように分子鎖全体の相対的な位置の変化を伴う運動ではなく，分子鎖の一部の局所運動である．ガラス状高分子と同様に，降伏応力の大きさはラメラ結晶の厚さに依存し，分子量には依存しないことが実験的に報告されている．

一方，ラメラ結晶の集合体の球晶の場合，力はラメラ結晶間を結んでいるタイ分子鎖によってラメラ結晶相互に伝達される．その球晶は引張り応力方向に伸長し，それと垂直方向には収縮のひずみが生じる．しかし，この方向のひずみは分子鎖間の距離を縮める方向のひずみであるので，収縮に対する抵抗はきわめて大きい．その結果，大きな弾性率を示す．

力の大きさが増加して，ラメラ結晶の厚さ方向である分子鎖軸方向の滑りへの抵抗により，応力が大きくなると，球晶が壊れて，ボイドが形成される．ボイドの形成は分子鎖と垂直方向の収縮を可能にするので，真の降伏応力が低下（ひずみ軟化）する．

ネッキングの伝播が試料の長さ全体に広がると配向硬化により，再び応力の増加が起きる．配向硬化の速度は高分子の種類に依存する．その応力の増加は高分子鎖

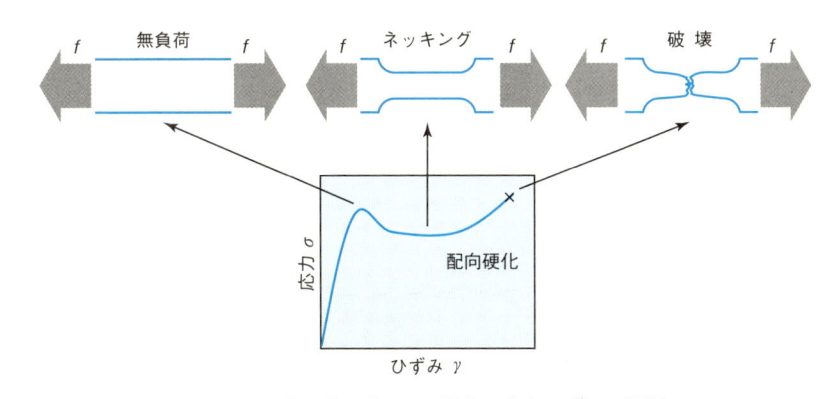

図 8・21 ポリプロピレンに対する力とひずみの関係

の絡み合いで考える．絡み合い間の分子鎖が短いほど，あるいは絡み合い密度が高いほど小さな変形で高分子鎖の緊張が強くなり，真の降伏応力は高い値となる．ここで真の降伏応力は変形時の断面積から求めた応力である．

　さらなる変形により，ラメラ結晶間を結ぶタイ分子鎖が切断し，高分子材料は破壊する．このモデルで，破壊強度はラメラ結晶間を結ぶタイ分子の数に依存する．分子量の大きい高分子ほど破壊強度が大きいのは，このタイ分子鎖の数の多さによるものだろう．

9

高分子の加工

材料は"形"をつくることによって，製品となり，社会で有用なものとして使用される．したがって，高分子においても"形"を作ることは非常に重要なことである．この章では，いかにして高分子を"形"にするかについて学ぶ．

9・1 高分子の加工とは
9・1・1 成形加工方法と成形加工の素過程

高分子を成形する方法で，もっとも一般的なものは高分子の**熱可塑性**を利用したものである．

熱によって材料の温度を上昇させても高分子鎖の一次構造は変わらずに，固体から液体へ変化する．そして，材料を冷やすと，液体から固体へと変化する．このように温度とともに可逆的な相変化をする高分子を**熱可塑性高分子材料**と定義している．具体的にはポリエチレンやポリスチレンなどがある．

この場合，成形加工では，最初に固体から液体にして流動させる過程（流す），液体に形をつける過程（形にする），形を固定化する過程（固める）の三つの素過程がある．具体的には，押出成形，射出成形，ブロー成形，フィルム成形，溶融紡糸などの成形加工方法があり，高分子材料の多くはこれらの方法で成形加工され，形にされている．

また，熱可塑性高分子材料でも，溶媒を使って溶液から成形加工する方法もある．たとえば，湿式紡糸や乾式紡糸，溶媒キャストによるフィルム成形などがある．この成形加工では，"流す"過程はなく，"形にする"過程と"固める"過程とがある．

一方，熱によって，高分子量化する材料もある．このような材料は，温度上昇によって，分子量が増し，架橋反応を伴い，やがて三次元網目を形成して固体になる．この状態から温度を下げても，三次元網目を形成したままで，元には戻らない．このように熱によって不可逆的に相変化する材料を**熱硬化性高分子材料**とよんでいる．具体的な例としては，エポキシ樹脂やポリウレタンなどがある．

また，熱の代わりに紫外線などによって高分子量化するものがあり，半導体集積回路などを作成するときのフォトレジストなどに利用されている．さらに，架橋材などを添加することによって，三次元網目を形成するものもある．これらは接着剤などに利用されている．

この場合の成形加工も"流す"過程を省略でき，"形にする"と"固める"過程を取扱うことになる．

ここでは，最も多く使用されている熱可塑性高分子材料の成形加工を学ぶ．

9・1・2　高分子鎖の動きからみた成形加工工程

押出成形を例にして，高分子鎖のふるまいを考えてみよう．

高分子材料は通常，固体状のペレットから出発する．高分子鎖はマクロ的にも，ミクロ的にも動きを止められた状態で，ホッパーから押出機内に入る（図9・1）．

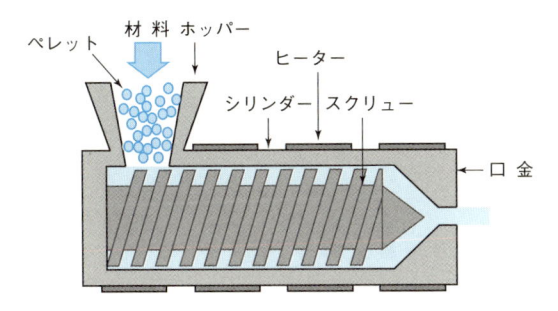

図 9・1　押出成形機の内部

ここで，ペレットどうし，あるいはペレットとスクリューの表面との間，ペレットとシリンダー内壁の表面との間で，摩擦をしながらスクリューの先端の方に移動する．ここでは，摩擦熱と，シリンダーの外側からの熱とで，ペレットは温度上昇し，高分子鎖は動きやすくなる．やがて，高分子鎖の重心は自由に動けるようになり，液体化する．

その液体はスクリュー溝によって，せん断変形を繰返し与えられる．液体中の高分子鎖は大きなひずみ速度で大変形を受けることになる．言い換えると，スクリュー内での高分子鎖は極端にひずんだ状態にある．

それが，スクリューの先端に届くと，口金に入る前まで，少しゆっくりした流れになる．低分子量成分の高分子鎖の緩和時間よりここでの滞在時間の方が長いとき

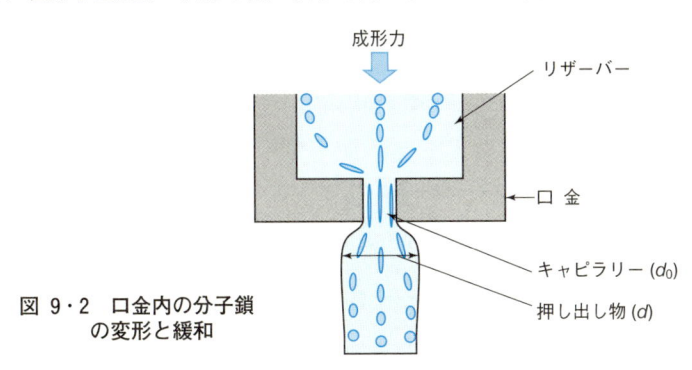

図 9・2　口金内の分子鎖の変形と緩和

もある．この場合には，短い高分子鎖は十分に緩和し平衡状態の形をとる．たいていの場合，多くの高分子量成分の高分子鎖も緩和するが，平衡状態にまではならずに，緩和の途中で"形にする"過程へと移動する（図9・2）．

口金の入り口では，大面積のリザーバーから小面積のキャピラリー（あるいはスリット）へ急激に流れる．高分子鎖にとっては，再び大きな変形を受けることとなる．キャピラリー内では，高分子鎖は緩和する場合と，さらに変形を受ける場合とがある．口金を出ると，高分子鎖はリラックスして大きく緩和する．その後，冷却により固化し，高分子鎖はふたたび重心の移動がなくなり，最終製品となる．

9・2 流　す

9・2・1 高分子材料の温度上昇

押出機において，シリンダー外部で発生した熱は，シリンダーのところでは比較的スムースに熱が伝導できる．シリンダー内の高分子材料の熱伝導は悪い．ペレッ

表 9・1　いろいろな物質・材料の熱伝導率 ($\lambda / \mathrm{W\,m^{-1}\,K^{-1}}$)

物質・材料名		熱伝導率	物　質　名	熱伝導率
銀	導電性	420	高密度ポリエチレン	0.44
銅		380	低密度ポリエチレン	0.35
アルミニウム		192	ポリウレタン	0.31
グラファイト		150	発泡ポリウレタン	～0.03
鉄		70	ポリテトラフルオロエチレン	0.27
ハンダ		35	ナイロン66	0.25
銀粉充填エポキシ樹脂		1.8～7	ポリプロピレン	0.24
アルミニウム粉充填エポキシ樹脂		1.8～3.5		
アルミナ：（Al_2O_3）	電気絶縁性	35	ポリスチレン	0.16
アルミナを75％充填したエポキシ樹脂		1.4～1.8	ポリ塩化ビニル	0.16
アルミナを50％充填したエポキシ樹脂		0.5～0.7	発泡ポリ塩化ビニル	～0.03
アルミナを25％充填したエポキシ樹脂		0.35～0.5	ポリエチレンテレフタラート	0.14
エポキシ樹脂		0.18～0.27	ポリメタクリル酸メチル	0.19
発泡プラスチック構造		0.017～0.035		
空　気		0.027		
ダイヤモンド		30		
水　晶		10		
ガラス		1		

ト間には空気があることによってさらに熱伝導が悪くなる．したがって，シリンダー内の温度上昇は場所によって大きく異なる．表9・1にこれらの材料の熱伝導率を示した．

シリンダー内の温度分布を図9・3に示した．

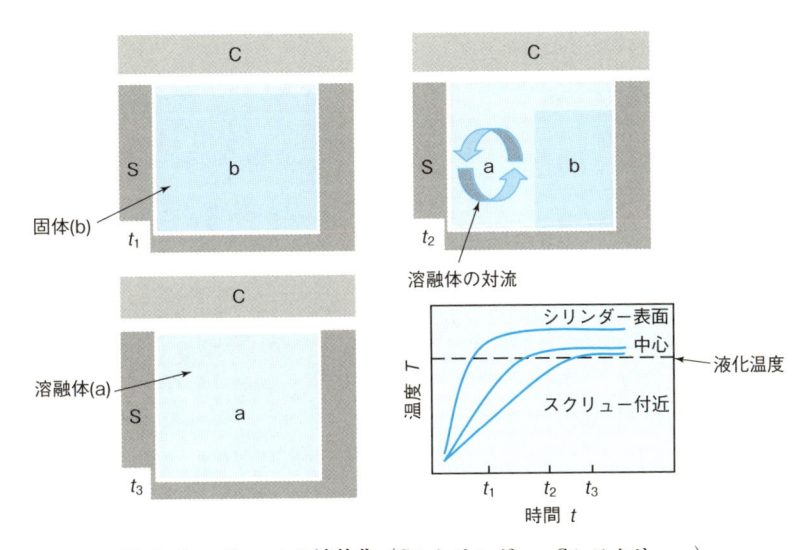

図 9・3 ペレットの液体化（C：シリンダー，S：スクリュー）

図9・3において，液化温度を示しているが，この温度以上になると高分子材料は液体になり，流動が可能となる．スクリュー溝内で，まずシリンダー内壁に近いところから液体となり，つづいてスクリュー表面近くの部分が液体化される．さらに，液体部分の対流によって，しだいに固体部分が少なくなり，やがてスクリュー溝のすべての部分が液体化する．

9・2・2 ガラス転移による液体化

ポリスチレンやポリカーボネートなどの非晶性高分子材料の固体は**ガラス転移点**で液体化する．

ガラス転移点の測定方法には体膨張計による測定やDSC測定がある．体膨張計では，図9・4のように膨張係数の不連続な温度として，ガラス転移点が定義される．

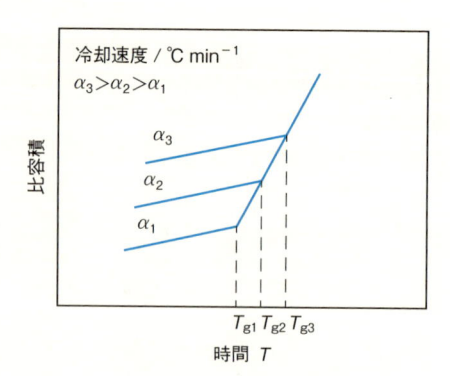

図 9・4 非晶性高分子の異なる冷却速度での体積収縮とガラス転移点

ガラス状高分子固体のガラス転移点は，それを作成するときの冷却条件によって変化する．その様子を図9・4に示している．速い冷却で得られた高分子固体は高い温度になってから流動を開始する．

成形条件によってもガラス転移点は変化する．つまり，高い圧力のもとではガラス転移点は高くなる．高圧下のスクリューの中では，高温になるまで流動化しない．その変化量は 100 MPa で 30 ℃ 程度である．

表9・2には，非晶性高分子材料の標準的なガラス転移点をまとめた．

表 9・2 代表的な高分子の融点 (T_m) とガラス転移点 (T_g) [†1]

高分子名 [†2]	T_m/K	T_g/K	高分子名 [†2]	T_m/K	T_g/K
ポリエチレン	414	145〜243	i ポリプロピレンオキシド	348	198
ポリテトラフルオロエチレン	600	200	ポリエチレンスクシナート	379	272
ポリクロロトリフルオロエチレン	493	325	ポリエチレンテレフタラート	553	342
i ポリプロピレン	461	260	ポリブチレンテレフタラート	518	295
i ポリ(ブタ-1-エン)	413	249	ポリアクリロニトリル	593	383
i ポリ(4-メチルペンタ-1-エン)	523	303	ポリ酢酸ビニル	−	305
			ポリ塩化ビニル	546	354
i ポリスチレン	516	373	ナイロン 6	536	313〜325
a ポリメタクリル酸メチル	−	378	ナイロン 66	553	323
i ポリメタクリル酸メチル	433	311	1,4-*cis*-ポリブタジエン	274	170
ポリビニルアルコール	538	358	1,4-*cis*-ポリイソプレン	309	201
ポリオキシメチレン	457	190	ポリクロロプレン	328〜351	228
ポリエチレンオキシド	344	206	セルロース	−	503

[†1] "基礎高分子科学"，高分子学会編, p.232 (2008) による．
[†2] i: イソタクチック，a: アタクチック

9・2・3 融解による液体化

ポリエチレンやポリプロピレンのような結晶性高分子は,ガラス転移点ではなく,結晶の融解によって液体化する.すなわち**融点**で流動化する.

融点は結晶の自由エネルギーと液体の自由エネルギーの等しい温度と定義され,(9・1)式で表せる.

$$T_\mathrm{m} = \frac{\Delta H}{\Delta S} \tag{9・1}$$

ここで,ΔH は結晶と液体のエンタルピー差であり,ΔS は結晶と液体のエントロピー差である.高分子の一次構造が決まると,融点は (9・1)式によってほぼ予測できる.

また,融点とガラス転移点の間には,

$$T_\mathrm{g} = \frac{1}{2}T_\mathrm{m}\text{(対称性高分子)} \quad \text{または} \quad T_\mathrm{g} = \frac{2}{3}T_\mathrm{m}\text{(非対称性高分子)} \tag{9・2}$$

の関係がある.

融点も体膨張計や示差走査熱量測定(DSC 測定)によって求められる.体膨張計では図 9・5 のように急激な体積の変化と液体特有な一定体膨張係数による体積変化との交点と定義されている.

成形加工条件との関係では,融点も圧力に依存し,ガラス転移点と同様に,100 MPa で 30 ℃ 程度上昇する.

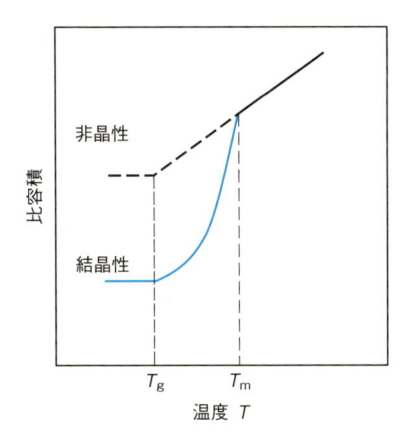

図 9・5 体膨張計による体積変化と融点の測定

9・3 形にする

9・3・1 成形時間と高分子鎖の緩和時間

流動を開始したあとは,溶融体は金型に入る.この時の流動特性は,簡単には2種の物質定数で表すことができる.一つは時間定数であり,もう一つは力学定数である.

物質に固有な時間定数は**緩和時間**とよばれ,前章のマクスウェル(Maxwell)モデルの項で学んだ."形にする"との視点で,緩和時間を考え直してみると,溶融体を金型の中に流し込んだときに,ほぼ金型の形になるまでの時間と定義できる.

緩和時間より短い時間で溶融体を金型に流し込んだときには,図9・6の左側のプロセスを進み,押しつける力を取除くと,溶融体は金型の形にならならず,溶融体独自の丸まった形になる.これに対して,緩和時間よりも長い時間で溶融体を金型に流し込むと,図の右側のプロセスを進み,溶融体は金型の形になる.

(a) 材料の流動

成形力 P — 金型

(b) $P=P_0$

(c) $P=0$ 成形時間が緩和時間よりも短い場合

(d) $P=0$ 成形時間が緩和時間よりも長い場合

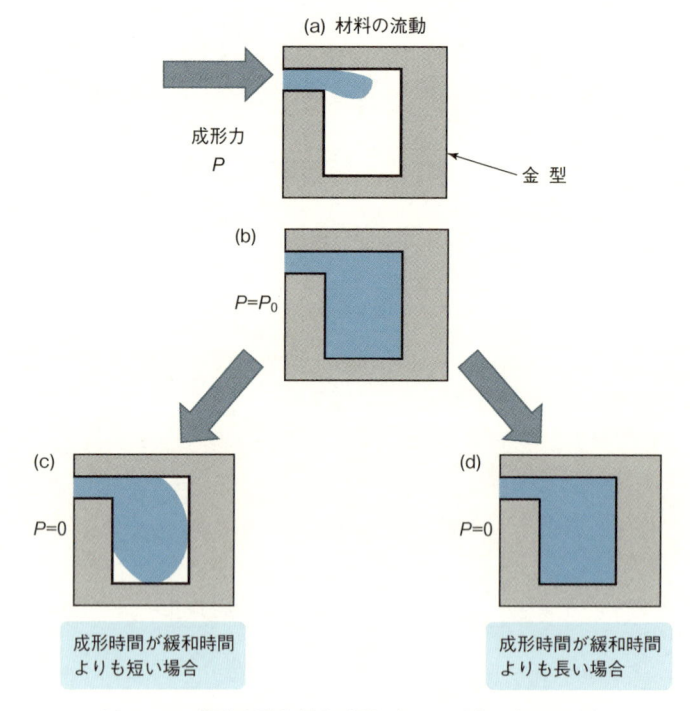

図 9・6 成形時間と緩和時間 (P_0 は所定の射出圧力)

9・3 形にする

　実際の成形加工では，成形加工時の流動と材料の緩和時間との組合わせで，高分子溶融体はさまざまなふるまいをする．したがって，高分子溶融体の流動を考えるときには，まず流動に特徴的な時間はどの程度かを考える必要がある．

　緩和時間が流動時間に比較して十分短いときには，成形加工としてはあまり問題なく，**ニュートン**（Newton）**流体の仮定**が成立する．この場合は緩和時間を考える必要がなく，流動のパラメーターとしては**粘度**のみで十分である．

　高分子材料の加工工程では，ニュートン流体としてのふるまいはむしろ珍しく，緩和時間が流動時間と比較しうる程度か，緩和時間の方が流動時間よりも長いことが多い．この場合には，粘度は時間やひずみ速度に依存することなり，緩和時間が重要となる．このようにして，多くの成形加工での高分子材料の流動特性を表すパラメーターには，粘度（あるいは弾性率）と緩和時間の2種の定数が必須となる．

ニュートン流体

　液体を変形させたとき，変形の時間微分，つまり変形速度が力に比例する．これが 1686 年にニュートンによって発見された法則であり，その比例定数が粘度である．

　このときの流体を**ニュートン流体**，粘度を**ニュートン粘度**と名づけている．

　ニュートンの発見からずいぶん時間が経過してから，このニュートンの法則に従わない液体が多く見いだされたが，実験データは形式的にニュートンの法則を適用していた．そして，定数であるはずの粘度が一定でないとした．このときの流体を**非ニュートン流体**，粘度を**非ニュートン粘度**とよんでいる．

　ニュートン流体と非ニュートン流体の例を図に示した．変形速度によらず粘度が一定の場合がニュートン流体である．一方，粘度が変形速度とともに減少している場合が非ニュートン流体であり，別名 **べき乗則流体**ともよばれている．高分子はべき乗則流体としてふるまうことが多い．

　8 章で述べたマクスウェルモデルでのダッシュポットはニュートン流体を説明している．

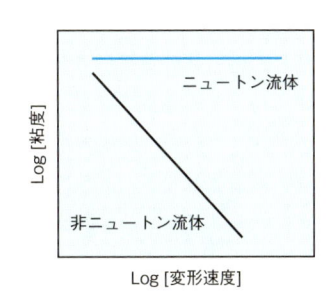

9・3・2　成形機の中での流動と高分子鎖の動き

変形量が小さいときには，粘度は流動様式にはよらない．言い換えると，成形加工工程のどの部分であっても，高分子鎖の形状は流動によっても変形を受けずに，応力とひずみの関係は一次元マクスウェルモデル（Maxwell）で表せる．

変形量が大きくて，ひずみ速度が速くなると，高分子鎖自身も変形するようになり，変形ではなく，流動として取扱う．これに伴って，流動特性は流動様式によって，つまり**せん断流動**か**伸長流動**かによって異なる．

8章では，この変形量の小さいときを扱ったので，せん断変形あるいは伸長変形として述べた．

成形加工工程では，図9・2のように，キャピラリーの内部の流れのように流路の形状が変化しないところではせん断流動が支配的である．一方，キャピラリーを出たあとの自由表面での流れは伸長流動が支配的である．

せん断流動と伸長流動の違いをモデル的に図9・7に示した．

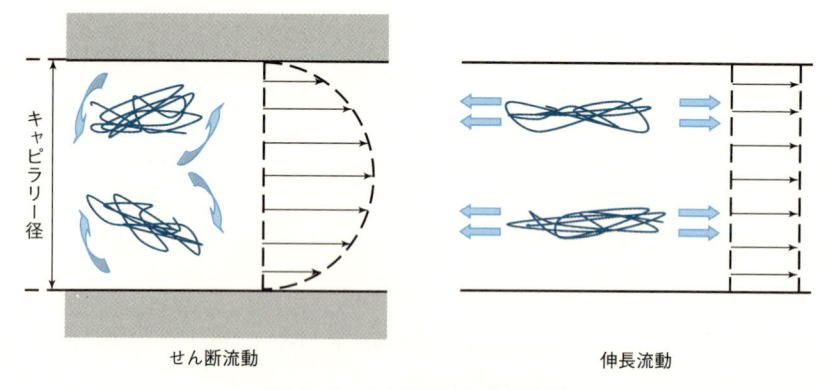

図 9・7　せん断流動と伸長流動

高分子溶融体の典型的な流動特性を図9・8に示した．ここでは，一定ひずみ速度の条件下での粘度の時間依存性を示している．せん断流動（$\dot{\gamma}$）と伸長流動（$\dot{\varepsilon}$）のいずれも，ひずみ速度の小さいとき（$\dot{\gamma}$と$\dot{\varepsilon}$）には同じ曲線となる．

ひずみ速度の大きいときには，粘度はせん断流動と伸長流動とで大きく異なる．

せん断流動では，ひずみ速度を大きくすると粘度は早めに減少し，やがては時間に依存しない定常状態に達する．このときの定常粘度に対してひずみ速度をプロットすると，図9・9になる．ひずみ速度の小さいところでは，高分子溶融体はニュー

9・3 形にする

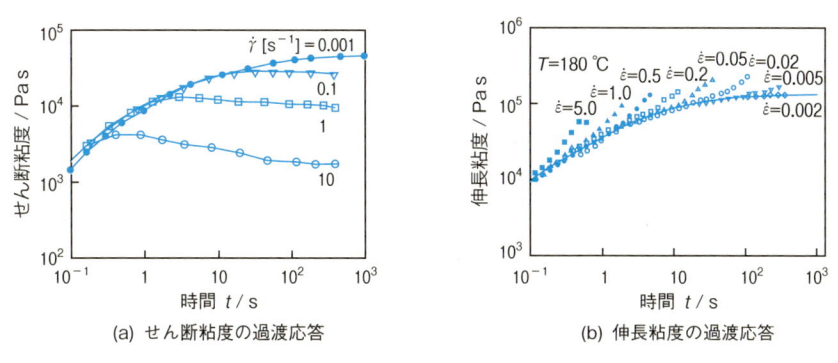

図 9・8 せん断粘度と伸長粘度の時間変化 [(a) Cf.J.Meissner, *J. Appl. Polym. Sci.*, **16**, 2877 (1972). (b) 小山清人, 石塚 修, 日本レオロジー学会誌, **13**, 96 (1985) による]

(a) せん断粘度の過渡応答
(b) 伸長粘度の過渡応答

トン流体としてふるまう.ひずみ速度が大きくなるとニュートン流体の粘度値から小さい方に外れて,いわゆる非ニュートン流体(あるいはべき乗則流体)へと移行する.成形加工工程に多いキャピラリー流動は,この図の高ひずみ速度域に相当する非ニュートン流体の状態で流動させることが多い.ニュートン流体の場合,せん断流動に抵抗する力はキャピラリー径(図9・7)の4乗に反比例する.言い換えると,キャピラリー径がちょっと細くなると高分子溶融体は極端に流れにくくなる.しかし,非ニュートン流体の状態では,高分子溶融体の粘度は高ひずみ速度域で大きく減少し,流れやすくなる.

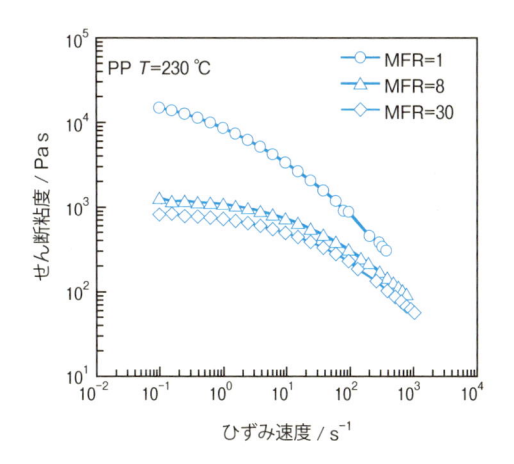

PP: ポリプロピレン
MFR: メルトフロー指数

図 9・9 定常せん断粘度とひずみ速度の関係

この溶融高分子の非ニュートン流体の特徴は射出成形で巧妙に使われている．射出成形では，生産速度を上げるとひずみ速度が上がるが，射出圧はあまり変化しない．射出成形に必要な電気エネルギーはおもに射出圧に関係しており，エネルギーコストの上昇を抑えることとなっている．

一方，伸長流動では，図9・8(b)のように高分子溶融体の粘度はひずみ速度の増加とともに，早めに粘度上昇を始める．ひずみの大きい部分でも定常状態に達することは困難である．高分子鎖はひずみの増加とともにどんどん伸ばされていくのが伸長流動の特徴である．これらの特徴はせん断流動とは大きく異なる．

9・3・3 "形にする"過程の実際

上記のようなふるまいをする高分子を，所定の形状に精度良くかつ高速に成形するために，図9・10のような実際の成形加工では種々の形にするプロセスが用いられている．ここでは，これらを高分子に生じる現象の観点から分類する．

A 成形力の印加方法からみた"形にする"過程

形にする工程において，高分子溶融体に，外力（成形力）を加える．したがって，成形力を印加する方法によって，成形力が直接高分子材料を変形させる方法と，高分子溶融体内を伝播する力によって成形する方法とに分けて考えることができる．

a. 成形力が直接的に材料を変形させる方法　高分子溶融体に直接成形力を付加し，型の形に成形する方法があり，これらにはプレス成形，真空成形，ブロー成形などがある．

プレス成形や真空成形ではフィルム状の高分子溶融体を型に押しつけて形を作る．ブロー成形では，パリソンとよばれる筒状の流動性の高分子溶融体を型内に押出し，それを圧搾空気で型に押し広げて形を作る．

これらの方法では，型の圧縮力や流体圧力は高分子材料を変形させるための成形力として直接作用するため，大きな成形品や複雑な形状の成形品を得るのに適した方法である．特に，ブロー成形や真空成形のように流体圧力で材料を型表面に押しつける方法は，成形品の大きさにもかかわらず一定の大きさの成形力を印加できる点で薄肉・大型の成形品の製造に適している．

b. 材料内を伝播する力によって成形する方法　高分子溶融体に印加する力が溶融体内の伝播によって生ずる力によって成形を行う方法もある．具体的に射出成形，押出成形，フィルム成形，および溶融紡糸などがある．

9・3 形にする

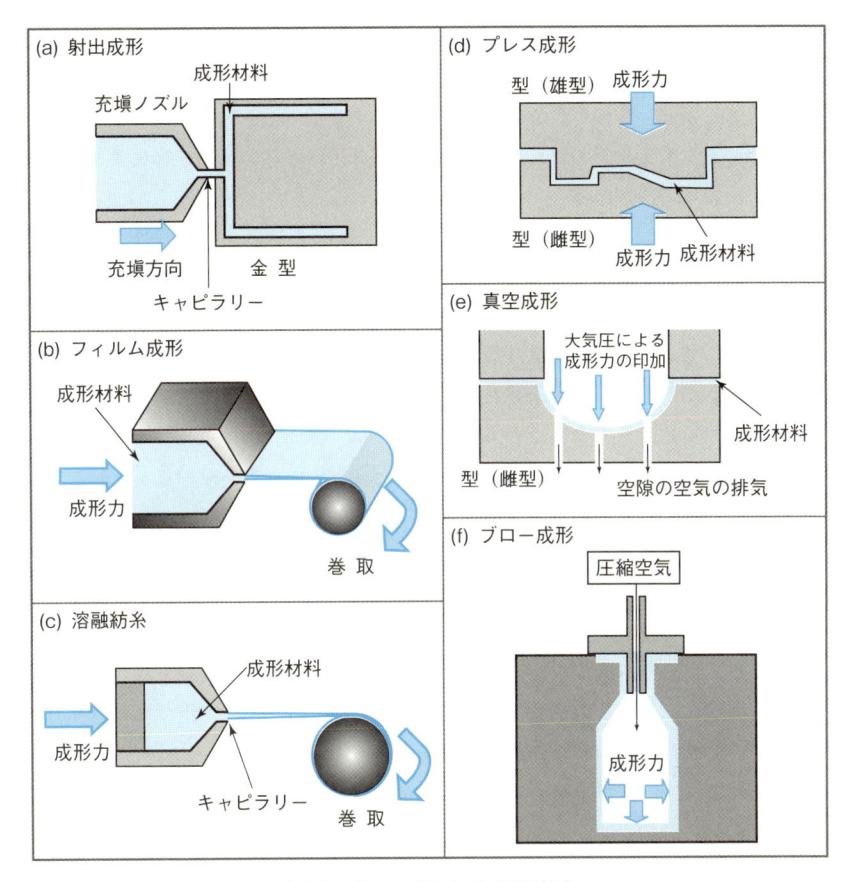

```
(a) 射出成形
    充填ノズル　成形材料
    充填方向　金型　キャピラリー

(b) フィルム成形
    成形材料
    成形力　巻取

(c) 溶融紡糸
    成形材料
    成形力　キャピラリー　巻取

(d) プレス成形
    型（雄型）　成形力
    型（雌型）　成形力　成形材料

(e) 真空成形
    大気圧による成形力の印加
    成形材料
    型（雌型）　空隙の空気の排気

(f) ブロー成形
    圧縮空気
    成形力
```

図 9・10 いろいろな成形方法

射出成形では，キャピラリーから押し出された高分子溶融体は，製品形状に相当する閉じた空間（キャビティー）に押し込まれる．キャピラリーに加えられた力が，材料を伝播してキャビティーの形状を高分子溶融体に転写している．

押出成形（図 9・1 参照）は高分子材料の成形方法としては最も基礎的な方法である．スクリュー表面と高分子溶融体との摩擦によって発生した押出圧力で口金の型内に溶融体を押しつけ，押し出す．これによって形をつける．この方法で，口金の型が異なるものとして溶融紡糸とフィルム成形とがある．**溶融紡糸**では，小さな円形状の穴からなる口金を型として使用する．**フィルム成形**では，スリット状の隙間からなる口金を型として使用する．

B 形状を決定する手段からみた"形にする"過程

成形力によって，型に流し込まれた高分子溶融体が最終製品の形になる具体的方法を考えてみよう．型の形によって製品形状が決まる方法，口金の形によって主たる形状が決まる方法，そして，口金から出た高分子溶融体の自由変形によって製品の形状が決まる方法がある．

a. 型によって製品形状が決まる方法 真空成形やブロー成形では，成形力は型面の法線方向から高分子溶融体に付加される．したがって，小さな力で良好に形状を作れる．

これに対して，射出成形では，成形力は高分子溶融体自身を通じて，型に押しつけられる．したがって，高分子材料の流動特性と圧力分布などが製品形状を決めるのに重要な因子となる．このため，射出成形では，**保圧**とよばれている手段が使われる．これは，型内に高分子溶融体を注入した後も，成形力をそのまま保持し続ける．これによって，形状の付与をより確実にする．

b. 主として口金によって製品形状が決まる方法 高分子溶融体を型としての口金から押し出すことによって，製品形状を連続的に転写して一様な断面形状をもつ棒あるいは管を成形する方法があり，その代表が押出成形である．

成形の際，高分子溶融体を伝播して口金に押し込むのは射出成形と同様だが，静止状態で金型に高分子溶融体を押しつける射出成形に対して，押出成形では高分子溶融体が口金を移動しながら製品形状を形づくる．

押出成形では，口金で形づくる時間は非常に短時間であり，外部に出てから口金の形よりも膨らむのが高分子では一般的である．図 9・2 に示すように押し出された溶液高分子はキャピラリー径より大きくなる．この現象は**バラス効果**とよばれ，高分子の非線形レオロジー現象の一つの典型例である．口金の入り口と口金内の流れによって，引き伸ばされた高分子鎖が，口金から出たあとに糸まり状に縮もうとする力がバラス効果の原因である．

生産速度を増すために，押出速度を増加させると，成形された製品の表面が不規則になる．これは高分子溶融体の緩和時間よりも早く押し出した場合である．

c. 主として材料の自由変形によって製品形状が決まる方法 押出によって仮に形作られた高分子溶融体を，口金を出たあとの伸長変形で製品の形にする方法として溶融紡糸とフィルム成形とがある．

これらの成形方法では，高分子材料の製品側から伸長応力を加え，高分子材料を通して成形力を伝播させている．成形力の伝播の点で，これらの成形方法は射出成

形と同じであるが，射出成形は型への圧縮なのに対して，紡糸・フィルム成形では自由表面状態での伸長である．そのため，製品の形状精度は高分子溶融体の自由変形の程度，すなわち成形途上にある高分子溶融体の流動性の程度によって支配される．

高分子鎖は自由表面では効果的に引き伸ばされる．すなわち，溶融紡糸やフィルム成形で得られた製品内での高分子鎖は引き伸ばされた状態にあることが多い．この引き伸ばされる程度は配向度として表され，製品の配向度は製品が固化するときの応力で決まる．

9・4 固める
9・4・1 高分子材料の温度降下
型によって形づくられた溶融高分子は冷却されて固体化する．冷却には金型を通して冷却する方法と，冷却媒体によって冷却する方法とがある．

金型によって冷却されるとき，高分子溶融体は金型と接触することによって冷えた金型へ放熱する．金型と高分子溶融体との間に空気層があると，冷却が悪くなる．特に，固化前後で，高分子材料は冷却によって収縮するので，接触不良を起こしやすい．したがって，高分子溶融体に圧力を付加して，接触を良くするのが一般的である．射出成形や真空成形がその例である．

一方，気体あるいは液体などの媒体を通して冷却する場合には，冷却媒体との境界層が重要となる．境界層での伝熱は媒体と高分子溶融体との相対速度が支配因子である．押出成形，溶融紡糸やフィルム成形がその例である．

9・4・2 非晶性高分子材料の固化
非晶性高分子材料を溶融状態から冷却すると，ガラス転移点で固化する．高分子鎖の立場からガラス転移点を考えると，液体状態では，1本の高分子鎖の重心の移動，すなわちマクロブラウン運動が可能であり，絡み合い状態も常に変化している．さらに，高分子鎖の局所的な運動も活発である．その状態から温度を下げると，まずマクロなブラウン運動が止まり，流動性がなくなる．さらに温度を下げるとミクロなブラウン運動も止まり，ガラス化する．これが**ガラス転移点**である．

A 冷却速度の影響

ガラス転移点への冷却速度の影響を図9・4に示した.

速い冷却速度でガラス化した場合には，固化温度は高温となり，比容積の大きなガラス状態となる．遅く冷却すると，低温まで固化せず，固化後のガラス状態は密度の大きなガラス状態となる．

B 圧力の影響

圧力が異なる条件でガラス化したときの比容積の変化を図9・11に示した．

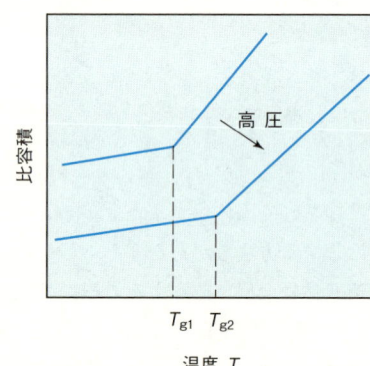

図 9・11 圧力による体積収縮とガラス転移点の変化

高圧下でガラス化すると，高温で固化し，小さな比容積のガラス状態が得られる．これに対して，低圧でガラス化すると，低温になってから固化し，小さな密度のガラス状態が得られる．

C 非晶性高分子成形品の構造と物性

図9・12のように成形品の表面層と中心層との固化前後の物性値の比較をしてみよう．

溶融した高分子は，時間 t_0 で充填を完了する．

金型内では，成形品の表面層の方が中心層よりも速く冷える．溶融体の温度がガラス転移点に到達すると固化するので，表面層は中心層よりも早い時間で，しかも高温で固化することとなる．表面層が固化したときの中心部の溶融体もガラス転移点に近づいている．その溶融体はWLF則に従って，すでに高粘度になっている．つまり，非晶性高分子の成形品は表面が固化したときに取出しても，その取扱いによって成形品が大きく変形することはない．

さらに、比容積で考えてみると、表面層が固化したときの比容積は、未固化の中心層の比容積と比較して、あまり大きな差はない。つまり、肉厚の製品を成形しても中心部の熱収縮による空洞化などは発生しにくい。さらに、成形品の表面の**ヒケ**（成形不良）とよばれている沈み込みなども少ない。

成形品全体での収縮率の差も小さいので、成形品の**ソリ**（成形不良）とよばれる変形も少なく、成形が比較的容易である。

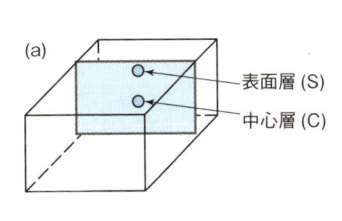

図9・12　成形品の表面層と中心層(a)の成形時固化までの温度(b)，粘度(c)，比容積(d)の変化

9・4・3　結晶性高分子材料の固化

多くの結晶性高分子材料はガラス転移点と融点の間で固化する。その固化温度を**結晶化温度**とよぶ。結晶化温度は成形条件によって大きく変化し、材料に特有な温度ではない。

A 結晶性高分子の結晶化

融点よりも高温では、高分子は均一な液体となっているが、温度を融点に近づけると、液体中から結晶核のたまごができたり消えたりしている状態となる。これは

微結晶の表面が発生することによる不安定性（表面エネルギー）と，結晶核のたまごの中で分子鎖が並んだことによる安定性（内部エネルギー）とがバランスしている状態，あるいは表面の不安定性が勝っている状態である．

さらに温度を下げると，結晶核のたまごの中で，たまたまある臨界大きさの結晶核にまで成長したものが発生する．いったんたまごが結晶核にまで成長すると，表面エネルギーの不安定性より内部エネルギーの安定性の方が優勢となり，もう消えることはない．これが結晶核生成過程であり，その速度 $\dot{N}$ は図 9·13 のように，結晶核数の時間微分係数として求められる．

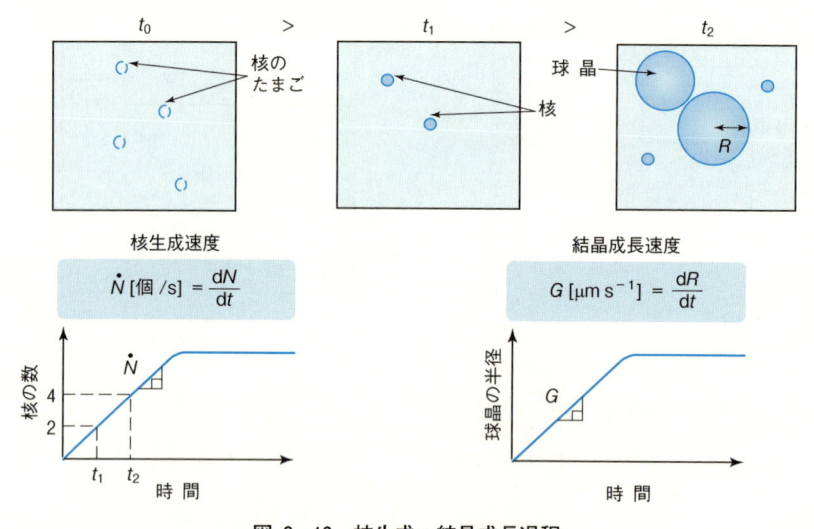

図 9·13 核生成・結晶成長過程

さらにこの結晶核が大きく成長し，結晶化が進行し，固化へとつながる．このときの結晶成長速度 G は結晶の大きさの微分係数として求められる．

これらは，アブラミ（Avrami）によって幾何学的に解析され，**相対結晶化度**（$X(t)/X(\infty)$）は (9·3) 式で整理されている．

$$\frac{X(t)}{X(\infty)} = 1 - \exp(-kt^n) \tag{9·3}$$

ここで，X は**結晶化度**で，k は**結晶化速度定数**である．n は**アブラミ指数**とよばれ，結晶核形成と結晶成長形態によって変わる定数である．表 9·3 に結晶形態とアブラミ指数の関係を示す．

表 9・3 アブラミ指数と結晶形態

成長様式	アブラミ指数	
	均一核生成	不均一核生成
三次元（球状）	4	3
二次元（円盤状）	3	2
一次元（円柱状）	2	1

結晶化速度定数は，上記の結晶成長メカニズムを考えると (9・4)式で表せる．

$$k = \frac{4}{3}G^3\dot{N} \tag{9・4}$$

ここで，結晶核成長速度定数 $\dot{N}$ と結晶成長速度定数 G の温度依存性は (9・5)式で表せる．

$$\dot{N} = \dot{N}_0 \exp\left(-\frac{\Delta E}{RT} - \frac{\Delta F'}{RT}\right) \tag{9・5a}$$

$$G = G_0 \exp\left(-\frac{\Delta E}{RT} - \frac{\Delta F''}{RT}\right) \tag{9・5b}$$

ここで，$\dot{N}_0$, G_0 は物質定数であり，ΔE は活性化エネルギー，$\Delta F'$, $\Delta F''$ は自由エネルギーである．

(9・4), (9・5a), (9・5b)式によって求められる結晶化速度定数の温度依存性は，図9・14のように，ガラス転移点と融点の間に最大値をもつ釣り鐘状の曲線となる．

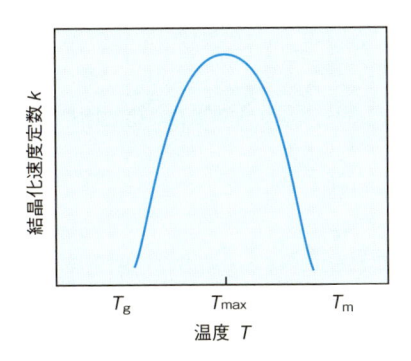

図 9・14 結晶化速度定数の温度依存性

B 冷却速度の影響

　結晶性高分子材料の結晶化速度よりも早い速度で冷却すると，高分子材料は結晶化せずにガラス転移点で固化し，ガラス状態の製品が得られる．これに対して，高分子材料の結晶化速度よりも十分に遅い速度で冷却すると，ガラス転移点よりも融点に近い温度で結晶化する．上記結晶化速度定数と冷却速度の競合作用によって，この中間の状態で，さまざまな温度で固化することとなる．これが結晶性高分子材料の成形加工を難しくしている一つの理由である．

　図9・15にポリプロピレンの結晶化に対する冷却速度の影響の結果を示した．実験データは毎分1℃の冷却の場合のみを示しているが，計算では毎分100℃の冷却までの結果を示している．このような速い冷却速度での正確な実験値を得ることは，熱伝導率が小さい高分子材料では難しい．実際の成形加工の製品の表面はこの程度の冷却速度で冷却されている．

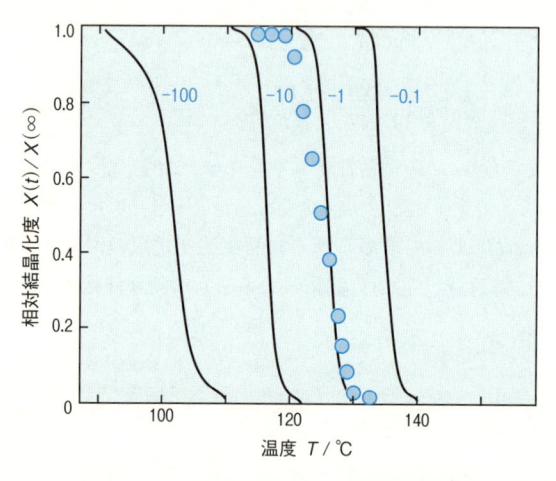

図9・15　ポリプロピレンの非等温結晶化に対する冷却速度の影響

C 圧力の影響

　冷却で結晶化を制御できるが，材料の結晶化速度定数は冷却速度には影響されない．ところが，圧力変化は結晶化速度定数自身を変化させる．

　前節で示したように，結晶化はガラス転移点以上，融点以下で起こる．ところが，ガラス転移点も融点も圧力の増加によって，上昇する．したがって，結晶化温度は

圧力下では高温側にシフトし，場合によっては通常の融点より高温で結晶化することとなる．特に，射出成形などでは高圧下で固化するので，融点以上で結晶化していることがある．

図9・16はさまざまな圧力下での結晶化の実験値と計算値を示している．ここで，冷却速度は毎分1℃と固定している．

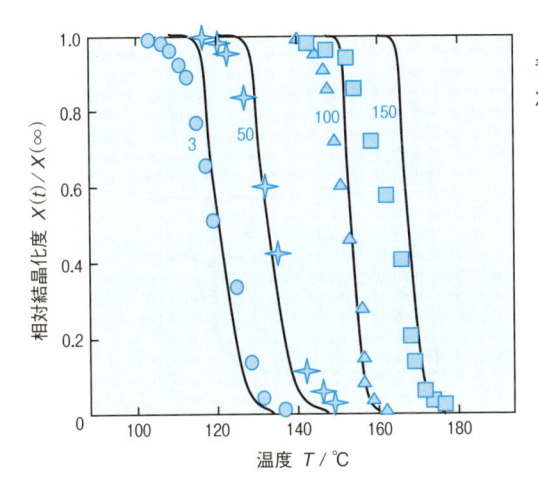

図 9・16 ポリプロピレンの非等温結晶化に対する圧力の影響

D 応力の影響

非晶性高分子材料の固化に対する応力の影響は，現時点では不明である．結晶性高分子材料の固化に対する応力の影響はよく研究されている．つまり，ガラス転移点は流動応力下でどのように変化するかは知られていないが，融点は流動応力下で上昇することはよく知られている．

成形加工中の"流す"過程と"形にする"過程で，高分子鎖は流動によって引き伸ばされる．ここで，流動に必要な応力と高分子鎖の伸びる程度とは1対1の関係にある．応力が小さいときには高分子鎖は伸びていないし，応力が大きいときには高分子鎖は大きく伸びて，配向している．

高分子鎖が配向した液体では，系の自由エネルギーが減少して，融点が上昇する．その結果，結晶化温度も上昇することとなる．溶融紡糸などの大きな応力下での結晶化は，通常の融点よりも高い温度で発生することもしばしばである．

図 9・17 には伸長ひずみ速度を大きく変化させたときの結晶化に必要な時間を示している。伸長ひずみ速度が小さいときは，ほぼ静置下での結晶化開始時間と同じで，100 秒ほどで結晶化が開始しているが，ひずみ速度が $500\,\mathrm{s}^{-1}$ と速くなると，0.01 秒以下と非常に短時間で結晶化する。

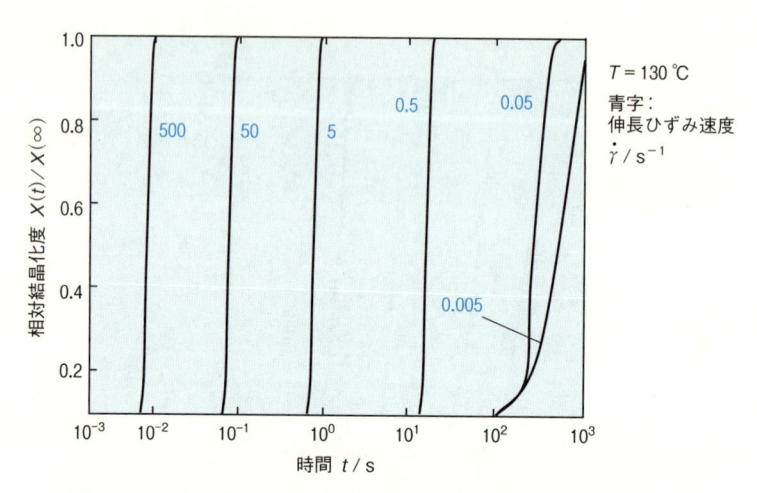

図 9・17　ポリプロピレンの伸長流動での結晶化シミュレーション

E 結晶性高分子成形品の構造と物性

結晶性高分子材料の成形加工における形状固定は，非晶性高分子材料の場合よりも難しい。そのおもな理由はつぎの 3 点である。

① 固化前後の体積変化が大きい。
② 固化の温度が成形条件によって大きく変化する。
③ 固化が始まっても，製品全体の粘度や弾性率が大きくなるとは限らない。

粘度と比容積の温度変化で ① と ③ の状態を図 9・18 に示した。結晶性高分子材料の場合には，液体状態では非晶性高分子材料と同じ比容積であるが，結晶化が始まると，比容積は大きく減少する。このとき，成形品は結晶化前後で大きく体積変化することになる。図 9・18 に示したように，結晶化前後での体積収縮は成形品の部位によっても異なる。極端な場合には，ガラス化と同じ体積収縮しかしない場所が発生する可能性もある。

そこで，この固化前後の体積変化が成形品にどのように影響するかが問題となる．今，図9・18 (a) のような肉厚の成形品の断面を考える．

このときの温度変化を非晶性高分子材料の場合と対比して考えると，図9・18 (b) のようになる．結晶化は発熱を伴うので，結晶化しているところで，冷却が一時停止，あるいは上昇することとなる．

成形品の表面層と中心層の粘度の変化を図9・18 (c) に示した．表面部分が速く結晶化し，粘度が大きくなり始め，少しの時間を経過してから急激に固化する．もう一つの特徴は表面部分が固化したあとも，中心部の粘度は結晶化が始まるまであまり変化せず，柔らかく，高分子鎖の重心が動きやすい状態を保ったままである．この点が非晶性高分子材料の固化との大きな差である．

このときの体積収縮は図9・18 (d) に示したとおりである．表面層に着目すると，結晶化開始後，直ちに大きな体積収縮を起こす．その結晶化によって外形が決まる．さらに，表面から内側部分が結晶化することとなり，その体積収縮をどこかが補わなければならないのだが，それを分担するのは中心層の高分子溶融体であ

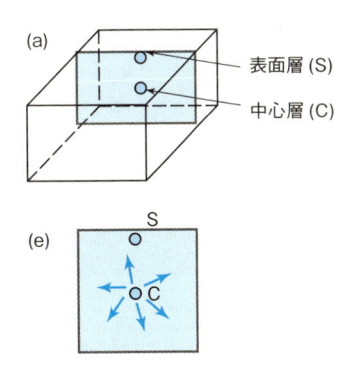

図 9・18 結晶性高分子の表面と中心層(a)の結晶化前後での温度(b)，粘度(c)，比容積(d)の変化

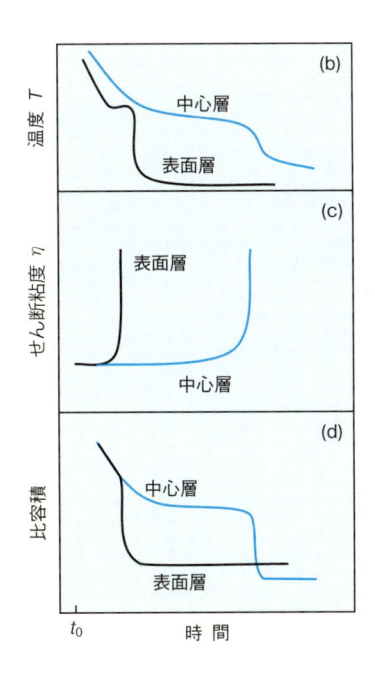

る．中心層の未結晶化部分での高分子鎖は動きやすい状態にある．そこで，中心層の高分子鎖は結晶化しつつある表面側へと動く．そうすると，中心層の高分子鎖が存在しなくなる．これが結晶性高分子材料の肉厚成形品で中心部に気泡が発生しやすい理由である．

10

高分子の電気的・光学的性質とその表面の性質

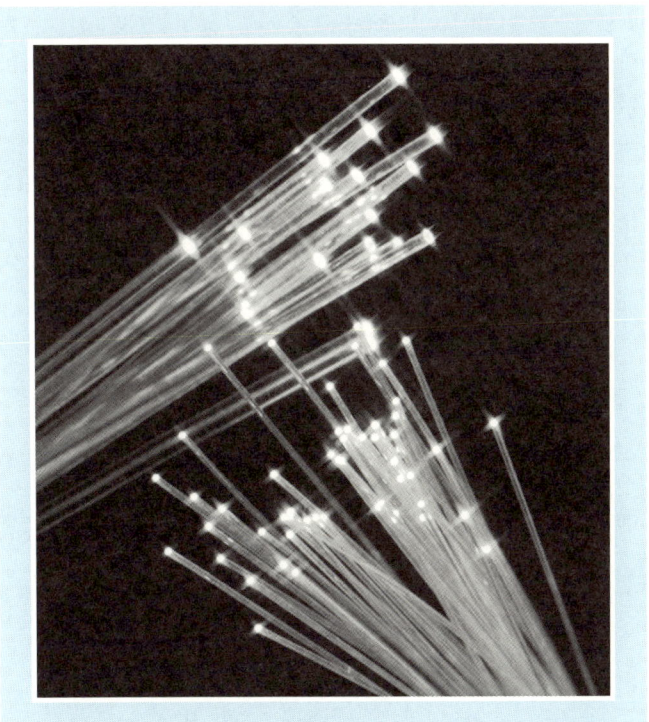

ポリメタクリル酸エステル樹脂を主原料としたプラスチック光ファイバー．曲げやすく，接続も容易なマルチモード光ファイバーとして，近距離用に利用が広がっている．
[三菱レイヨン（株）提供]

10. 高分子の電気的・光学的性質とその表面の性質

高分子材料が日常の生活用品や工業製品などさまざまな分野で使用されるには，その高分子材料のもつ性質が使用条件での要求に見合っている必要がある．プラスチックを中心とする構造材料やフィルム，繊維などでは，高分子の力学的性質が基本となっており，その特徴は第8章で学んだ．科学技術の進歩とともに高分子材料の用途が広がるにつれて，電気的性質や光学的性質，表面物性など，力学物性以外の性質も重要になってきている．第10章では，高分子材料のこれらの性質の特徴を，高分子以外の材料と比較しながら学ぶ．

10・1 高分子の電気的性質

通常のポリマー材料は電気的には絶縁体である．ポリエチレンは，第2次世界大戦の少し前に電線の被覆材料として開発が進んだことはよく知られており，人類が初めて手にしたプラスチックであるフェノール樹脂は，電球のソケットとして使用された．20世紀後半になり，有機物質で導電性を示す電荷移動錯体が見いだされ，1970年代には白川英樹ら（2000年ノーベル化学賞受賞）の電解重合法によるヨウ素ドープ化ポリアセチレンフィルムの作製とその導電性の発見があって，その後導電性高分子の研究が進み，今日では高分子の電気的性質や光学的性質がスマートフォンの部材として利用されるようになった（口絵5参照）．高分子は，絶縁体から金属に匹敵する導体まで導電率で20桁にもわたる広い電気物性を示し，材料としての可能性が広がっている．さまざまな物質の導電率 σ（単位は S cm^{-1} で体積

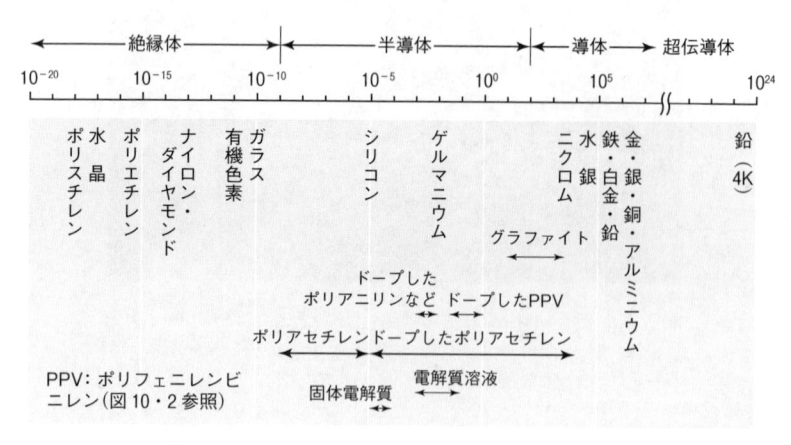

図 10・1 いろいろな物質の導電率 $(\sigma/\mathrm{S\,cm^{-1}})$

抵抗率 ρ の逆数）を図 10・1 にまとめておく．ここで S はシーメンスであり，電気抵抗 Ω（オーム）の逆数である．

10・1・1 導 電 性

電気を通す物質には，金属のように電子の移動による電子伝導体と電解質溶液のようにイオンが動くことにより電気が流れるイオン伝導体がある．いずれにしても，電気の流れやすさを示す**導電率** σ ［単位: $S\,cm^{-1}$ (S: シーメンス)］は，(10・1)式のように，単位体積当たりの電荷キャリヤーの数 n_i $[cm^{-3}]$，電荷キャリヤー 1 個当たりの電気量 q_i $[C]$，電荷キャリヤーの単位電場当たりの移動速度を示す移動度 μ_i $[cm^2\,V^{-1}\,s^{-1}]$ の積で表される．

$$\sigma = \sum_i n_i q_i \mu_i \qquad (10 \cdot 1)$$

ここで i はキャリヤーの種類を示し，電子，ホール（空孔），あるいはカチオン，アニオンである．

固体金属では，バンド理論によれば，価電子は導電帯にあるので固体内を自由に移動できる自由電子となり，そのキャリヤー移動度は $\mu = 10^2 \sim 10^3\,cm^2\,V^{-1}\,s^{-1}$ である．一方，電解液など電池用のイオン伝導体では移動度は小さく $10^{-4}\,cm^2\,V^{-1}\,s^{-1}$ 程度となり，したがって導電率も金属に比べて 6〜7 桁小さくなる．

有機高分子材料では，分子構造の制御とそれにドープすることにより，絶縁体から半導体，導体まで，導電率で 10^{-18} から $10^5\,S\,cm^{-1}$ と広い範囲をカバーできる．ここでドープとは，少量の不純物の添加によりキャリヤー濃度を調整することである．これらの高分子をそれぞれの導電機構に従って分類すると，

❶ ほとんど電荷キャリヤーをもたない絶縁体
❷ 高分子絶縁体をマトリックスとして導電性物質（カーボンブラックなど）でできたフィラー（充塡剤）との混合組成により作られた導電材料．
❸ イオン性キャリヤーによる導体
❹ 電子性キャリヤーによる半導体，導体

となる．なかでも，❷ の導電材料には多くの実用例がある．この場合には，電荷の移動は導電性フィラーの接触によるものがほとんどである．

一方，ポリエチレンオキシド（PEO）のような金属と配位結合をつくりやすい高分子では，金属塩電解質と混合して安定化組成を調整すれば，このイオン種が電荷キャリヤーのはたらきをして ❸ となり，$10^{-5} \sim 10^{-4}\,S\,cm^{-1}$ の導電率が得られ

ている.

ペルフルオロポリエチレンスルホン酸は，高分子電解質で加熱押出成形により薄膜化でき，イオン交換膜として食塩電気分解プラントに使用されてきたが，最近では，燃料電池で多孔性アノードと多孔性カソードの間をつないでプロトン移動を行うイオン交換膜として利用されている．イオン電導率は $\sigma = 10^{-1}\, \mathrm{S\,cm^{-1}}$ 程度に達する．ポリエーテルケトンなどの主鎖芳香環ポリマーにスルホン酸基を導入した炭化水素系高分子電解質も燃料電池用に研究されている.

❹ の電子キャリヤーにより半導体や導体となりうる高分子としては，ポリアセチレンを始めとして，ポリアニリン，ポリピロール，ポリチオフェン，ポリフルオレン，ポリフェニレンビニレンなどの芳香族共役ポリマーやそれらの誘導体が知られている．ポリアセチレンの場合ドーパントの種類や濃度を変えると σ は7桁以上も変化する．おもな導電性高分子の化学構造を図10・2にまとめた．芳香族共役ポリマーではアルキル基の長さを変えると結晶構造が変化し，導電率が大きく変わるので，分子設計が重要になる．**π電子共役ポリマー**の導電機構は，π電子軌道の共役の増加により，π電子の最高被占軌道（HOMO）と最低空軌道（LUMO）のエネルギー差が小さくなり，電子ドナーあるいは電子アクセプターの添加でπ共

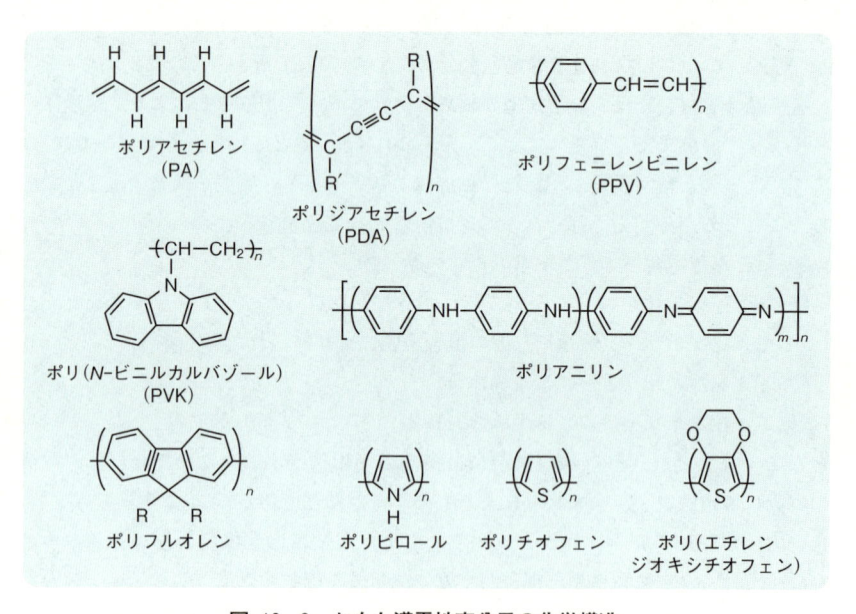

図 10・2　おもな導電性高分子の化学構造

役ポリマーの LUMO に電子あるいは HOMO にホール（正孔）を注入して，移動度の高い π 電子を電子伝導キャリヤーとすることによっている．しかし，1 本の完全な π 共役高分子鎖中では π 電子は金属的な電子伝導が起こるとしても，高分子鎖間や高分子の結合欠陥部では電子が異なるエネルギー準位間を跳躍して伝導しなくてはならない（ホッピング伝導）となるので，π 共役高分子の実際の導電率はほとんどの場合半導体的な挙動となり，金属の導電率とは異なって，温度上昇とともに導電率は増大する．

　液晶ディスプレイや携帯電話などの新しい電子情報機器の利用が進むとともに，**薄膜トランジスター（TFT）** 材料としての有機半導体や導電性高分子が注目されている．**有機 TFT** の原理は，図 10・3 のように，ソース電極とドレイン電極の間の電流をゲート電圧により制御する電界効果トランジスター（FET）の半導体部分に有機薄膜を使用したもので，フレキシブルディスプレイや IC タグなどに利用できる．ペンタセン，グラフェン，オリゴチオフェンなどの有機薄膜とともに，ポリアルキルチオフェンやポリフルオレンの塗布膜が研究されている．ペンタセン薄膜では $\mu = 1.4\,\mathrm{cm^2\,V^{-1}\,s^{-1}}$ が報告されている．

　有機 EL 素子（§10・2・4）や光導電材料にも導電性高分子が電荷キャリヤーとして使用されている．

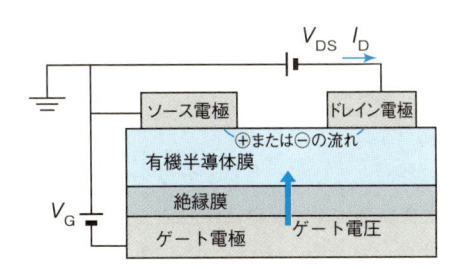

ソース電極とドレイン電極の間に電圧 V_{DS} をかけてキャリヤーを注入し，ゲート電圧 V_G により流れるキャリヤー量（電流 I_D）を制御（on/off）する

図 10・3　有機 TFT（薄膜トランジスター）の原理

10・1・2　誘電率と誘電分散

　通常の高分子材料は図 10・1 に示したように，導電率は $10^{-9}\,\mathrm{S\,cm^{-1}}$ 以下であり，電気絶縁材料として利用されてきた．しかしこれらの**電気絶縁性**には周波数依存性があり，特にエレクトロニクス分野での高周波電流に対しては絶縁体としては

挙動しないポリマーも多数ある．この節では，高分子の電気絶縁性，すなわち**誘電率の周波数依存性（誘電分散）**について，ポリマーの分子構造との関係を考える．

フィルム状の誘電体ポリマー試料を電極板の間にはさみ，直流電圧を印加すると，電流は最初瞬間的に流れるが，直ちに減少して正常値に戻る．このとき印加された電圧は，高分子を構成する各原子間に局在化している電子を平衡状態から変位させて分極をつくるほか，正や負に帯電した原子，イオン，原子団に作用してそれぞれの分極をつくる．さらに永久双極子をもつ構成単位に対してはこれらを電場方向に配向させるためにも使われる．直流電流の場合，電場を取除くと，それまで平衡状態からの変位によってつくられていた分極は，平衡状態に戻ることによって解消する．それぞれの構成単位は，つぎの4種類の分極に関係する．

a. 電子分極 P_E　高分子固体内の各原子間に局在化している電子が平衡状態よりも正極側へひかれて変位を生じ，分極して双極子をつくるもので，その緩和時間は 10^{-15} s 程度である．したがって交流電場の変化に対する応答も 10^{-15} s 程度で生じる．

b. 原子分極 P_A　高分子の固体中の正，負の電荷をもって分布している原子やイオンが，負や正の電極方向に引張られて平衡状態からの変位を生じ，分極して双極子をつくるもので 10^{-13} s 程度の緩和時間をもつ．

c. 永久双極子配向分極 P_P　分子内の極性基がすでに分極して永久双極子をつくっている場合，これらの双極子が電場方向に回転，配向する効果をもつ分極．

d. 界面分極 P_I　可塑剤その他の充填剤を含む高分子混合系やブロック共重合体やポリマーブレンドなどのミクロ相分離ポリマー系で，不均一系であるための界面がつくられ，この界面との電荷の蓄積が分極をつくる．

誘電率 ε は，電気変位（電束密度）D と電場 E との間の比例係数として

$$D = \varepsilon E \qquad (10 \cdot 2)$$

のように定義される．一対の電極間に誘電体試料を挿入するとコンデンサーとなり，印加電圧 V と電極上の電荷 Q との比としてこのコンデンサーの容量 $C=Q/V$ が測定できる．誘電率 ε は，電極間が真空または空気であるときの同じコンデンサーの容量 C_0 との比として

$$\varepsilon = \frac{C}{C_0} \qquad (10 \cdot 3)$$

で求めることができる．これは，電極間に置かれた誘電体に蓄えられる電荷の増加分の尺度でもある．

電気絶縁性の高分子試料に交流電場 $E=V/L$（L は平行板電極間の間隔）をかけたときの電気変位 $D=Q/A$（A は電極面積）を測定すると，**複素誘電率** $\varepsilon^*=\varepsilon'-\mathrm{i}\varepsilon''$ が求められる．ここで ε' は誘電率の実部または単に**誘電率**，ε'' は**誘電損失**とよび，ε'' の ε' に対する比 $\tan\delta=\varepsilon''/\varepsilon'$ を**誘電正接**とよぶ．交流電場の周波数を大きくしていくと，極性ポリマーの分子鎖内の双極子の回転，配向が変動する電場の方向に追随できなくなったときには，双極子の動きは電場に対して位相の遅れを生じ，そのため電場のエネルギーの損失が生じる．これが誘電損失 ε'' の生じる理由である．

10・1・3　圧電性，強誘電性，焦電性

誘電性物質に圧力を加えると，双極子が変化して電気分極が生じ，逆に電場を加えると変形することがある．これを**圧電性**という．非対称な自発永久分極をもつ極性結晶にみられる現象である．

圧電性を示す物質は，力学的信号を電気信号に変換するセンサーや逆の変換をするアクチュエーターに用いられる．水晶（圧電定数 $d_{31}=2.0\,\mathrm{pC\,N^{-1}}$（ピコクーロン/ニュートン））などの結晶，チタン酸ジルコン酸鉛（PZT, $d_{31}=150\,\mathrm{pC\,N^{-1}}$）やチタン酸バリウム（$BaTiO_3$, $d_{31}=78\,\mathrm{pC\,N^{-1}}$）などの強誘電性セラミックスが代表的物質として知られている．高分子の場合には，2種類のタイプがある．極性高分子を高温で動きやすくしたあと，電場を加えて双極子の方向をそろえ，自発分極を誘起したあと冷却してそれを固化するポーリングにより電界処理をした，ポリフッ化ビニリデン（PVDF, $d_{31}=40\,\mathrm{pC\,N^{-1}}$）やフッ化ビニリデン/トリフルオロエチレン共重合体［P(VDF/TrFE), $d_{31}=30\,\mathrm{pC\,N^{-1}}$］などが第一のタイプである．もう一つのタイプは，不斉炭素を含むキラルな高分子を延伸処理して一軸配向させたもので，ポリ乳酸（$d_{41}=2.0\,\mathrm{pC\,N^{-1}}$）は比較的大きな圧電性を示す．

自発分極をもち，外部電場により分極ベクトル方向が反転する性質を**強誘電性**という．強誘電性を示す物質を強誘電体という．$BaTiO_3$ の結晶では，大きな格子内に電荷バランスの崩れたイオンがあり，それが変位することによって生じる．高分子では電場により分子双極子の方向が変化することによって生じる．典型例はP(VDF/TrFE) であり，VDF 分率が 50～80% のとき，室温で全トランス鎖が平行パッキングすることにより，分子双極子が同一方向に配列して自発分極を形成する．この状態の P(VDF/TrFE) にある程度高い電場をかけると，自発分極の方向が反転し，強誘電体に特徴的な電場（E）と電気変位（D）の間のヒステリシス曲

線を示す．温度を上げていくと強誘電体の熱運動により自発分極は消滅し，通常の誘電体へ相転移する．この転移温度をキュリー点 T_C という．P(VDF/TrFE) のキュリー点は VDF 分率により 70℃から 140℃まで変化する．

自発分極をもつ誘電体を加熱すると電気を帯びる現象を**焦電性**という．各種の強誘電性セラミックスは焦電効果が大きく，温度や赤外線のセンサーに使われている．PVDF やその共重合体である P(VDF/TrFE) も，大口径レーザー用の熱量計などの大面積焦電材料として利用されている．

10・1・4　帯電の防止

プラスチックフィルムや繊維は，導電率が小さいので製造や利用の過程で摩擦や接触により静電気を帯びやすく，静電気によるほこりやごみの付着やスパークの発生などさまざまなトラブルの原因となる．帯電した表面の静電荷 Q は，(10・4)式に従って指数関数的に放電すると考えられる．

$$Q = Q_0 \mathrm{e}^{-t/\tau} \tag{10・4}$$

ここで，減衰の時定数 τ は表面の誘電率 ε に比例し，導電率 σ に反比例するので，$\tau \propto \varepsilon/\sigma$ と考えてよい．したがって**帯電防止**のための方策としては，表面における物質の導電率を上げることであり，カーボンブラックや金属粉末などの導電性材料，あるいはポリオキシエチレン鎖や第四級アンモニウム塩をもつ親水性ポリマーや界面活性剤をプラスチック内部に練り込んだり，プラスチック表面にコーティングしたりする方法がとられている．表面の導電率が $\sigma > 10^{-10}\,\mathrm{S\,cm^{-1}}$ となれば帯電障害は防げるが，静電防止や電磁ノイズ防止にはより導電性を上げる必要があり，カーボンブラックや金属粉末が配合される．

10・2　高分子の光学的性質

光と物質が関わる現象には，物質による光の変化・制御と，光による物質の変化がある．前者は opto- とよばれる現象に対応し，後者は photo- とよばれる現象に対応している．さらに，光や電場などの外場により物質の電子状態を制御し発光に導く現象もある．本節では，まず物質による光の変化，つまり光学の現象を扱い，その後，光による物質の変化について述べる．

10・2・1　屈折率と光吸収

物質中を光が伝搬するとき，光の速度 v は物質の**屈折率** $n=c/v$（c は真空中の光速）によって決まり，光の吸収は

10・2 高分子の光学的性質

$$I = I_0 e^{-\alpha z} \tag{10・5}$$

で表される.ここで I_0 は入射光の強度, I は物質中を距離 z だけ進んだ位置の光強度, α は吸光係数である.有機分子の溶液中での光吸収で使われる吸光度 $A=\varepsilon_m C_m z$ (ε_m はモル吸光係数, C_m は光吸収分子のモル濃度) と α とは $A/z=\varepsilon_m C_m=2.303\alpha$ の関係がある.

 光の屈折と光の吸収は別々の現象として扱われていることが多いが,実は,両者は密接に関連している.ともに,光の電磁場と物質中の双極子の間の相互作用によって誘起される分極の大きさに関係し,その実数部が屈折率 n に 1 を加えたものに,虚数部が消衰係数 $\kappa=(c/2\omega)\alpha$ (ω は光の周波数) に対応している.ここで c は光速である.これらは,物質の力学的変形における弾性項と粘性項 (第 8 章),誘電体を交流電場の中に置いたときに測定される誘電率と誘電損失 (§10・1) の関係に対応した,刺激応答と緩和の現象である.

 光の振動方向 (電場ベクトルの方向) が伝搬方向を含むある平面内に限られるような偏光を**直線偏光**という.延伸したポリマーのフィルムでは,分子軸が配向しているために,延伸方向と延伸に垂直な方向でそれぞれの直線偏光に対する屈折率が異なり,**複屈折**を示す.複屈折は,プラスチックレンズでは像のゆがみの原因となり,CD や DVD などの記録媒体の基板プラスチックでは,成形加工に伴う複屈折が発生しないように工夫がなされている.

 液晶ディスプレイ (コラム参照) では,直線偏光の透過を制御する 2 枚の偏光フィルム (偏光板と検光板) が本質的な役割を果たしている.偏光フィルムとしては延伸したポリビニルアルコール/ヨウ素錯体フィルムなどが用いられている.

液晶ディスプレイ

 液晶ディスプレイは,高分子が駆使された表示用デバイスである.図 1 に示すように,液晶層を挟むガラス基板の表面には液晶配向膜がコーティングされているが,ここにはポリイミド膜がよく用いられる.さらに上側のガラス基板にはカラーフィルターがあるが,ここには顔料で染色したゼラチンなどが用いられる.

 光源と下側のガラス基板の間にもさまざまな機能性高分子フィルムが積層されている.偏光フィルム一つを取出しても,実はヨウ素で染色された延伸ポリビニールアルコール (PVA) フィルムを基材としながら,その両面をトリアセチルセルロースフィルムなどで保護した多層膜である.

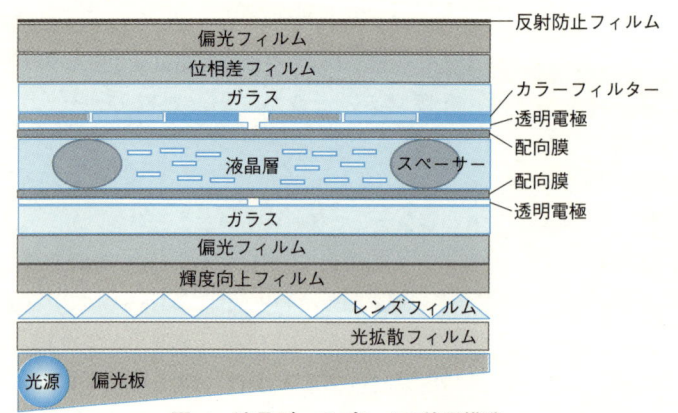

図 1　液晶ディスプレイの積層構造

　光の透過を ON/OFF するメカニズムは，2 枚の偏光フィルムとその間に挟まれた液晶分子によって説明できる．図 2 の TN（ねじれネマチック）型液晶の場合には，2 枚の偏光フィルムが，偏光方向が垂直になるように配置されており，そのままでは光を透過しない．しかし，挟まれた液晶がねじれて並ぶように液晶配向膜が配置されているために，光を透過する．ところが，液晶に電場をかけると液晶が電場に平行に配向するために，今度は透過しなくなる．

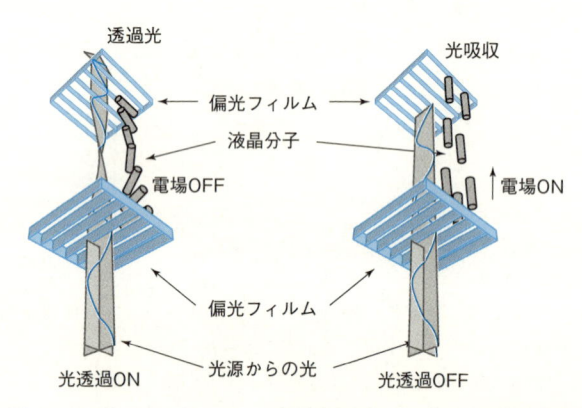

図 2　TN（ねじれネマチック）型液晶ディスプレイの動作原理

　最近はタッチパネルを兼ね備えた液晶ディスプレイも普及しつつあるが，ここでもタッチパネル部分に導電性高分子膜（§10・1・1 参照）が活用されるなど，高分子はディスプレイの進化に大いに寄与している．

10・2・2 光ファイバー特性

　高度情報化社会を支える基盤技術として光通信があり，そのキーマテリアルは**光ファイバー**である．光ファイバーの特徴は，軽量，低損失，高帯域であり，大容量の信号伝送媒体として，これまで使用されてきた銅線同軸ケーブルよりも優れている．光ファイバーには，長距離用の光ケーブルとしての石英系のシングルモード(SM)型光ファイバーと近距離用のプラスチック光ファイバー（POF）があり，プラスチック光ファイバーは曲がりやすく接続も容易なマルチモード光ファイバーとして，近距離用に利用が広がっている（本章扉写真参照）．

　光ファイバーはコア部とクラッド部に分けられる．コア部の屈折率はクラッド部よりも高く，コア部内部を伝搬している光は，コア/クラッドの界面で全反射を繰返して進行していく．コアの直径が mm オーダーのときは斜めからの入射光もコア中を伝搬していくが，コアの直径が光波長のオーダーに近づくと，ある特定の角度で入射した光（光ファイバー中のコア/クラッド界面で反射を繰返したときの位相差が 2π の整数倍のもの）しか伝搬しなくなる．ファイバー中で反射を繰返す光の位相差が 2π の整数倍のときには定在波として伝搬し，コアの直径が大きくなると定在波の種類が増える．定在波の節の数がゼロの，ただ一つのモードが伝搬するファイバーを SM 型ファイバー，複数のモードが同時に伝搬するファイバーをマルチモードファイバーという．

　プラスチック光ファイバーはコア径が mm オーダーのマルチモード光ファイバーであり，コアの屈折分布の形状の違いにより，ステップインデックス(SI)型と屈折率分布(GI)型の光ファイバーに分類される．（図 10・4）

　SI 型光ファイバーでは，ファイバー端面の入射角 θ がある臨界角（入射臨界角）以内のときモードを励起でき，コア/クラッド界面で全反射できる場合に，光が伝送される．ただし，マルチモードの SI 型光ファイバーでは，入射角 θ が大きくなると光の伝搬路が長くなり，経路によってファイバーから出射するタイミングが異なる．その結果，時間幅の狭い光パルス信号を入射しても，光パルス出射時に光パルス幅が広がってしまう．高速の光通信において重要となるこのような問題を解決するために，GI 型光ファイバーが考案されている．

　GI 型光ファイバーは，ファイバー紡糸の際の口金とポリマー組成などを工夫して，コア部分の中心からコア/クラッド界面にむけて屈折率勾配ができるように設計して製造したもので，屈折率変化に応じて光の進行方向が緩やかに変化し，光はコア/クラッド界面に近い周辺部では蛇行して伝送され，コアの中心部では直進

る（図 10・4 b）．このとき，コア周辺部の屈折率は小さいためにこの部分を通る光の群速度は速くなり，屈折率の大きい中心部を通る光の群速度にほぼ同じとなる．結局，マルチモードでありながら入射角による群速度の差は生じない．したがって，入射光のパルスは出射時にも広がらず，伝送帯域幅の広い光ファイバーとして利用されている．

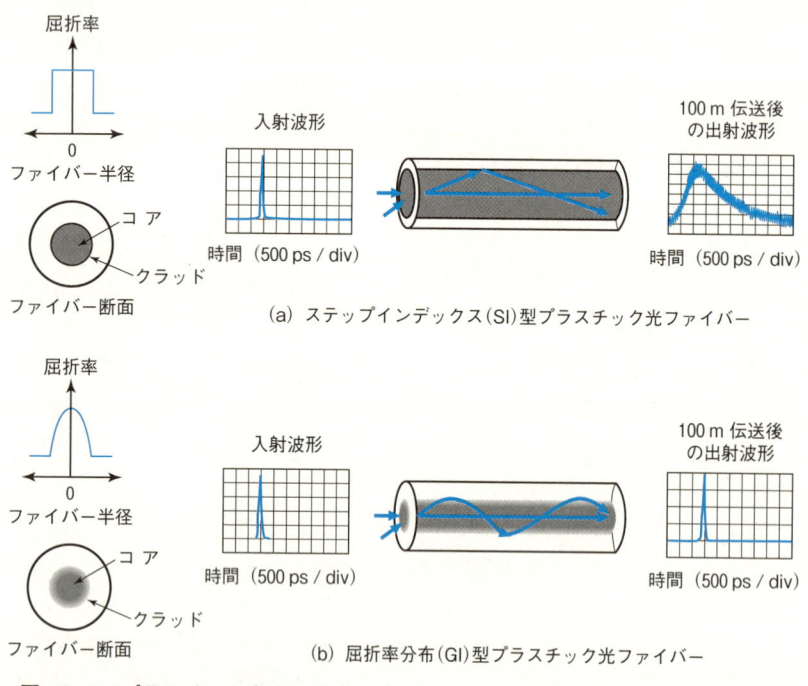

図 10・4　プラスチック光ファイバー（ここで div は単位メッシュの大きさを表す）
["基礎高分子科学"，高分子学会編，p. 267，東京化学同人（2006）による]

10・2・3　光化学初期過程

　この節では，光による物質の変化，すなわち光物理化学と光化学のうちで，光による物質の電子状態の変化を扱う光化学初期過程（光物理化学過程）について，高分子系での特徴を学ぶ．高分子系に特徴的な光化学反応については第 5 章でふれた．
　分子あるいは発色基が光励起されたときの，電子励起状態での光化学初期過程を図 10・5 に示す．高分子系の光化学過程は，その基本的な部分は低分子の有機化合物の光化学過程と同じだが，高分子系では固体状態ではもちろんのこと，溶液中で

も発色基が化学結合でつながって集合体を形成していることが特徴である．したがって発色基の局所濃度がきわめて高くなり，分子運動が制限され，集合体のつくる特殊な場の効果により発色基のミクロ環境が変化する．

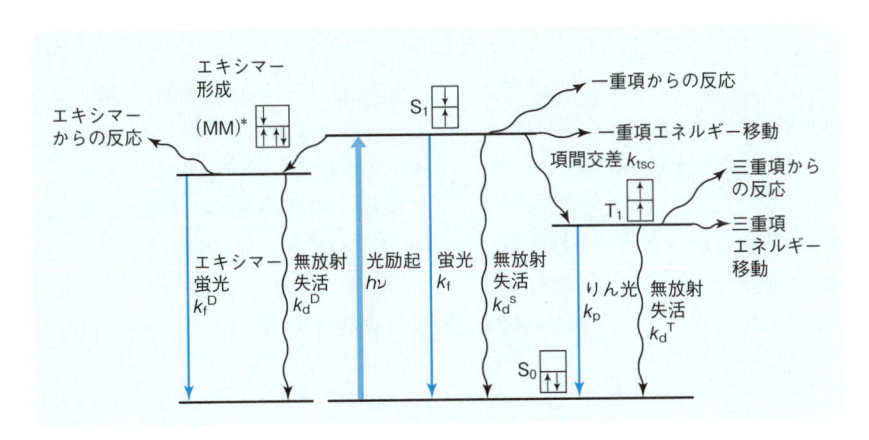

図 10・5　光化学初期過程

光励起された分子あるいは発色基は，まず励起一重項状態（S_1）になり，そこから蛍光を出す（一次反応速度定数 k_f）か無放射失活（k_d^S）によりもとの基底状態（S_0）に戻るか，励起されて LUMO にいる電子がスピンの向きを変えて項間交差（k_{isc}）で励起三重項（T_1）へ移る．励起一重項状態の寿命 τ_S は S_1 から S_0 や T_1 へ変化するそれぞれの一次反応速度定数の和の逆数で表され，

$$\tau_S = \frac{1}{k_f + k_d^S + k_{isc}} \tag{10・6}$$

となる．τ_S はナノ秒（10^{-9}〜10^{-7} s）程度の大きさである．

低分子のナフタレンやピレンなどの縮合環芳香族炭化水素は希薄溶液中では光励起されると S_1 から蛍光を出して失活するが，これらの発色基をポリマー中の側基としてもつポリビニルピレンなどでは，励起一重項は励起エネルギー移動によってポリマー分子中のピレニル基を移動し，ちょうど励起二量体（エキシマー）形成に都合のよいコンホメーションのところでエキシマー [(MM)*] となり，そこからエキシマー蛍光（k_f^D）を出す．エキシマーのエネルギー準位は S_1 準位より少し低いので，たとえばピレンの希薄溶液では 380 nm に紫色のモノマー蛍光が，ポリビニルピレンでは希薄溶液でも 480 nm に青色のエキシマー蛍光が観測される．

励起一重項のエネルギー移動には，上記の例のような同種発色基間のエネルギー移動（energy migration）と，数 nm 離れた別の発色基へ双極子‐双極子相互作用でエネルギーを移しその発色基の励起一重項状態をつくるエネルギー移動（energy transfer）との2種類がある．前者は光合成系のアンテナクロロフィルのモデルとしても重要であり，後者は生体系では FRET（蛍光共鳴エネルギー移動）とよばれて，タンパク質，DNA の分子鎖ダイナミックスや免疫反応における発色基間の距離を知る方法としてよく使われている．エキシマー蛍光は，ポリマー中のミクロ構造や分子運動を調べる光プローブとしても利用されている．

ベンゾフェノンなどの芳香族ケトンでは，励起一重項から励起三重項への項間交差（k_{isc}）の速度が速く，S_1 はほとんど全部 T_1 状態になる．励起三重項の寿命（τ_T）は，溶液中では $10^{-8} \sim 10^{-2}$ 秒，固体中では $10^{-3} \sim 10^{1}$ 秒と S_1 の寿命に比べて長く，りん光を出す（k_p）か，無放射失活（k_d^T）で基底状態に戻るので，τ_T は (10・7) 式で表される．

$$\tau_T = \frac{1}{k_p + k_d^T} \qquad (10\cdot 7)$$

励起三重項状態は酸素分子と拡散律速の速さで反応するので，溶液中では酸素の存在で失活し，りん光は脱気セル中でないと観測できない．カルボニル基を含む分子や発色基の光励起三重項状態は，基底状態の酸素原子に属する非結合(n)軌道の電子が LUMO の π* 軌道へ励起された nπ* 励起であることが多く，ラジカルに似た水素引抜き反応性を示す．これはポリビニルフェニルケトンの光分解反応の初期過程である．

10・2・4 発　光　体

光励起によりつくられた分子や発色基の電子励起状態からの発光が蛍光とりん光であるが，電子励起状態のつくり方としては，光励起以外に，化学反応による発光（化学発光），生体のはたらきによる発光（生物発光），および電場による発光（**電界発光，EL**）が知られている．

電界発光は蛍光を発する絶縁体薄膜の両面に電極を取付け，直流電界を印加することにより発光する現象である．無機材料を利用する発光体は，高電圧を印加した際の電子衝撃によってブラウン管の蛍光体と同じ原理で発光が起こる．**発光ダイオード**（LED）は，半導体薄膜へのキャリヤー注入により発光し，遠赤外（25 μm）から GaAs 系を中心にした可視部の赤色域，さらに最近では GaN 系による青色域

(460 nm) まで，広い波長範囲をカバーして使用されている．**有機 EL** としてフレキシブルディスプレイに実用化されている有機材料を利用する有機 EL 素子は，OLED（有機発光ダイオード）ともよばれ，陽極からホールが陰極からは電子が注入され，その両者が再結合したときに形成した励起子により励起された蛍光分子が，電子励起状態から基底状態へと緩和する過程において発光する．発光分子には，赤・緑・青の光の三原色の蛍光を出す有機分子が分子設計によりいろいろ開発されて使用されている．電界励起によって生じる 25% の励起一重項に加えて，75% の励起三重項を生かして発光効率を上げるために，室温でりん光を出すイリジウムトリピリジル錯体も利用されている．発光分子は主として低分子有機化合物であるが，ポリフルオレン誘導体には発光するものもある．ホール輸送層（HTL）と電子輸送層（ETL）には図 10・2 に示したポリフェニレンビニレンやポリチオフェン，ポリフルオレンなどの導電性高分子が使用されている．

生物発光としては，ホタルルシフェリンとオワンクラゲの GFP（緑色蛍光タンパク質）が有名である．GFP は 1962 年にオワンクラゲの発光物質の研究過程で下村 修（2008 年ノーベル化学賞受賞）により見つけられたもので，オワンクラゲの化学発光タンパク質（エクオリン）の青色光（470 nm）を緑色光（508 nm）にシフトさせ，自身でも紫外光をあてると強い緑色の蛍光を発する．

10・3 高分子表面の性質
10・3・1 表面・界面の測定

二つの相が接する境界面が**界面**であり，一方が気体の場合には，**表面**とよばれる．一般に物質の表面の構造は，対象となる物質のサイズが小さくなると物性に大きな影響を与えるようになる．特に高分子表面の化学構造や高次構造は，その濡れとはっ水性，摩擦，接着性，静電性，生体適合性，化学反応性，分子認識，液晶配向力などと，密接に関係している．必要な場合にはさまざまな表面処理が行われる．

表面の定義は，対象とする物質や考えている物性により変化する．LB 膜のような有機薄膜では表面の最外層の分子を表面層と見なすが，高分子薄膜では，分子鎖の大きさは回転半径 $<s^2>^{1/2}$ で近似されるので，直径を考えてその 2 倍程度の大きさの表面から数 nm 程度の深さの部分を分子論的な表面層と考えることが多い．しかし，成形加工したポリマーフィルムのように表面粗さ自体が数 nm より大きいものでは，もっと深いところまで表面と見なされている．

高分子の表面形状の測定は，**走査型電子顕微鏡**（SEM）および**原子間力顕微鏡**（AFM）で行われる．SEM は物質表面に電子線を走査しながら入射し，その表面から放出された二次電子から表面構造を拡大観察する装置である．走査範囲の制御で倍率を $10^1 \sim 10^5$ 倍まで簡単に大きく変えることができ，焦点深度が深いので立体構造が鮮明に観察できて，繊維，織物，プラスチック，粉体，多孔体，複合材料などのさまざまの高分子材料のサブ μm オーダー以上の観察に広く用いられている．試料表面を Pt や Au などで薄く金属コーティングして，チャージアップを防ぐことが必要である．SEM では多層フィルムの切断面を表面として観察することで，界面の状態を見ることもできる．

AFM は，フィルム，薄膜，結晶表面などを金属コーティングなどの前処理なしで，nm オーダーの凹凸を観察するのに広く使われるようになった．AFM は走査プローブ顕微鏡の一種で，カンチレバーの先端についている長さ数 μm の探針と試料表面との間にはたらく原子間力を検出することで，表面構造を観察する．光てこ方式のコンタクトモード AFM の原理図を図 10・6 に示す．探針と試料台との z 方向の相対的な位置決めと，探針を試料台表面に沿って xy 方向に走査させるためには，ピエゾスキャナーを用いる．原子間力の作用によるカンチレバーのたわみ変位量の検出は，カンチレバー背面にレーザー光を照射して反射光を 4 分割フォトダイオードでモニターすることにより行う．ピエゾスキャナーは試料台の下あるいはカンチレバーの支持部に取付けられてあり，探針と試料表面間の力が一定となるように z 方向のフィードバックをかけながら表面形状を観察する．

AFM 測定の一例である形態像を図 10・7 (a) に示す．典型的は相溶性ポリマーブレンドである PS/PVME ブレンドは，室温では相溶状態(§7・3 参照)であるが，このブレンド膜を厚さ 25 nm の超薄膜にすると室温でも相分離構造が形成される．

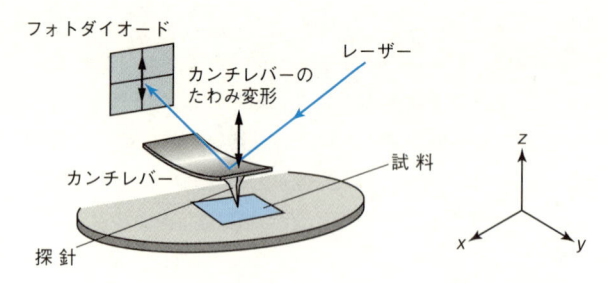

図 10・6　光てこ方式コンタクトモード AFM の原理図

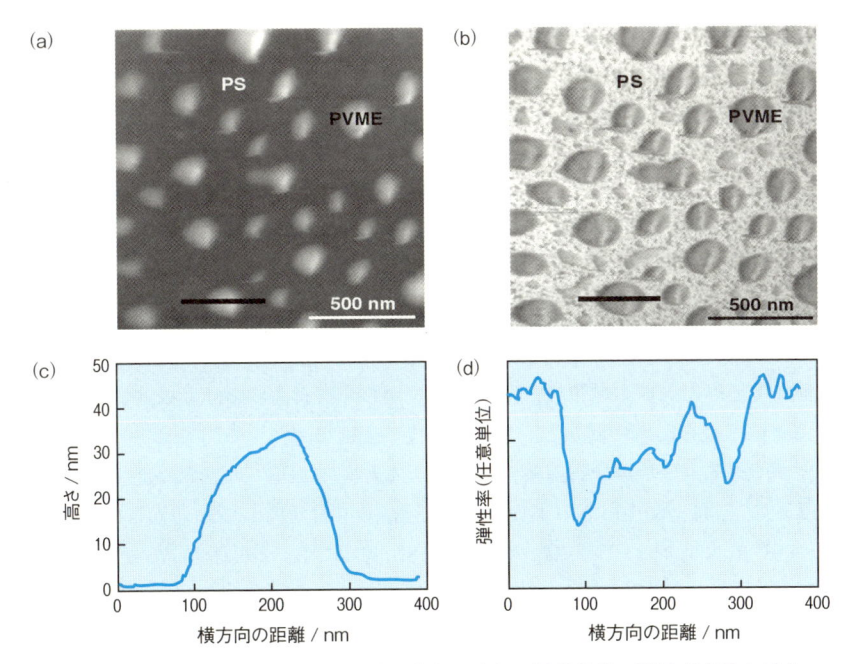

(c) は (a) の黒線部分の高さ変化を，(d) は (b) の黒線部分の弾性率変化を示す
図 10・7　PS/PVME ポリマーブレンド超薄膜表面の形態像 (a) および弾性率像 (b)
["基礎高分子科学"，高分子学会編，p. 274，東京化学同人（2006）による]

　表面の形態 (AFM) 観察では，表面に隆起した領域が明るくみえている．
　AFM は表面の凹凸を観察する手法であるが，探針と試料表面の相互作用を用いると表面粘弾性も測定することができる．走査型粘弾性顕微鏡（SVM）では，曲率半径が数十 nm 程度の微小な探針を試料表面の数 nm まで押し込んだ状態で正弦波的に振動させ，応答力を検出する．応答力振幅の変位信号に対する位相差は，試料の表面粘弾性特性を反映しており，これらの値から高分子表面のレオロジー特性を評価できる．図 10・7 (b) の SVM 弾性率像では，(a) の形態像で明るいところが (b) の弾性率像では暗い（弾性率の低い）領域として観察されている．室温で軟らかい方が PVME に富んだ相なので，(a), (b) の両測定を合わせると PVME に富んだ相が表面に隆起していると結論できる．
　結晶性ポリマーの表面に特化した X 線回折（XD）や高次構造の X 線小角散乱（SAXS）測定は，SPring-8 などの第 3 世代放射光施設で，X 線を試料表面に全反

射臨界角以内（0.1～0.15°）ですれすれ入射させて回折・散乱測定（GIXD, GISAXS）を行うと，表面から深さ数 nm 以内の表面層の結晶状態や高次構造を，薄膜内部の状態と区別して測定することができる．

高分子表面の化学構造の分析には，全反射赤外吸収分光法（ATR-IR）が有力である．高分子表面への吸着層などの非破壊組成分析には軟X線や硬X線の光電子分光（XPS），X線吸収分光法（XAFS），エリプソメトリーが用いられる．

10・3・2　高分子の表面と内部の違い

高分子の表面物性は，固体内部と比べてどのように異なっているだろうか．

前節で述べた表面の粘弾性測定（SVM）から，膜表面における振動の変位と応答力の位相差を温度の関数として測定して，表面のガラス転移点 T_g を見積もることができる．分子量分布の狭い均一ポリスチレン（PS）の表面および内部（バルク）の T_g は，図 10・8 のような分子量 M_n 依存性をもつことが知られている．$M_n \geq 10^5$ ではバルク PS の T_g の 100 ℃（370 K）に対し，表面 PS の T_g は 80 ℃（350 K）付近で 20° 程度低く，分子量依存性も大きい．M_n が小さくなると表面 PS の T_g は室温よりも低くなっている．分子鎖が表面の近くでは内部に比べて動きやすくなっていることが明らかである．

すれすれ入射X線回折（GIXD）で測定したフィルムの表面部分の結晶化度や秩序性も内部（バルク）に比べて異なっている．一例として，シリコン基板状にスピ

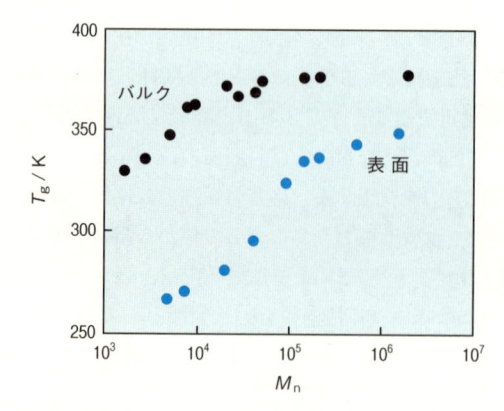

図 10・8　均一ポリスチレンにおける表面およびバルク T_g の分子量依存性 ["基礎高分子科学"，高分子学会編，p. 275, 東京化学同人（2006）による]

10・3 高分子表面の性質

ンコートし溶融結晶化させた厚さ約 400 nm のポリエチレン（HDPE）フィルムの，結晶部分の格子サイズの結晶化温度依存性を図 10・9 に示す．ポリエチレン結晶の分子軸（c 軸）方向の格子定数は変化しないが，a 軸と b 軸の長さは表面領域で小さくなっており，表面ではフィルムの表面自由エネルギーを小さくするために分子鎖が密にパッキングされていることがわかる．結晶化度は表面の方が小さく，また結晶格子の秩序性も各格子の配置にばらつきが大きい．表面領域では，熱放散や分子運動の自由度が大きいことから，不安定な環境下で結晶化が進んでいると考えられる．ポリエチレンテレフタラート（PET）の結晶化の際にも表面では分子運動の影響が大きく現れている．

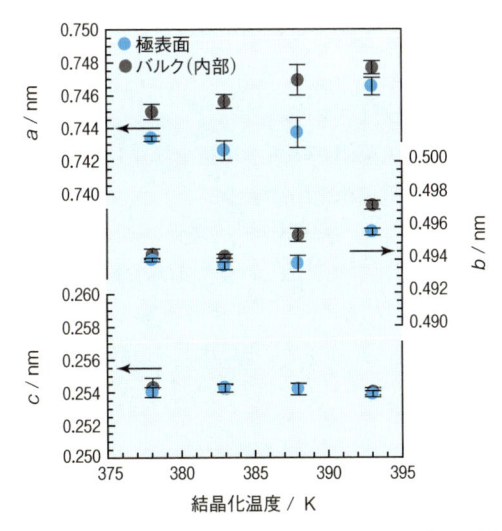

図 10・9　ポリエチレンフィルムの極表面（数 nm）と内部での結晶格子定数の結晶化温度依存性　[H. Yakabe *et al.*, *Macromolecules*, **36**, 5905（2003）による]

液晶テレビのディスプレイでは，互いに直交する 2 枚の偏光板の間で液晶を偏光方向に配向させるために，2 枚の偏光板の内側にラビング処理をしたポリイミドの厚さ 100 nm 程度のフィルムを貼り付ける（コラム"液晶ディスプレイ"（p. 199）参照）．ラビングとはポリイミドフィルムを回転する布で一方向にこすり，きず（溝）をつけるという方法である．最新の情報機器の心臓部がこのような原始的なローテクで製造されていることは興味深い．なぜラビングしたポリイミド膜により液晶が配向するのか，ポリイミドの分子構造を剛直鎖から柔軟鎖まで変えた 4 種類の液晶

配向膜について，液晶配向力と GIXD で調べた表面領域（数 nm）と内部（100 nm）の結晶性を比較したところ，膜全体の結晶性とではなく，表面領域の結晶性の高い順番と液晶配向力の順番がよく一致した．必ずしも剛直な分子構造のポリマーが高い液晶配向力を示すわけではなく，ラビング処理後の熱処理効果が重要で，膜表面での分子運動の適度な自由度による自己組織化の効果が明らかになっている．

表面の現象には，まだまだ予想外で未知のことが多い．

10・3・3　濡 れ 性

液体や固体などの凝集相では，気体と異なり，その表面をできるだけ小さくしようとする力が作用している．ポリマーの固体表面で，他のポリマーあるいは低分子の溶液が広がろうとするとき，これを濡れという．高分子固体表面の濡れ特性は，接着などの機能と直接に関連している．

液体の表面張力 γ は，その液体の表面積を微少量 dA だけ変化させるために必要な仕事を dW とするとき，その比例係数として

$$dW = \gamma dA \quad (10\cdot 8)$$

のように定義される．この仕事は液面上の長さ dL の線に垂直にはたらく応力 f のなす仕事（$dW=fdL$）すなわちエネルギーと考えることもでき，表面自由エネルギーとよばれる．凝縮相では表面のできるだけ小さい熱力学的に安定な状態に移ろうとする傾向があり，その結果，表面積が最も小さい，球状になろうとするのである．

固体 S の表面に液滴 L を静かに置くと，固体，液体の表面張力 γ_S, γ_L の相対的な大きさによりさまざまな状態をとる．液滴の外周が固体表面との間につくる角

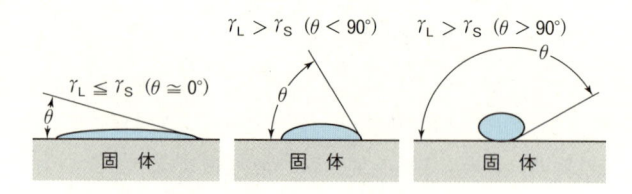

$\gamma_L > \gamma_S(\theta > 90°)$ では液滴が形成され，固体表面は濡れない
　　（水に対してははっ水性を示す）
$\gamma_L > \gamma_S(\theta < 90°)$ では固体表面は濡れるが，液滴が形成される
$\gamma_L \leq \gamma_S(\theta \cong 0°)$ では，液滴はできず，固体表面に沿って液膜が形成される

図 10・10　固体表面における液滴の形成と接触角

10・3 高分子表面の性質

（接触角）を θ とすると，図 10・10 に示すように，γ_S が γ_L よりも小さいときには液滴は固体表面上で θ が有限な大きさを保つ．水に対するポリマー表面の親水性（$\theta > 90°$ の場合）や疎水性は，水滴に対する θ が大きいほど大きい．$\gamma_S \geq \gamma_L$ となるともはや液滴はできず，固体表面に沿って広がり，液膜を形成するようになる．

種々の液体をポリテトラフルオロエチレン，およびポリエチレン固体の上に置き，その液体の γ_L とそのときの $\cos\theta$ をプロットする（Zisman プロット）と図 10・11 のようになる．このプロットを $\cos\theta \to 1$ に外挿した点が $\theta = 0$ の点であり，この値をその固体の**臨界表面張力**（γ_c）とよぶ．代表的なポリマー固体表面の臨界表面張力 γ_c の値を表 10・1 に示す．γ_c はほぼ γ_S に等しいと考えてよく，γ_c より大きな表面張力をもつ液体に対しては，その個体表面は液膜をつくらないので，γ_c は疎水性表面の特性値となる．ガラスの γ_c は普通のポリマーの γ_c に比べてきわめて大きい．ガラス表面が平滑で正常である限りは，接着剤や塗料を含めた有機液体はガラス表面で均質な液膜を形成する．

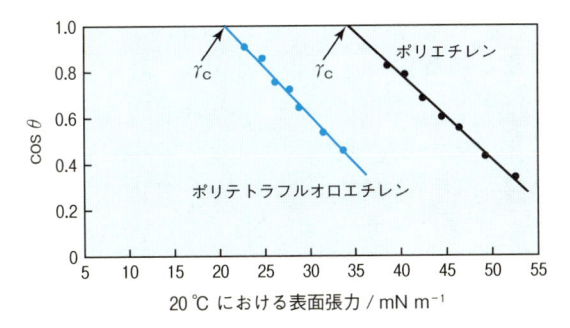

20 ℃における，種々の液体のポリテトラフルオロエチレン，ポリエチレン上における接触角 θ を測り，$\cos\theta$ の液体の表面張力に対するプロットを $\cos\theta \to 1$ に補外して γ_c（臨界表面張力）とする

図 10・11　接触角と臨界表面張力

高分子固体の表面層に官能基を導入し，目的とする機能を付与する方法を**表面処理**という．物理的な表面処理としては，紫外線の照射処理，低温プラズマ処理，プラズマ重合，めっき・蒸着・イオンプレーティングなどによる金属薄膜の形成がある．化学的な表面処理には，有機溶媒や界面活性剤による清浄化，薬品による表面酸化と親水性化，表面グラフト化，機能性モノマーやオリゴマーによる表面被覆と硬化，カップリング剤による表面処理など，さまざまな方法が知られている．

表 10・1 　各種材料の臨界表面張力（γ_c と γ_L）

材　料	γ_c/mN m^{-1}	材　料	γ_c/mN m^{-1}
ポリエチレン	28～36	ポリ塩化ビニル	26～39
ポリプロピレン	29～34	ポリ塩化ビニリデン	40
ポリスチレン	27～35	ポリフッ化ビニリデン	25
ABS 樹脂	37	ポリテトラフルオロエチレン	18～22
ポリカーボネート	35～45	ポリジメチルシロキサン	24
ポリメタクリル酸メチル	37～39	ポリスルホン	41
ナイロン 66	42～46	ガラス	～72.8
ポリエチレンテレフタラート	40～43	流　体	γ_L/mN m^{-1}
ポリアクリロニトリル	44		
ポリ酢酸ビニル	37	水	72.75
ポリビニルアルコール	37	エチルアルコール	22.3
再生セルロース	36～44	n-ヘキサン	18.43
アミロース	37	シクロヘキサン	25.3
アミロペクチン	35	水　銀（15 ℃）	487

10・3・4 　接着性と粘着性

　接着剤は便利なありふれた日用品である．木材や石材をくっつける技術は古代から知られており，ツタンカーメン王の墓から出た大型の箱にはニカワで貼り付けた合板が使われている．天然の接着剤としては，ニカワ，ウルシ，でんぷん糊，アラビアゴムなどが長く使われてきたが，現代では，高分子を用いた合成接着剤が中心である．日用品としてのみならず，工業製品の接着部分に釘，リベット，縫製のかわりに使用されている．

　接着剤や粘着剤がなぜ付着するかについては，界面の凹凸が効くというアンカー効果，水素結合やファンデルワールス力などの分子間力の効果，化学結合やイオン結合などより強い結合力の効果，などさまざまな要因が考えられる．諸説があり，接着の仕方によりケースバイケースであるが，大まかにいえば，分子間力にその他の結合力が加わり，さらに接着剤の粘弾性なども効いている相乗効果と考えられる．

　接着の仕方により接着剤・粘着剤を分類すると，❶ 感圧型の粘着剤，❷ 溶剤揮発型の接着剤，❸ 熱溶融型の接着剤，❹ 化学反応による接着剤，の 4 種類に分けられる．

　❶ **感圧型粘着剤**　天然ゴムやポリアクリル酸エステルなどガラス転移温度 T_g が室温よりも低いポリマーを原料として，これに粘着助剤としてロジンや石油樹脂

を添加している．ポリアクリル酸メチルでは粘着性が乏しいので，側基を 2-エチルヘキシル基などとし，ホモポリマーあるいは他のモノマーとのコポリマーにして，粘着性や凝集性を上げている．使用前の粘着テープや両面テープには，シロキサン系，オレフィン系，またはフッ素系ポリマーの剥離剤や剥離用のライナーが用いられている．これらは臨界表面張力 γ_c（表 10・1）の小さなポリマーである．

❷ **溶剤揮発型接着剤** 接着剤ポリマーが溶液になっていたり水中のエマルションになっていて，それを接着面に塗りつけ，室温または加熱により溶剤や水の蒸発によって固化・凝固する．でんぷん糊やセルロース系の接着剤，ポリ酢酸ビニルのエマルション系接着剤が広く使われている．環境にやさしい材料を求める流れの中で，溶剤は有機溶剤系から水系へ変化している．

❸ **熱溶融型の接着剤** ホットメルト型の接着剤で，熱を加えていったん溶融し，塗布・圧着した後冷却して再び元の固体へ戻ると接着するタイプである．エチレン/酢酸ビニル共重合体 P(E/VAc) が知られている．接着の用途が広く木材や紙を始め金属やプラスチックまで接着ができ，接着の速度も速く，無公害である．ただし耐熱性はあまり高くない．ポリエステル型ホットメルト接着剤は耐薬品性に優れ，ポリ塩化ビニルフィルムの接着に適している．ポリアミド系のホットメルト接着剤は，テープや不織布として金属や電子部品，繊維の接着に多用されている．最近反応性のホットメルト接着剤が登場して，建材建築，車両，家具木工，電気製

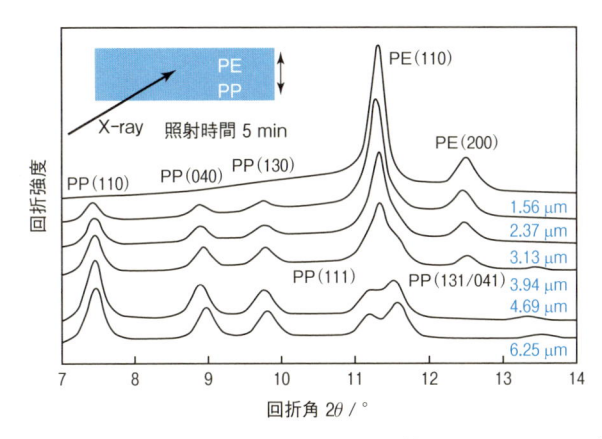

図 10・12 PE/PP ラミネートフィルム界面の断面からのマイクロビーム (MB) X 線回折測定（右端の青字は MB の初期位置に対する試料の上方向へ移動距離，（ ）内の数字は結晶面の指数）[M. Kotera *et al.*, *Composite*, **14**, 63（2007）による]

品，その他さまざまな工業分野で利用されるようになった．イソシアナート基を利用した湿気硬化型のホットメルト接着剤が注目されている．耐熱性フィルムのホットメルト接着としては，文部省宇宙科学研究所（現 JAXA）で開発された熱可塑性ポリイミドが，宇宙帆船 IKAROS（口絵1参照）の厚さ 7.5 μm，面積 14 m 平方のポリイミドフィルム（帆）の貼り合わせに使用されている．

　ホットメルトで熱圧着した2枚のポリマーフィルムの界面がどの程度相互侵入しているかは，放射光X線のマイクロビーム（MB）X線回折測定で調べられている．厚さ 154 μm のポリエチレン（PE）フィルムと厚さ 415 μm のポリプロピレン（PP）フィルムを重ねて 150 ℃で熱圧着し 100 ℃で2時間熱処理した二層フィルムの断面に対し，X線 MB を垂直に入射させ，試料を断面の厚さ方向に移動させて，回折パターンを測定した（図 10・12）．PE（上部）と PP（下部）の特性回折ピークの重なり具合から，熱圧着による界面の厚さは 5 μm 程度と推定できる．

❹ **化学反応による接着剤**　　ジアミンとの混合により常温硬化，酸無水物との混合では加熱硬化するエポキシ系接着剤，加熱硬化型のフェノール樹脂系接着剤，多価アルコールとポリイソシアナートとの反応を利用するウレタン系接着剤が，それぞれ広い用途をもって使用されている．瞬間接着剤として知られる α-シアノアクリラート（α-シアノアクリル酸エステル）は，α-CN 基と CO（カルボニル）基という二つの電子吸引基の存在により分子の分極が大きく，わずかな水分の存在で瞬間的にアニオン重合して，固化・接着する．瞬間接着剤は，一液常温高速硬化で接着作業性がよく，ほとんどの材料を接着でき，低粘度で透明性なので，あらゆる分野で，小物部品の組立てに使用されている．

11

高分子医薬品

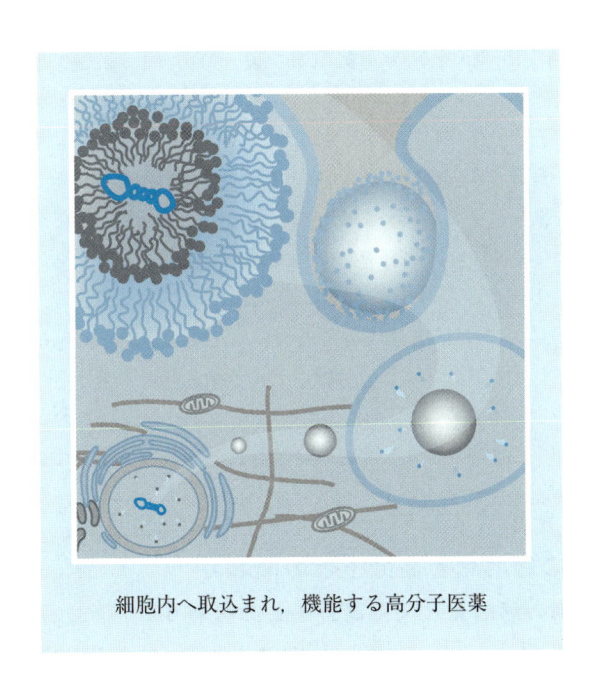

細胞内へ取込まれ，機能する高分子医薬

高分子材料は医薬品の分野において広く用いられている．量的に最も多いのは，薬剤の賦形剤やコーティング剤としての使い方であり，それ自体は薬効をもたない不活性のマトリックスとしての役割である．このような目的にはポリ酢酸ビニルやセルロースの誘導体が用いられている．それに対して，高分子それ自体に薬効があったり，あるいは，薬剤分子と一体となって細胞レベルでの薬効発現に寄与するような場合には，単なるマトリックスとしての使い方と区別するために**高分子医薬品**という術語があてられるようになってきている．最近，実用化の域に達しつつある抗体などのタンパク質（バイオ医薬品）や遺伝子治療に用いるプラスミドDNAなども薬理作用をもつ天然高分子物質であり，高分子医薬品の重要な一分野である．

一方，薬剤分子と一体化した，いわば分子複合材料的な考え方に基づいて高分子材料を設計し，細胞，さらには分子レベルにおける薬理効果を制御しようとする考え方は，**薬剤送達システム**（DDS：drug delivery system）として，低分子薬剤でしばしば問題となる体内非特異分布に基づく副作用を低減し，さらには，薬剤分子そのものの薬効ポテンシャルを飛躍的に向上させる方法論として，期待されている．このようなDDSの目的を達成するためには，要求機能を的確に満足する高分子材料の開発が不可欠であり，この分野における最先端の高分子科学技術の活用が強く望まれている．本章では，DDSに用いる高分子材料設計において考えるべき重要な課題を，特に血管系を介しての全身投与に的を絞って解説する．

11・1 薬剤の標的化と高分子との関わり

11・1・1 薬剤の標的化と天然高分子との関わり

薬剤の標的化（drug targeting）とは，必要なときに，必要な部位に，必要な量の薬剤を選択的に到達させる技術である．そのような概念は今から2000年以上も前に，ギリシャの哲学者であるヒポクラテスの著作にも"良い薬とは，体内の効いてほしい部位でだけ効く薬である."という言葉として残されている．ヒポクラテスの時代からはるかに下って，20世紀の初頭に，第1回のノーベル医学生理学賞受賞者でもあるドイツのエールリッヒ（Paul Ehrlich）は，"魔法の弾丸（magic bullet）"という言葉で，薬剤の標的化を推し進めることの重要性を指摘した．エールリッヒの提唱した魔法の弾丸は，体内に潜む標的（たとえば細菌）に結合する部分（結合部位：haptophore）とその標的をせん滅する毒性成分（活性部位：

toxophore）からなる複合分子であり，彼はそのとき，すでに，結合部位として抗体分子を用いることを着想している．これがいわば，標的指向性医薬の研究が科学として取上げられた記念すべき第一歩であるといえよう．

さらに，1960年代から70年代にかけて，標的指向性薬剤研究におけるエポック的な発見がなされた．一つは，20世紀初頭にエールリッヒが提唱した方向性，すなわち，抗体分子を結合部位として用いることの有効性ががんの治療実験において実際に証明されたことである．そしてもう一つが，抗体に結合する具体的な毒性成分（活性部位）として，放射性同位元素，化学療法剤，毒性タンパク質（トキシン）などが有効であると確認されたことである．すなわち，この時点までは，"標的指向性医薬＝抗体の利用"という図式がほぼすべてであったといえ，標的物（細菌や細胞）の表面に抗体を用いて，特異的に活性部位を集積させることに最大限の興味が注がれていた．

このような標的への結合という観点だけからいえば，魔法の弾丸は必ずしも高分子物質でなくてもよいわけであるが，1970年代前半には高分子医薬にとって重要なもう一つの概念がドデューブ（Christian De Duve：1974年度ノーベル医学生理学賞受賞）によってもたらされた．

高分子のように大きな分子量の物質は細胞膜を拡散によって通り抜けることはできない．そこで，細胞は自らの細胞膜を内側にくびれさせ，膜を透過できない高分子物質を包み込むことによって，小胞（エンドソーム）として取込み，その後，このエンドソームは細胞内で消化酵素を多く含む小胞であるリソソームと融合する（図11・1）．多くの細胞外タンパク質や糖鎖はこの経路によって細胞内小胞に取込まれ，分解される．このような生体内代謝で重要な役割を演じているリソソーム酵素が遺伝的に欠落していると，ポンペ病などの重篤な遺伝性疾患がひき起こされることになる．

ドデューブは欠落しているリソソーム酵素を外部から細胞に与えると，この酵素はエンドソームへの取込みを経て，リソソームに到達し，治療効果を示すであろうという酵素補充療法の概念を確立した．その後，彼はこの考えを拡張して，高分子担体に薬剤などの活性部位を結合させることによって，効率良く目的細胞内に取込ませる相乗りエンドサイトーシス（piggy-back endocytosis）という方法論の提案を行った．あたかもトロイの木馬のように，細胞膜透過性をもたない活性部位をこの方法で標的細胞に送込み治療を行うという仕掛けであり，結合部位による標的物への結合を主体とする従来までの考え方に，細胞内薬剤動態の制御という新しい概

念を持ち込んだといえる.

同時期である 1976 年にはケーラー (Köhler) とミルシュタイン (Milstein) (1984 年度ノーベル医学生理学賞受賞) によるモノクローナル抗体作製技術が確立され, 今日に至るバイオ医薬品開発の本格的な幕が切っておろされた. このこともまた, 多彩な結合部位の提供という形で薬剤の標的指向化という分野の発展に大きく寄与することとなった.

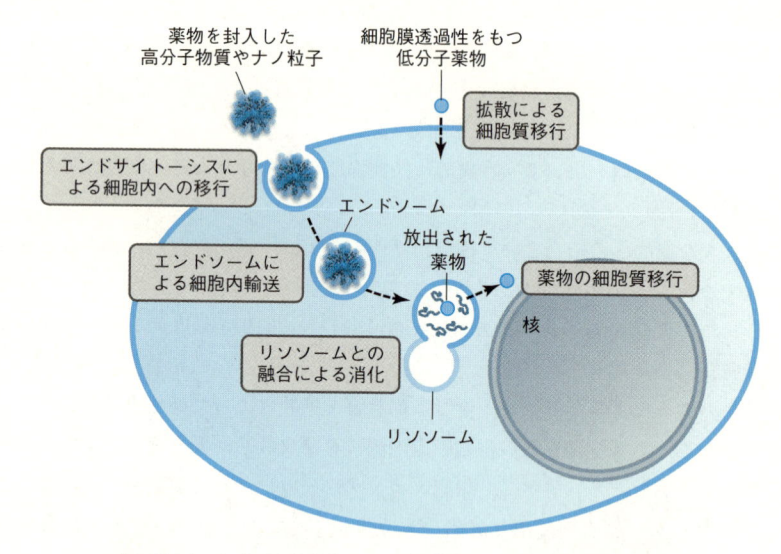

図 11・1 エンドサイトーシスを利用した薬物の細胞内送達

11・1・2 薬剤の標的化と合成高分子との関わり

さて, ここまでのところは抗体や酵素のような天然高分子物質に関わる話が主体であったが, 視点を合成高分子と薬剤標的化との関わりに転じてみよう. 合成高分子が薬剤担体として利用されるに至ったきっかけは, 実は, 手術や外傷による出血などによって循環血液量が不足した場合に使われる血漿増量剤 (代用血漿剤) として着目されたことにある. たとえば, 以下のような水溶性高分子が血漿増量剤として 1930 年代からこれまでに検討されてきた.

- ポリグルタミン酸
- ポリ[N^5-(2-ヒドロキシエチル)-L-グルタミン] (PHEG)

11・1 薬剤の標的化と高分子との関わり

- α,β-ポリ[(2-ヒドロキシエチル)-D,L-アスパルタミド]
- α,β-ポリ(アスパルチルヒドラジド)
- デキストラン
- ポリビニルアルコール
- ポリビニルピロリドン
- ポリ[N-(2-ヒドロキシプロピル)メタクリルアミド](PHPMA)

ある意味で合理的な展開でもあるが，これらの血漿増量剤としての水溶性高分子が，薬剤などの活性部位を結合する合成高分子担体としてまず着目されることとなった．さらに，1970年代中期には，高分子-薬剤結合体，すなわち，高分子薬剤の設計指針を与える高度なモデルがリングスドルフ（Ringsdorf）によって提出された（図11・2）．リングスドルフは，このモデルで可溶化剤，薬剤，および輸送系（標的結合部位および再吸収促進剤）などさまざまな機能をもつ成分から構成される高分子薬剤を設計するため，魔法の弾丸の概念とリソソーム指向性薬剤の概念とを結びつけたわけである．それ以来，このモデルは，さまざまな種類の標的指向性高分子薬剤を設計する際のガイドラインとして広範に受け入れられている．

薬剤の標的指向化においては，細胞レベルでの機能設計とともに，適切な担体系と結合させることで薬剤の分布および動態を調節することも重要な側面である．静

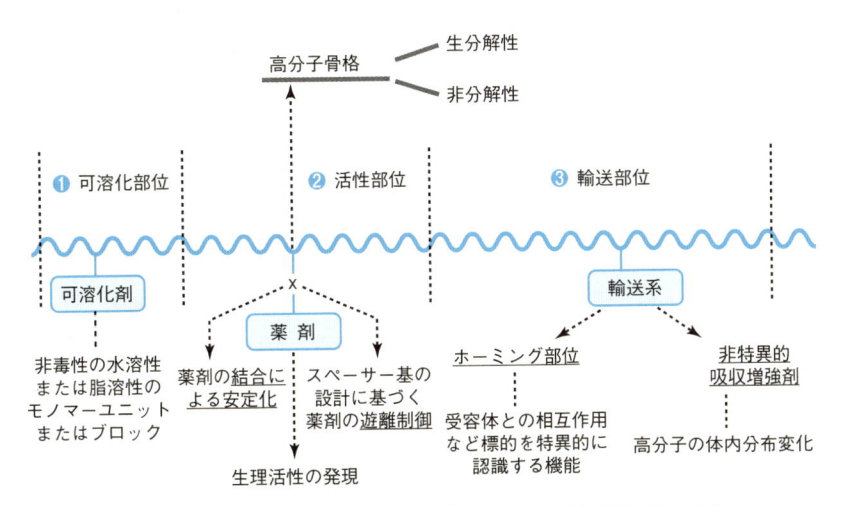

図 11・2 リングスドルフの提案した標的指向性高分子薬剤のモデル
[H. Ringsdorf, *J. Polym. Sci. Symp.*, **51**, 135 (1975) による]

脈（i.v.）経路を介して高分子薬剤を投与した場合，体内コンパートメントにおける輸送はおもに，拡散および対流で支配されることになる．大切なことは，有効な標的結合部位を高分子薬剤に導入したとしても，この高分子薬剤自体が標的細胞の近傍に到達しない限り，標的結合能は機能しないということである．

ここで固形がんの例をあげる．腫瘍は血管系の外に位置する．したがって，高分子薬剤が腫瘍に到達するためには，血管外へ漏出することが前提として必要である．それでは，どのような方法で高分子薬剤を血流中から腫瘍の間質組織に透過させることができるのか．この疑問を解決するには，腫瘍血管系に固有の特徴を適切に理解する必要がある．

正常組織に比べて，腫瘍組織の毛細血管の密度は高く，また，血管透過性を促進する因子が分泌されるために，血管壁の透過性が亢進しているとの考えが，現在では一般的に受け入れられている．このため，正常組織の毛細血管を透過できないタンパク質や高分子薬剤などの高分子物質も，血管壁を通過して腫瘍組織の間質腔に漏出することができるようになる．一方，腫瘍組織においてリンパ管系は十分に発達していないため，高分子物質の腫瘍外排出の程度は減少する．したがって，高分子物質は，血管透過性の増大とリンパ管経由の排出減少の相乗効果によって，腫瘍内で多量に蓄積されることになる．

上記の効果は，**血管透過性・滞留性亢進（EPR**：enhanced permeability and retention）**効果**とよばれており，日本の前田 浩および松村保広によって発見されたものである．現在では，高分子を用いる薬剤の標的指向化において主要な指針の一つとなっている．なお，血管透過性亢進による高分子物質の蓄積は，微生物感染などのいくつかの原因に起因する炎症反応の部位でも起きると考えられている．

EPR 効果は，標的指向性高分子薬剤を用いるうえで大きな利点であることは明白である．低分子量アナログは容易に血流中から腎糸球体排泄される一方，高分子薬剤では，腎糸球体排泄が減少するため，血流中における半減期は延長し，その結果，十分な EPR 効果に基づく腫瘍移行が期待できる．しかし，分子量が大きすぎても血管の内皮間接合部を介した透過率が低下するため，EPR 効果による最も効率的な蓄積を達成する最適な分子量範囲が存在することになる．

さらに，血流中の高分子担体は，細網内皮系（RES）とよばれる異物排除をつかさどる細胞群に認識される可能性がある．これらの細胞は，肝臓，脾臓，および肺などの臓器に存在する．ラテックスおよびリポソームといった，コロイド担体および小胞担体系にとって RES 認識に基づく血流中からの非特異的排除は特に深刻な

問題である．したがって，腎糸球体排泄およびRES認識を回避して血流中で長時間循環できる適切な輸送システム（ステルス担体）の開発が不可欠であり，それによってはじめて有意なEPR効果が得られるわけである．

担体として，合成高分子および（抗体などの）天然高分子を用いた標的指向性高分子薬剤の研究は，1970年代中期から1980年代にかけて頻繁に行われるようになった．さらに近年では，臨床的成功例もいくつか報告されるようになり，この研究領域の重要性が確実に増大してきている．標的指向性薬剤という研究領域は集学的であり，したがって，過去数十年間における進展は，新しい高分子合成法の開発，薬物動態学の確立，新しい細胞マーカーの発見，細胞輸送の解明，EPR効果の発見，およびハイブリドーマ技術や遺伝子技術の進展など，関連領域で同時期に発展した成果が分野を超えて取込まれたことに起因するといってもよいであろう．

11・2 高分子薬剤の利点

11・2・1 薬剤体内分布の調節

薬剤を高分子担体に結合させる第一の目的は，体内での薬物動態を調節する，すなわち，有害な副作用を低減して高い治療効果を可能にするプロセスを調節することである．本節では，高分子薬剤とそれと類似のはたらきをする低分子量薬剤を，それらの体内分布に注目して比較する．薬剤の投与は，局所投与と全身投与という二つのカテゴリーに分類できる．体内における薬剤の移動経路は投与経路で当然変化するが，本節ではおもに，静脈経路（i.v.）で全身投与した場合に的を絞り，腎臓における糸球体沪過や肝臓・脾臓などの細網内皮系（RES）を介した除去を回避し，毛細血管の外に位置する標的部位（固形腫瘍など）に，血管透過性・滞留性亢進（EPR）効果を介して効率的に集積するための方法論について述べる．

まず，薬剤を高分子量担体に結合することで期待される明らかな効果とは，腎糸球体沪過の減少に起因する血中半減期の延長である．糸球体沪過の分子量閾値は，中性水溶性高分子の場合で約40000〜70000である．この値を超える分子量をもつ水溶性高分子は，他の臓器や組織と強い相互作用をもたない限り，長い血中半減期が期待できる．なお，最も豊富に存在する血漿タンパク質である血清アルブミンの分子量は66500であり，このことからも上述の分子量閾値は妥当であるといえる．

興味深いことに，少量のアニオン性基（カルボキシル基など）を中性水溶性高分子に導入すると，導入前と比較して糸球体濾過の閾値分子量を下げ，さらに長期循環を達成することが可能になる．一方，カチオン性の側鎖や，アニオン性側鎖でも過度に導入したりすると，肝臓における取込みが増加し，結果的に血中からの消失が速くなってしまう．これは，高分子の化学構造をわずかに修飾すると，その血中動態が大きく変化することを意味しており，高分子構造の適切な設計が血中滞留性の向上にとって重要な課題であることを示している．

なお，糸球体濾過は，分子量が比較的小さいタンパク質を医薬に用いる際に克服すべき重要な課題である．一般的に，M_w が 40000 未満のタンパク質は，腎糸球体濾過を受けるため，血漿半減期がきわめて短い．この問題を解決する有望な方法は，水溶性高分子と結合させてタンパク質分子の見かけ上の分子量を増加させることであり，ポリエチレングリコール（PEG）やデキストランなどの中性の水溶性高分子がその目的に利用されている．これまでに，PEG 鎖を結合させたタンパク質の血中半減期が大幅に延長することが多数の報告で確認されており，肝炎治療剤としての PEG 化インターフェロンなど薬剤として実用化された例も数多い．PEG は臨床応用が認可されている数少ない合成高分子の代表例であり，現在，さまざまな末端官能基をもつ PEG 誘導体（活性エステルなど）が高分子薬剤設計のために開発され，市販されている．

標的指向性高分子薬剤の多様な応用例のうち，固形がんの治療は精力的に研究されている代表例である．前節で述べたように，血流中で半減期がきわめて長い高分子化合物は，EPR 効果によって腫瘍部位で蓄積する傾向がある．なお，この場合，高い EPR 効果を実現するには，肝臓，脾臓，および腎臓での取込みや排出が十分に低く，生体の異物認識を回避する作用（ステルス性）を示すことが前提であるのはいうまでもない．

肝臓の毛細血管は洞様毛細血管とよばれ，その特徴は，基底膜が欠損し，直径数十 nm の粒子でも透過できるふるい様構造をもっていることである．したがって，肝臓では，血管内腔と外側の間質腔との間で粒子や高分子物質の行き来が可能である．また，肝臓は表面積が広く，クッパー細胞などの細網内皮系細胞（RES 細胞）をもっている．これらの細胞は異物，特に高分子物質や微粒子を取込みやすい性質をもっている．構造および機能の点で，肝臓はいわば血液フィルターのような機能をもっているといってもよく，高分子薬剤が血流中で長時間循環するためには肝臓で異物として認識されないことが重要である．

11・2 高分子薬剤の利点

　高分子薬剤の構築に使用されることが多い水溶性高分子のうち，前述したポリエチレングリコール（PEG）は，肝臓による異物認識を低減する効果の高いことが知られている．低毒性，高い柔軟性，および高い水和度は，PEG 固有の生物学的および物理化学的特性であり，事実，PEG の自由末端鎖を高密度に結合させた表面にはタンパク質がきわめて吸着しにくいことがわかっている．これは水和したPEG 鎖で覆われた表面が水に対してきわめて低い界面自由エネルギーをもつことに加えて，柔軟な PEG 鎖による排除体積効果が大きいためと説明されている．この考え方に基づいて PEG 修飾表面をもつ抗血栓性材料の開発が 1980 年代前半から日本の丹沢 宏らおよび筏 義人らによって活発に行われた．

　一方，PEG 鎖による表面修飾によって，静脈経路で投与されたコロイド微粒子の非特異的肝取込みが抑制されることは，1980 年代半ばに確認された．すなわち，直径数十 nm のポリスチレンナノ微粒子が迅速に肝臓へ取込まれることとは著しく対照的に，非イオン性高分子界面活性剤であるポリエチレンオキシド/ポリプロピレンオキシド/ポリエチレンオキシドの三元ブロック共重合体（プルロニック®：Pluronic）を事前にコーティングしたナノ微粒子では，肝取込みが有意に減少することをデービス（Davis）らが報告している．これは，抗血栓性材料の場合と同様に，ナノ微粒子表面上に形成されたブラシ状の PEG 層が，細胞およびタンパク質との接触を回避するバリアーとして機能したためと考えられ，柔軟で親水的な高分子ブラシ層形成に基づく界面エネルギーの低下と排除体積効果の増大を巧みに活用した例であるといえる．

　プルロニック®に限らず，親水性の PEG 鎖と水に難溶性の高分子鎖とを連結したブロック共重合体は，実はそれ自身が，水中で自律的に多分子会合し，粒径のそろった数十 nm スケールのコア-シェル型高分子ミセルを形成する（図 11・3）．特

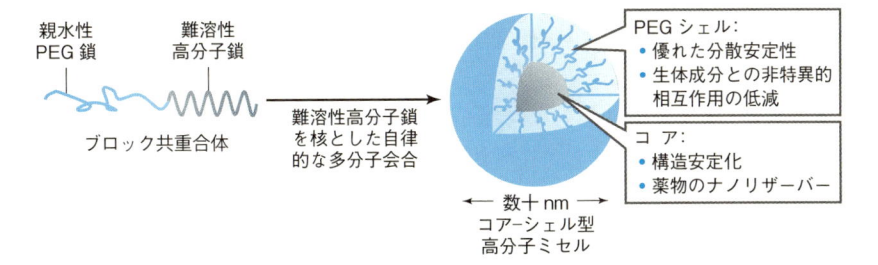

図 11・3　両親媒性ブロック共重合体の多分子会合に基づく
　　　　コア-シェル型高分子ミセルの形成

にコア形成鎖の凝集力が高い場合には，高分子ミセルの外殻（シェル）は，数十〜数百本の親水性自由末端鎖が高度に密集した構造となるため，前述の PEG 表面コーティングの場合よりも，さらに優れた分散安定性を示すのみならず，血漿タンパク質や細胞などの生体成分との非特異的相互作用を極端に抑制することが可能となる．一方，高い凝集力をもつコア（内核）は，ミセル構造の安定化に寄与するとともに，薬物などの生理活性物質のナノ・リザーバーとしての機能が期待される．

筆者らは，このような高分子ミセルの特徴が，高い組織浸透性を期待できるウイルス・サイズ（数十 nm）の薬物運搬体（ナノキャリヤー）として最適であることを着想し，1980 年代半ばから高分子ミセル型薬剤の研究を行ってきている．多数の薬物を 1 本の高分子鎖に結合すると，分子間力の増大によって凝集沈殿してしまうことが一般の高分子薬剤の大きな問題点であったが，このことを逆に自律会合の駆動力として利用し，溶解性の低い薬剤結合連鎖を親水性連鎖からなるシェルで覆ったミセル構造をつくれば，多数の薬剤を搭載可能というデリバリー効率と血中で長期循環をもたらすステルス性という相矛盾する特性を同時に解決することができるというのがそもそもの着想の原点であった．

高分子ミセルのコア形成鎖にはさまざまな選択が可能であるが，医薬品開発においては，機能性とともに安全性が不可欠の課題である．この点，たとえば，自然界にもともと存在し，生体内分解性が期待できるアミノ酸重合体（ポリアミノ酸）は，血漿増量剤として多くの検討例があり，さらに，薬剤を連結可能な反応性側鎖の導入も比較的容易に行えることからコア構成鎖として好ましい性質をもっているといえる．

一般論として，体内に投与すると回収が難しい高分子薬剤の場合には，担体としての高分子の代謝と排泄までも視野に入れて分子設計することが必要であり，この点，大きな制約要因となるが，一方において，生体内環境という特殊な場で安全かつ高度な機能を発現する高付加価値材料を設計するという高分子化学の醍醐味がいかんなく発揮できる分野であるともいえる．

低分子抗がん剤については，非特異的全身分布に基づく重篤な副作用が大きな問題となっている．これらの抗がん剤を内包した高分子ミセル型薬剤は，長い血中滞留性と腫瘍部位における EPR 効果による選択的腫瘍集積性に基づく優れた抗がん活性と正常組織への非特異的分布の低減に基づく副作用の低減効果が動物実験，さらには臨床応用を通じて確認されている．すでに 4 種類の異なる高分子ミセル型抗がん剤が国内外において臨床治験へと進んでおり，近い将来，薬剤として広く使わ

れるようになることが期待されている．

以上から，全身投与を介した固形がんへの高分子薬剤の標的指向化においては，長期血中循環型（ステルス型）でかつ薬剤搭載効率に優れた担体を設計することが第一に重要である．実際，単一高分子鎖にこだわらず高分子ミセルのような超分子構造からなる担体の開発が，最近，特に活発化していることが本分野の特徴でもある．なお，腫瘍部位集積後における高分子薬剤の機能発現のメカニズムとしては，おもに以下の徐放型と piggy-back エンドサイトーシス型およびその複合型が考えられている．

- 腫瘍組織において担体から徐放された低分子薬剤が組織内を浸透して個々のがん細胞に取込まれて薬理作用を示す（**徐放型**）．
- 高分子薬剤として腫瘍組織内を浸透し，個々のがん細胞にエンドサイトーシスで取込まれ，その後，薬剤が細胞内で遊離することで薬理作用を示す（**piggy-back エンドサイトーシス型**）．このような細胞内遊離系の利点は，薬剤が高分子と結合している間，その薬剤は不活性化状態にあるため（薬物前駆体），薬剤による全身毒性を効果的に予防できることである．また，後節で考察するが，薬剤の細胞取込み経路を拡散による膜透過からエンドサイトーシスに変更することにより，がん化学療法で深刻な問題である薬剤耐性を克服できる可能性がある．

なお，EPR 効果は，がん細胞の認識と取込みを促進する部位を連結した担体を用いる能動的ターゲティングの場合にも，がん細胞への結合を可能とする腫瘍組織への集積性向上という前提を満たすための必要条件であることもコメントしておきたい．

11・2・2 標的選択性の賦与（能動的ターゲティング）

標的細胞の表面に発現する受容体への結合を介して行われるエンドサイトーシス（受容体依存性エンドサイトーシス）を利用すると，高分子薬剤が集積した組織内における特定の細胞集団に選択的に薬剤を送達することができる．これを一般に**能動的ターゲティング**とよんでいる．

この目的のためには，細胞受容体に対して特異的親和性を示すホーミング成分を高分子薬剤に導入する必要がある．細胞膜に対して特に強い親和性を示さない高分子は，高分子を細胞外の液体成分と同時にエンドソームに取込む**液相エンドサイ**

トーシスとよばれるプロセスを経て細胞に取込まれる．一方，高分子が細胞膜に対して一定の親和性を示し，吸着される場合，それらの高分子は，液相エンドサイトーシスより一般的に取込み速度が10倍程度速い**吸着性エンドサイトーシス**によって細胞内に取込まれることが知られている．たとえば，水溶性高分子の側鎖にわずかに疎水性基を導入するだけで，細胞膜表面への吸着性が増大し，非特異的吸着エンドサイトーシス機構による細胞内取込み増大が観察される．

また，細胞膜は負に帯電していることから，**非特異的吸着性エンドサイトーシス**はカチオン性高分子の細胞取込みにおいて顕著となる．たとえば，ラットを用いた動物実験により，荷電性置換基を導入したデキストランの肝実質細胞への取込みを相対的に比較すると，カルボキシメチルデキストラン（CM-Dex，アニオン性）：0.2，デキストラン（Dex，中性）：1.0，およびジエチルアミノエチルデキストラン（DEAE-Dex，カチオン性）：3.9 という値が得られている．ここで，CM-Dex および Dex で得られた値は，液相エンドサイトーシスを介して細胞に取込まれる中性水溶性高分子であるポリビニルピロリドンで得られた値と同程度であった．一方，DEAE-Dex のエンドサイトーシス指数は液相エンドサイトーシスの機序で予測された値より明らかに高く，静電的相互作用を介した非特異的吸着性エンドサイトーシスが大きな役割を果たしていることを示している．

さらに，細胞膜表面上で発現した受容体を介するエンドサイトーシス（**受容体依存性エンドサイトーシス**）の場合，取込み速度は，液相エンドサイトーシスで確認される取込み速度より1000倍も速い．受容体依存性エンドサイトーシスはさまざまな細胞種でみられることが多い．たとえば，コレステロールを運搬する低比重リポタンパク質（LDL）は，肝実質細胞上に発現したLDL受容体を介して肝実質細胞に取込まれることが知られている．受容体依存性エンドサイトーシスは取込み効率が高いだけではなく，特異性も高いため，体内の特定部位に位置する特定の細胞集団へ薬剤を効率的に送達する手段として有用である（**細胞特異的ターゲティング**）．

受容体に結合する分子は**リガンド**とよばれるが，このリガンド分子を高分子型担体に結合することによって，効率的に受容体依存性エンドサイトーシスに基づいた細胞内移行を達成することが可能となる．ここでは，個々のリガンドの詳細は述べないが，たとえば，各種の糖鎖，ペプチド，抗体およびそのフラグメント，ビタミンのような低分子が用いられている．特に最近では，さまざまなペプチドリガンドを用いた臓器特異的な血管内皮ターゲティングに注目が集まっている．この場合，

組織内浸透は必ずしも必要ではないため，血管透過性亢進効果が期待できない部位へのターゲティング手段としても有用である．

11・2・3 細胞内動態の制御

エンドサイトーシスによって細胞内に取込まれた高分子薬剤は，弱酸性（pH～5）環境であるエンドソームを経て，細胞内取込み物質の酵素的分解をつかさどるリソソームへと輸送される．エンドソーム／リソソーム内で薬剤は高分子担体から切り離されて細胞質へと移行する必要があるため，担体からの薬剤解離の様式および効率は，最終的な薬理機能の発現にとって重要な因子となる．担体から薬剤を選択的に解離する方法の一つは，リソソーム内に存在するプロテアーゼで切断可能なスペーサー基で薬剤を高分子担体と結合することである．この点に関しては，1970年代後期にコペチェック（Kopecek）らが，酵素で切断可能なオリゴペプチド側鎖を合成水溶性高分子に導入するという先駆的研究を行っている．モデル薬剤であるp-ニトロアニリンを，オリゴペプチドスペーサーを介して ポリ[N-(2-ヒドロキシプロピル) メタクリルアミド]（PHPMA）の側鎖に導入した試料を合成し，PHPMAからのp-ニトロアニリンの遊離速度をタンパク質分解酵素であるキモトリプシン存在下で測定することによって，結合体からの薬剤解離をオリゴペプチドスペーサーの長さおよび組成を変更することで広範囲に制御できることを示した．その後，コペチェックとダンカン（Duncan）の共同研究チームは，ラット卵黄嚢を用いることにより，PHPMA―オリゴペプチド―p-ニトロアニリンがリソソーム内で実際に分解されることを示し，リソソーム作用型高分子薬剤の概念を細胞レベルで実証した．

リソソーム作用型高分子薬剤を設計する上でもう一つの有望な方法は，酸性下で解離する結合を介して薬剤成分を高分子骨格に結合することである．リソソーム（またはエンドソーム）内は比較的酸性のpH（5.0～5.5）を示す．したがって，中性では安定であるが弱酸性下では解離する結合を介して担体に薬剤を連結すると，リソソーム内環境において薬剤は高分子担体から容易に遊離し，リソソーム膜を透過して細胞質に移動する．このような例として，側鎖にヒドラジド基をもつ高分子に芳香族オキシケトン構造をもつ抗がん剤（ダウノルビシンやドキソルビシン）を結合させた高分子薬剤やその集合体である高分子ミセル製剤があげられる．特に図11・4に示す構造のpH応答型高分子ミセル製剤については，最近，本格的な臨床開発へと進んでいる．

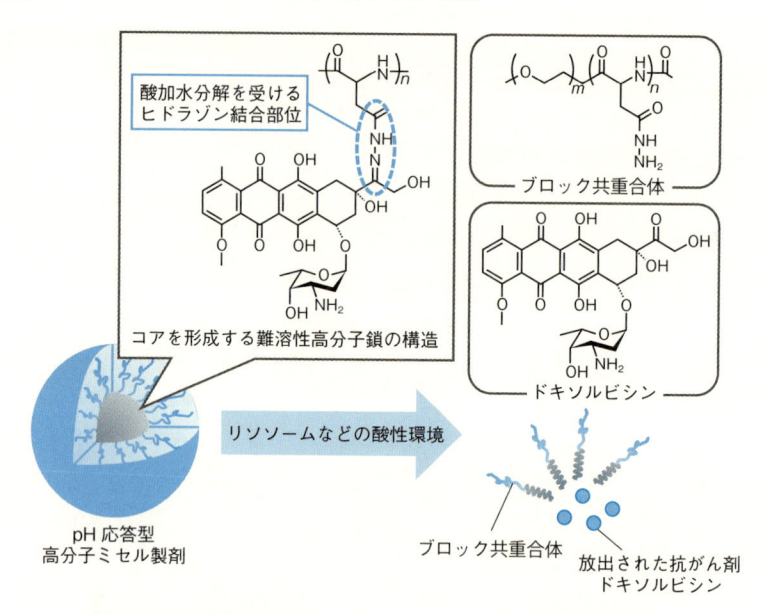

図11・4 細胞内エンドソーム／リソソームで薬物を放出する
pH応答型高分子ミセル製剤

図中ラベル:
- 酸加水分解を受けるヒドラゾン結合部位
- コアを形成する難溶性高分子鎖の構造
- ブロック共重合体
- ドキソルビシン
- リソソームなどの酸性環境
- pH応答型高分子ミセル製剤
- ブロック共重合体
- 放出された抗がん剤 ドキソルビシン

　リソソーム作用型高分子薬剤は，がん化学療法における大きな課題である多剤耐性（MDR）がんに対する治療効果が特に期待されている．がんの耐性獲得のメカニズムとしては，① MDR がん細胞の細胞膜にくみ出しタンパク質（P-糖タンパク質（Pgp））が過剰に発現し，抗がん剤を細胞外へ排出する，② 細胞質内において解毒タンパク質が過剰に産生され，抗がん剤の不活性化が起こる，という二つが知られている．いずれの場合においても，高分子薬剤として細胞膜透過を経ずにエンドサイトーシス経路で抗がん剤を MDR 細胞に直接送り込むと耐性を克服できることが原理的に可能である．実際，高分子微粒子や高分子ミセルを用いてその効果が近年，実証されている．

11・3　高分子薬剤において考慮すべき課題

　この節では，高分子薬剤を設計・開発していく上で考慮すべきいくつかの課題について概説する．

11・3・1 免疫原性

　高分子担体の**免疫原性**は，高分子薬剤を開発する上で留意すべき重要な課題である．たとえば，ポリアミノ酸誘導体は既述したように，生体内分解性が期待できることから担体高分子として広範に検討されている．通常，ポリグルタミン酸など，中性条件で特定の二次構造をもたないアミノ酸ホモポリマーでは免疫原性を示さないか，免疫原性は低い．しかし，薬剤分子自体がハプテン（不完全抗原）としての作用をもつ場合，薬剤結合残基をもつ配列は完全抗原，すなわちエピトープ（抗原決定基）として認識される可能性があり，高分子－薬剤結合体に対する抗体を誘導しうることが指摘されている．一方，生体内で開裂可能なスペーサーを介してハプテン作用をもつ薬剤を結合させた場合には免疫原性を示さないという報告もなされている．この結果は，スペーサー基の特性が結合体の免疫原性に重大な影響を及ぼすことを示しており，スペーサーや薬剤結合方法の適切な選択によって問題を解決できる可能性を示唆している．また，多糖類であるデキストランは，それ自体は非免疫原性であるが，ヒトに感染する細菌由来の多糖類と構造が類似するために，細菌由来多糖類に対する抗体によって認識されることが指摘されている．

　このような免疫原性についての問題を解決する方法として，現在は，PEGによる修飾が最も広く行われている．PEGは，高い柔軟性をもつ親水性の中性高分子であり，高分子薬剤のステルス性を高めるのみならず（§11・2・1参照），非免疫原性であるともいわれている．実際，PEGによる化学修飾によって，抗体による免疫原性物質の生体認識を低減することが多くの例で示されている．近年，PEGで修飾したリポソームや微粒子に対しても繰返し投与によって免疫原性が認められるという説も一部には出てきてはいるが，化学的結合に基づく高分子－薬剤結合体のPEG化は，免疫原性を低減する最も実践的な方法であるといってよいであろう．

11・3・2 担体高分子の体内長期蓄積

　§11・2・1に記したように，腎における糸球体濾過は，血流中から高分子物質を排除する際に大きな役割を果たしている．したがって，分子量の大きな高分子担体では，糸球体濾過を免れることによる長期血中滞留性が期待される．その結果，さらに効果的な血管透過性・滞留性亢進（EPR）効果が期待される．一方，担体の分子量が増加すると，慢性的な蓄積毒性に起因する有害作用が生じる可能性がある．この障害を克服するには，高分子担体の設計において，腎排泄を制御するため，

体内投与後に時間依存的に分子量が低下する機能を創り込むことが望ましい．このようなプログラムされた分解特性の実現には，以下に示す方法が考えられる．

- **分解特性を制御した生分解性高分子の設計**： この場合の重要な必要条件は，薬剤成分を結合したあとでも生分解性を確実に制御できることである．また，結合体の分解速度は，標的部位への集積速度と均衡がとれている必要がある．これまでに，生分解性担体として研究されている代表的な合成高分子としては，ポリエステル（ポリ乳酸，ポリグリコール酸，ポリリンゴ酸など）およびポリペプチド（各種ポリアミノ酸およびその誘導体など）類があげられる．
- **腎排泄可能な分子量**（M_w で 10000～20000 程度）**をもつ高分子鎖の生分解性リンカーによる架橋・伸長**： たとえば，M_w～20000 程度の非分解性水溶性高分子（PHPMA など）をリソソーム酵素の基質となる両末端二官能性オリゴペプチドを用いてゲル化点未満のレベルで架橋した系や pH 応答性リンカーを介した担体高分子への PEG 鎖の結合などが知られている．
- **分子間力を介した高分子間会合による見かけ上の分子量増加**： 典型例は，§11・2・1 でも述べた両親媒性ブロック共重合体からの高分子ミセル形成である．ブロック共重合体ミセルは見かけの分子量が数百万と大きいために，そのままの形では腎臓で排泄されることはない．一方，ミセルを構成する高分子鎖の分子量が糸球体濾過の閾値を下回るよう設計されている場合，ミセル構造の解離に伴い腎臓で排泄される．したがって，解離特性を制御したブロック共重合体ミセルは，血中での長期循環特性と体内からの排泄という二律背反的な要求を達成することが可能となる．ブロック共重合体中のコア形成セグメントは，体内コンパートメントに導入してから一定時間ミセル構造を維持するため，強力な凝集力をもっている必要があるが，たとえば，側鎖結合薬物の遊離に伴い，この凝集力が弱まれば，自然に解離して体内から排出されることが可能となる．

11・3・3 薬剤結合に起因する担体高分子の体内分布変化

薬剤を可溶性高分子側鎖に共有結合させることで生じるさまざまな物理化学的特性の変化（すなわち，疎水性，荷電など）は，往々にして高分子-薬剤結合体の体内分布を好ましくない方向に変化させてしまう．これは，疎水基の導入で顕著に認められ，たとえば，水溶性ビニルポリマー（PHPMA）側鎖にわずか 2～4 mol %

のコレステロールを導入するだけで，静脈投与24時間後において，肝臓への取込みは10倍増加し，逆に血中濃度は1/3に低下してしまうことが報告されている．

このような薬剤成分の高分子側鎖への導入に起因する体内分布変化を回避する有望な方法の一つは，結合した薬剤成分を小さなコンパートメントに閉じ込めて，外部環境から隔離することである．このようにすれば，体内分布は結合薬剤の種類や量に左右されず，外殻を形成する高分子鎖の性質のみで定まるために，構造設計上も有利となる．ブロック共重合体ミセルをはじめとするさまざまなコア-シェル型超分子会合体はこの要求を実現する最も効果的なアプローチであるといえ，高分子の相分離性と分子間相互作用を駆使したさまざまな超分子会合体の活用が近年，提案されている．

11・3・4 細胞質への送達

現在のところ，臨床応用にまで至っている高分子薬剤は，適切な担体を用いて抗がん剤を血管透過性・滞留性亢進（EPR）効果に基づいて固形腫瘍へ送達することに焦点があてられている．抗がん剤は，腫瘍部位で担体から遊離したあと，腫瘍組織中に浸透し，自らがん細胞の細胞膜を透過して機能する場合と，§11・2・3で述べたように，高分子担体に結合した状態でエンドサイトーシスによってがん細胞に取込まれ，その後，担体から切り離されて機能する場合がある．

一方，近年の細胞生物学と分子生物学の進展により，さまざまな疾患の遺伝子レベルの解析が飛躍的に進展し，遺伝子治療に用いるプラスミドDNAや，標的mRNAを触媒的に切断する機能をもつ短鎖二本鎖RNA（siRNA）などの核酸化合物を細胞内に送達するシステムの重要性がきわめて大きくなってきている．生体環境において，これらの化合物はかなり不安定であり，また，エンドソーム／リソソーム膜を含めた細胞膜の透過は困難であることから，これらの化合物を細胞質，さらには核へと効果的に送り届けるには細胞内の緻密な輸送制御を可能とする新しい概念が必要である．

本章は特に，標的指向性高分子薬剤による固形腫瘍の治療に焦点を当てて解説を行った．しかし，有効な治療が強く待たれている疾患はこのほかにも数多く存在し，今後，高分子薬剤の適用が増えていくものと考えられる．本章で包括的に説明したように，高分子へ結合することによって，薬剤の細胞への取込み量や経路を調節できるほか，体内分布や動態をも制御できることが示されており，高分子薬剤は

薬剤ターゲティングの領域で大きな可能性をもっているといえる．しかし，これらの試みの成否は，実際のところ，優れた生体適合性および高選択性をもつ新しい高分子担体の設計に委ねられており，高分子化学の分野からさらに精力的にアプローチしていくことが望まれる．

12

高分子工業
技術・原料(資源)・環境

鹿島石油株式会社・鹿島製油所 石油化学製品生産プラント
[協力:鹿島石油株式会社/写真提供:日揮株式会社]

12. 高分子工業

この章では高分子（ポリマー）工業について，その原料である石油および石油化学との関係，ポリマーの工業的な製造技術，製造プロセスからの廃棄物やポリマー製品の廃棄物などの環境問題，原料の石油に関連して資源問題について述べる．

12・1 高分子工業の位置づけ

12・1・1 石油・石油化学・ポリマー

現在日本の化学工業の約 65 %（2008 年の製品の出荷額）は，その原料を**石油化学**から得ている．石油化学は**プラスチック**（63 %），**合成ゴム**（12 %），**合成繊維**（7 %）などのポリマーでその需要量の 82 %を占めている．これらポリマーに関係する工業を**高分子工業**という．産業界ではポリマーの製造までを石油化学工業の中に含めて分類している．

石油からの石油化学製品の流れは図 12・1 のようになる．石油はまず石油精製工場で重油からナフサ（粗ガソリンといわれ，ほとんどガソリンと同じ成分）までの各留分に精製分離され，石油製品となる．これが**石油精製工業**である．重油からガソリンまでの留分は基本的に燃料として用いられる．石油化学用の原料は日本ではナフサ留分であり，その熱分解によって，エチレンから芳香族までが生産され，これらから各種のモノマーが合成され，それを原料にしてポリマーがつくられる．

図 12・2 はナフサの熱分解から得られる各成分とその誘導品である主要なモノマーとそのポリマー，およびその他の主要な化学品のマップを示す．図には誘導品が，1920 年～1939 年に米国において開発された初期の段階，1940～1952 年の第二次世界大戦中から戦後にかけての発展段階，1953 年以降（チーグラー（Ziegler）・

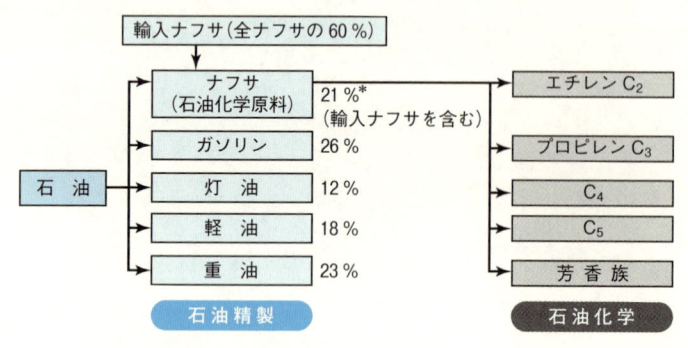

図 12・1 日本の石油化学製品の流れ（2005 年）（＊ ナフサの割合（%）は国内使用石油に輸入ナフサを加えた量で，石油化学用ナフサ量を割った値）

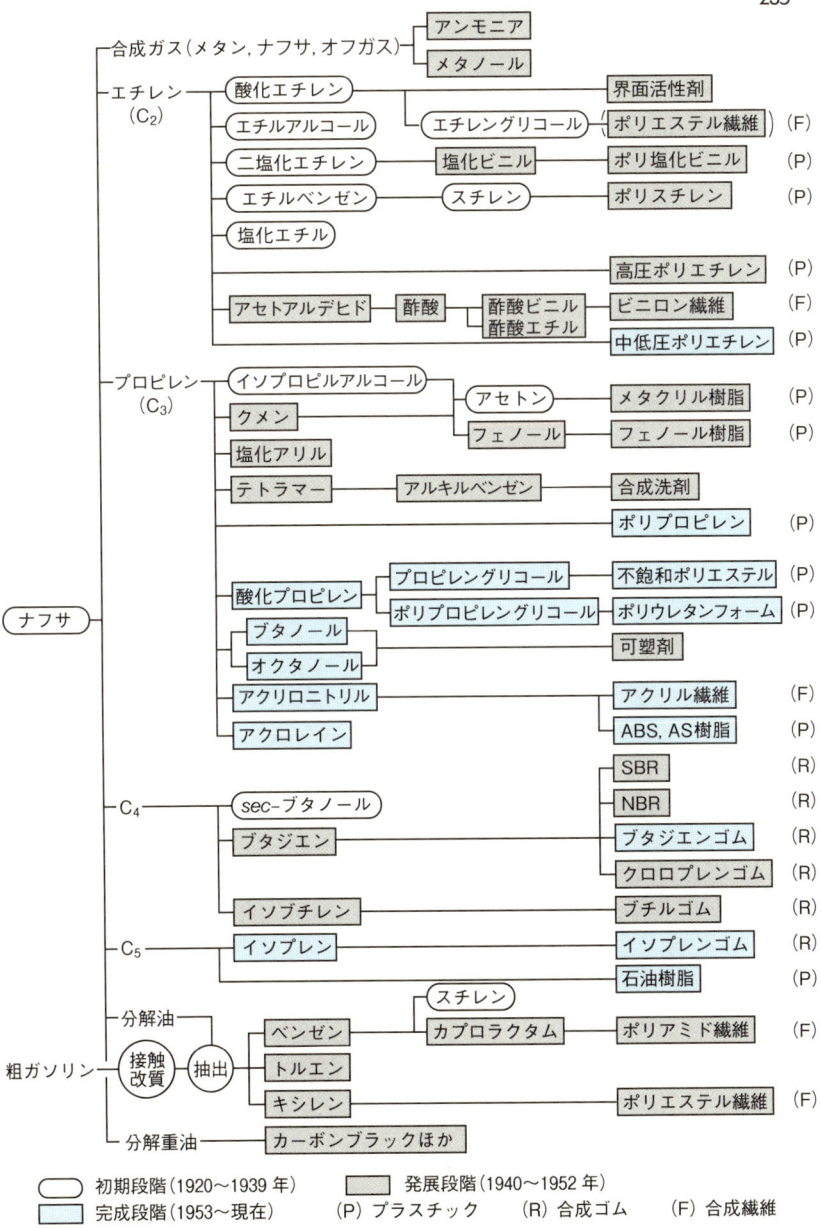

図 12・2　石油化学の各成分と誘導品 [渡辺徳二, 佐伯康治, "転機に立つ石油化学工業 (岩波新書)", p. 38 (1984)]

ナッタ (Natta) 触媒の発見以降) 各成分がほぼ全体として利用されるようになった完成段階の誘導品に分けて示されている．この図からも誘導品のほとんどはポリマーであり，石油化学と高分子は一体となって発展してきたことがわかる．

しかし21世紀に入った現在，後節で述べるように世界の石油生産量がピークに達しつつあり，埋蔵量の限界が見えはじめている．今後は発展途上国の経済成長による世界の石油需要の急増と石油価格が高騰する中で，石油と高分子との関係を見直さねばならない段階にきている．

12・1・2 高分子の種類と生産量

ポリマーの主要なものは，図12・3に示すプラスチック，合成ゴム，合成繊維であり，その他接着剤，塗料などがある．図に示すように日本におけるプラスチック

(千トン/年)

プラスチック 14200
- その他のプラスチック 3950
- 低密度ポリエチレン (LDPE) 2100
- 高密度ポリエチレン (HDPE) 1140
- ポリプロピレン (PP) 3090
- ポリスチレン (PS) 1750
- ポリ塩化ビニル (PVC) 2160

合成ゴム 1650
- その他のゴム 220
- クロロプレンゴム (CR) 110
- エチレン-プロピレンゴム (EPDM) 190
- アクリロニトリル-ブタジエンゴム (NBR) 110
- ブタジエンゴム (BR) 290
- スチレン-ブタジエンゴム (SBR) 730

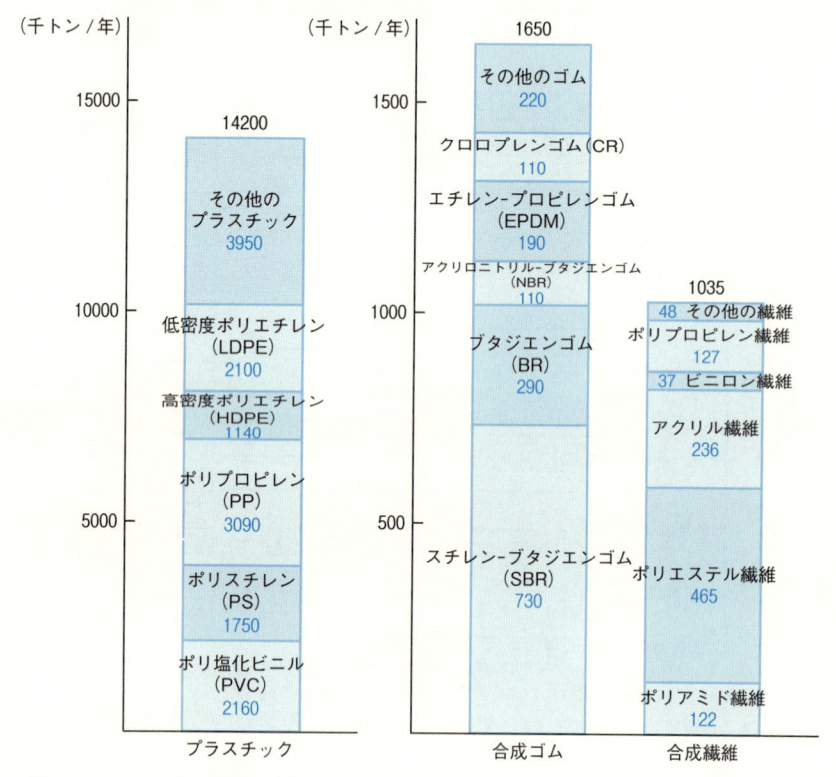

合成繊維 1035
- その他の繊維 48
- ポリプロピレン繊維 127
- ビニロン繊維 37
- アクリル繊維 236
- ポリエステル繊維 465
- ポリアミド繊維 122

図 12・3 高分子の種類と生産量 (2007年) [化学工業統計年報 —— 経済産業省より]

の生産量は，合成ゴムや合成繊維の約10倍である．プラスチックではポリ塩化ビニル（PVC），ポリスチレン（PS），ポリプロピレン（PP），高密度ポリエチレン，(HDPE) 低密度ポリエチレン（LDPE）が5大汎用プラスチックといわれ，全体の72％を占めている（2007年）．

　特殊プラスチックとして各種の高性能エンジニアリング・プラスチックや特殊な光学特性，電気特性をもつプラスチックなどが開発されているが，これらの生産量はまだ量的に少なく，図では"その他"に含まれている．しかし工業先進国としての日本は，今後こうした高性能，高機能のプラスチックの開発と生産を主要な軸として展開してゆかねばならいと考えられる．量から質への転換である．

　合成ゴムは，スチレン-ブタジエンゴム（SBR）やブタジエンゴム（BR）は汎用ゴムとしてタイヤなどおもに自動車に用いられ，生産量の62％を占めている．特殊ゴムとしてのアクリロニトリル-ブタジエンゴム（NBR）は耐油性ゴムとして自動車部品などに，エチレン-プロピレンゴム（EPRやEPDM）は耐候性ゴムとして自動車部品や建築材料などに用いられ，クロロプレンゴム（CR）は耐熱性，難燃性を利用して電線被覆やベルトなどに用いられている．

　また天然ゴム（ポリイソプレン）も合成ゴムと2対3の量的割合で使用されており，合成ゴムでは到達できない高い強度をもつために，おもにトラック，バス，航空機など大型タイヤ用として用いられている．合成ゴムと天然ゴムの総ゴム消費量の80％以上を自動車用途が占めている．これは自動車がいかにゴム材料との関連が大きいかを示している．

　合成繊維はポリアミド繊維（ナイロン），ポリエステル繊維，アクリル繊維で全体の80％を占めている．合成繊維は2000年には160万トン以上の生産量であったが，中国の繊維産業の発展によって，繊維や製品（衣類）などの輸入が急増し，現在では日本の生産量は100万トンまで低下している．

12・2　高分子の工業的な製造法

12・2・1　重合形式，重合様式と各種ポリマー

　工業的な製造法には，それぞれのポリマーによって**重合反応形式**と**重合様式**があり，これがポリマー製造プロセスを決めている．これらをまとめたものが，表12・1である．またそれぞれの製造プロセスで工業的に生産されている主要なポリマーが示されている．

表 12・1　重合反応形式, 重合様式と主要なポリマー（　　は全ポリマーの 80 % 以上）

重合反応形式	重合様式	工業化されている主要なポリマー
逐次反応		
重縮合	溶融重縮合	ナイロン 66, ポリエステル, ポリカーボネート
	溶液重縮合(低温)	芳香族ポリアミド, 芳香族ポリイミド
	界面重縮合	ポリカーボネート, ナイロン 610
重付加	塊状重付加	ポリウレタン, エポキシ樹脂
	溶液重付加	ポリウレタン
付加縮合	加熱重合	フェノール樹脂, 尿素(ユリア)樹脂
連鎖反応		
付加重合	塊状重合	低密度ポリエチレン, ポリプロピレン, メタクリル樹脂, ポリスチレン, ABS 樹脂
	気相重合	線状低密度ポリエチレン, 高密度ポリエチレン, ポリプロピレン
	懸濁重合	ポリ塩化ビニル, フッ素樹脂
	乳化重合	スチレン-ブタジエンゴム, アクリロニトリル-ブタジエンゴム, クロロプレンゴム, ABS 樹脂, ポリ酢酸ビニル
	溶液重合（スラリー重合を含む）	線状低密度ポリエチレン, 高密度ポリエチレン, ポリプロピレン, 溶液重合スチレン-ブタジエンゴム, ブタジエンゴム, イソプレンゴム, エチレン-プロピレンゴム, ブチルゴム
開環重合	溶融重合	ナイロン 6
	塊状重合	ポリアセタール（コポリマー）
	溶液重合	ポリアセタール（ホモポリマー）, エピクロロヒドリンゴム

　重合反応形式には大きく分けて逐次反応と連鎖反応があり, 逐次反応には重縮合, 重付加, 付加縮合, 連鎖反応には付加重合と開環重合がある. その中で連鎖反応の付加重合によるポリマーは全ポリマーの 80 % 以上を占めており, 工業的な製造法の中心的な役割を担っている.

12・2・2　ポリマー製造プロセス

　ポリマーを, 工業的に重合反応を行う重合器のみで製造するのは不可能であり, 実際のポリマー製造プロセスは重合器を含む重合工程を中心に図 12・4 に示すような, 6 工程の組合わせから成り立っている.

　具体的なポリマー製造プロセスの例として, cis-1,4-ポリブタジエン(BR)をモデルとした溶液重合法のフローシートを図 12・5 に示し, 各工程の具体的内容を示す.

12・2 高分子の工業的な製造法

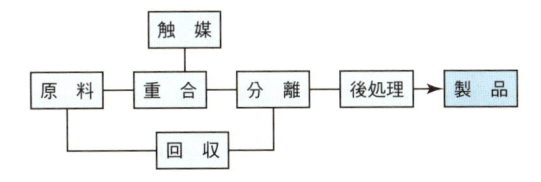

図 12・4 ポリマー製造プロセスの 6 工程

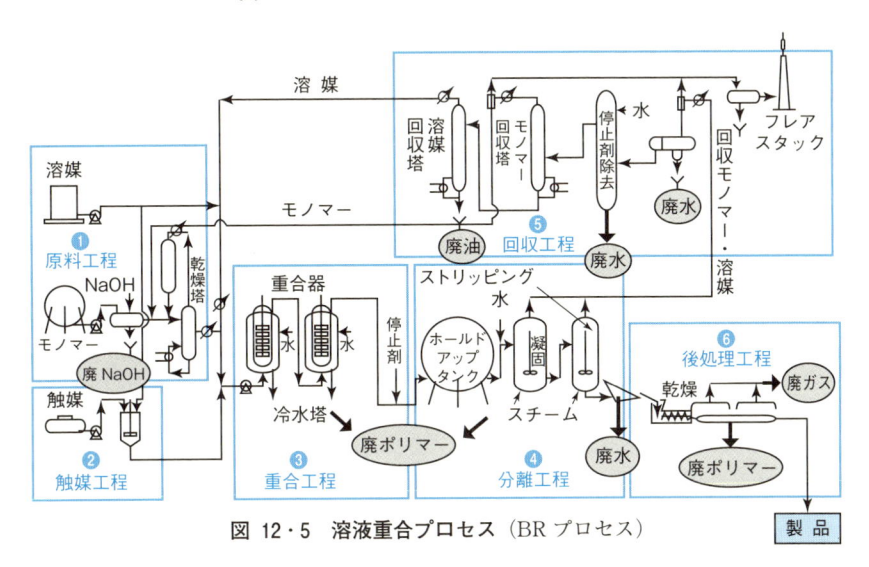

図 12・5 溶液重合プロセス（BR プロセス）

- ❶ **原料工程**：原料モノマーのブタジエン中の重合禁止剤を水酸化ナトリウムで洗浄除去したのち，脱水乾燥する．ベンゼンやトルエンなどの溶媒も脱水乾燥し，これをブタジエンと混合，重合レシピに従って，調整して重合器へ送る．これが原料の貯蔵，精製，調整などを行う工程である．
- ❷ **触媒工程**：触媒としてアルキルアルミニウム系化合物とコバルト系化合物を反応，調整して，重合器に送るなど，触媒の原料の貯蔵，反応，調整など行う工程．
- ❸ **重合工程**：重合器の撹拌，反応熱除去のための冷却，重合停止剤の添加，生成物の移送などを行うプロセスの心臓部ともいうべき工程．
- ❹ **分離工程**：粘稠になった重合反応物からポリマーを分離し，未反応モノマーと溶媒を除去するため，反応物を加熱水中に吹き込んでポリマーを**クラム**（crumb）として分離する．さらにクラムから残存モノマーなどを除去するためにスチームストリッピングを行うなどの工程．

❺ **回収工程**: 分離工程からの重合停止剤などを除去し，未反応モノマーや溶媒を回収し，再利用できるように精製して，原料工程に戻す．
❻ **後処理工程**: 分離工程からのポリマークラムを乾燥し，成形し，製品として，製品試験，貯蔵，出荷する．

以上六つの工程によってBR（ブタジエンゴム）が製品として生産される．

図12・5にはプロセスの各装置からの廃棄物の発生場所と種類が示されているがこれらの処理についての考え方は後節で述べる．

付加重合系の製造プロセスで，図12・4に示す6工程の中で各工程の役割とそのプロセスにおける重要性（設備費，操業の困難性，エネルギー消費量，コスト負担の割合など）は，表12・1に示すような塊状重合（気相重合含む），溶液重合，懸濁重合，乳化重合など，どの重合様式を選択するかによって大きく異なってくる．

12・3 高分子の環境問題への対応
12・3・1 製造プロセスの省資源・省エネルギー

1973年と1979年に世界の石油価格が高騰するという2回の石油ショックがあり，この際に，ポリマー製造プロセスにおいても，省資源・省エネルギーによるコスト削減が課題となった．さらに1990年代に入って資源やエネルギーの消費による二酸化炭素などの温室効果ガスの削減が課題となり，再び省資源・省エネルギーが地球環境問題として製造プロセスの課題となった．

ポリマー製造プロセスにおける省資源・省エネルギーをプロセスの現場からその具体的な方策をみると，図12・6のようになる．

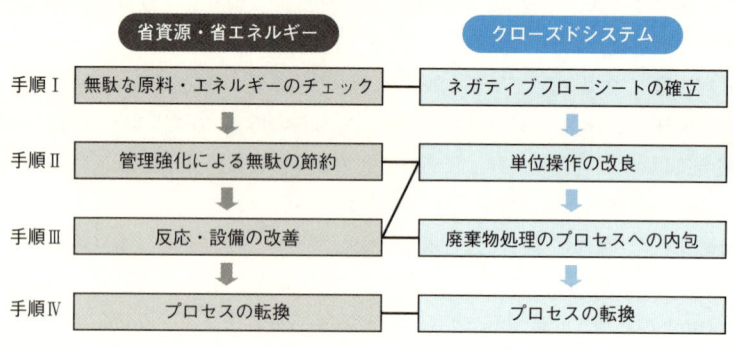

図12・6 製造プロセスの省資源・省エネルギーとクローズドシステム化の手順

12・3 高分子の環境問題への対応

手順Ⅰとして，まずプロセスの各装置や配管などのチェックや測定によって，原料やエネルギーの無駄を詳細にチェックし，フローシートに書き込む．手順Ⅱはこれらの無駄を，現場の装置や操業法などの管理を強化することによって少なくする．手順Ⅲは反応自体の改良や設備の改良などによってエネルギーの削減をはかる．このような手順ⅠからⅢまでが既存のプロセスにおける改善の手法であり，現場ではたらく技術者たちの日常の活動が重要になる．さらに大きな省資源・省エネルギーを得ようとするには，手順Ⅳとして，原理的に異なる他のプロセスに転換を図ることが必要になる．

プロセスの改良と転換による省エネルギーの例を高密度ポリエチレン（HDPE）で見る．初期にはチーグラー触媒（Et_3Al-$TiCl_4$）による溶液重合プロセスであった．その後非常に高活性な触媒が世界的な競争のもとで開発され，それによって微量の触媒での重合が可能になり，残存触媒除去（脱灰）の必要がなくなり，分離工程の単純化がはかられ無脱灰法のプロセスが開発された（手順Ⅲ）．さらにこの高活性な触媒であればエチレンモノマーがガス状でも重合が可能であり，反応熱の除去も未反応モノマーを冷却循環することで可能であることから，塊状重合の一つである気相重合プロセスが開発された．これによってプロセスは大きく単純化された（手順Ⅳ）．

製造プロセスを単純化することは技術の進歩とみてよい．HDPE の溶液重合プロセスから無脱灰プロセスを経て，気相重合プロセスへの変化を示したのが図 12・7 である．プロセスは単純化され，プロセスからの廃棄物も減少しており，気相重合プロセスではモノマーと触媒だけのプロセスであるために，原理的には廃棄物はプロセスからは発生しないことになる．

プロセスが単純化されると，廃棄物も少なくなり，その分離と処理のためのエネルギーも削減される．ポリマー製造プロセスではエネルギーとして，蒸気と電気が用いられるが，上の例の溶液重合プロセスから気相重合プロセスへの転換では，蒸気の原単位は初期には約 3.5 トン/トン・ポリマーであったものが，気相重合プロセスではほとんど不要になり，電気は溶液重合プロセスの約 700 kWh/トン・ポリマーから 400 kWh/トン・ポリマー以下にまで大きく節減された．

高密度ポリエチレンと同時期にナッタ触媒（Et_3Al-$TiCl_3$）によって開発されたポリプロピレンも，高活性の触媒開発と同時に立体規則性も改良され，図 12・7 に示すポリエチレンと同じようなプロセスの展開がなされ，それによって大きな省エネルギーを果たしている．

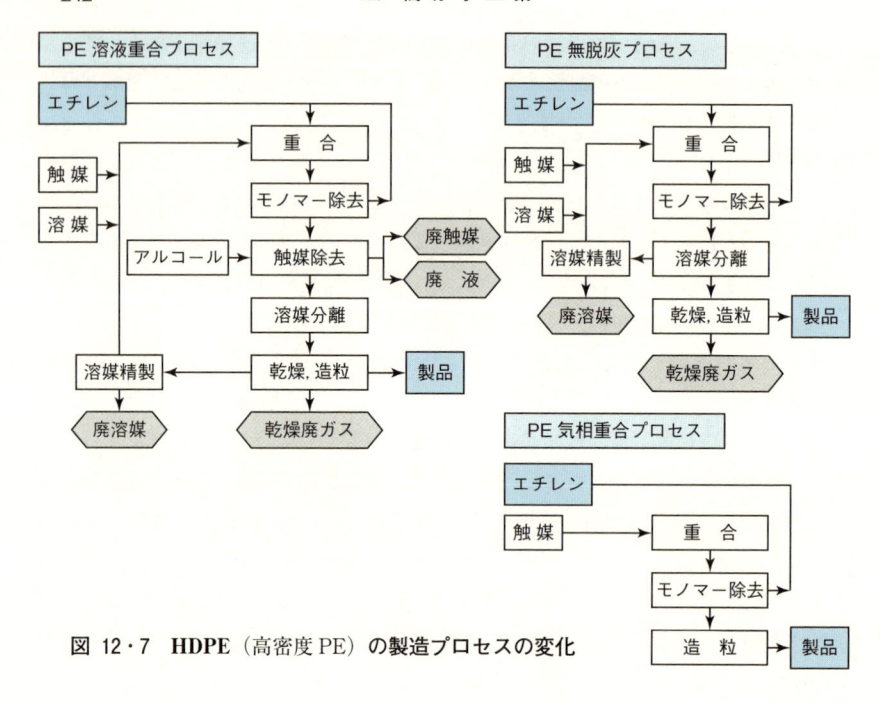

図 12・7　HDPE（高密度 PE）の製造プロセスの変化

また気相重合プロセスでエチレンとエチレンより長鎖のモノマーとの共重合によって低密度ポリエチレン（LLDPE）の製造もできるようになった．こうして気相重合プロセスは現在では汎用のポリエチレン（HDPE と LLDPE）とポリプロピレンの主要なプロセスであり，新増設や発展途上国などでの新設の中心的なプロセスになっている．

12・3・2　製造プロセスのクローズドシステム

図 12・5 のフローシートにはプロセスからの廃棄物は発生箇所とその種類が示されているが，これら廃棄物対策はプロセスの公害対策として 1970 年代以降非常に重要な課題となった．

図 12・8 は廃水処理をモデルとして公害対策の考え方を示したものである．(a) は廃水がプロセスのどこから出るかはブラックボックスにして，出てきた廃水を処理するために処理設備をプロセスに付加していく考え方である．これでは規制などが強化されるとその度に設備の追加が必要になり，コストアップの原因となる．一方 (b) は，廃棄物はプロセス自体の問題として考え，それぞれの廃水の発生源と

その性質を明確にして，それぞれをプロセスの内部で適正な処理を行い，再利用を図り，プロセス外へできる限り廃水を出さないように，プロセス自体を改良するものであり，プロセスの**クローズドシステム**化の考え方である．

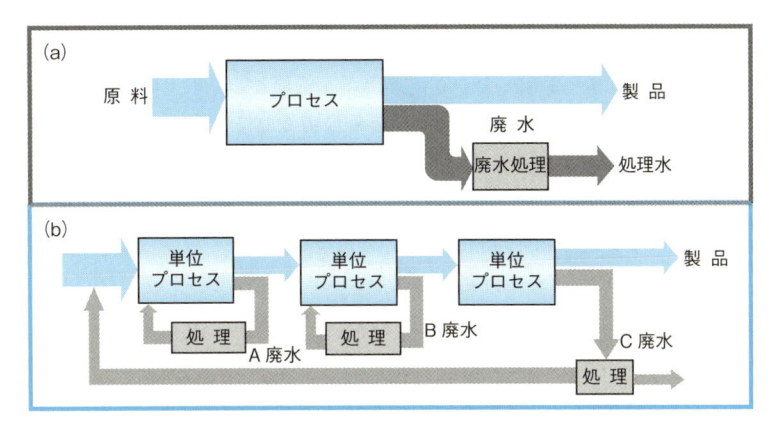

図 12・8 プロセスのクローズドシステムの考え方

廃棄物には廃ガス，廃水，廃液体・固体があるが，これらのクローズドシステム化の具体的な方策は図 12・6 に示されている．手順 I は，廃棄物の排出源，量，質を明確にして，フローシートに書き込むことである．廃棄物についての物質収支を**ネガティブフローシート**とよび，プロセスの廃棄物対策で最も重要な手順である．

手順 II は作成したネガティブフローシートに基づいて，主要な廃棄物に注目して，反応薬剤の変更，操作の改良などを行う．手順 III はそれでも解決できない廃棄物については，発生源で最もその廃棄物に適した処理を行い，再利用あるいは無害化することであり，これは処理技術そのものをプロセスの一部として内包化することである．以上手順 III までは，既存プロセスの改良によって得られるものであり，現場技術者の役割が大きい．さらに展開するには，手順 IV として基本的に廃棄物の発生が少ない他のプロセスへの転換を図ることである．

これらのクローズドシステムの手順は図に対比して示したように省資源・省エネルギーと非常によく似た手順となる．

また実際のプロセスにおいても，図 12・7 に示したように，プロセスの改良や転換によって，廃棄物の発生を削減することができ，気相重合プロセスでは原理的に廃棄物が発生しないクローズドシステム化されたプロセスとなっている．

12・3・3　高分子廃棄物のリサイクル

A　プラスチックのリサイクル

　プラスチック廃棄物のリサイクルが，環境問題と資源問題から社会の課題となっている．プラスチックは，1960年代の日本の経済高度成長中に，多くの容器包装材や使い捨て容器として発展し，家庭ごみ（都市ごみ）の中に多く含まれるようになった．そのため1970年代になると，都市ごみ処理としての当時のごみ焼却炉や埋立ではその処理が非常に難しくなり，**ごみ公害**として社会の重要な課題となった．そのために，プラスチックという新しい材料に対しての社会的批判が起こり始めた．

　以後プラスチック廃棄物の再利用については多くの企業や業界によって技術開発がなされ，自治体などによる再利用の社会システム化などの試みが行われてきたが，技術的な難しさや経済的な負担が大きいなどの問題で，なかなか実用的な技術やシステムとして成り立たなかった．

　1995年の**容器包装リサイクル法**が制定され，家庭ごみの中のプラスチックの容器包装類のリサイクルが行われるようになった．廃棄物の回収は自治体が行いその費用も負担する．回収された廃棄物からの再生は，それら容器包装を利用した事業者がそのコスト負担も含めて行うというシステムが確立し，ペットボトルが1997年から，その他の一般容器包装プラスチックは2000年からリサイクルが実施されるようになった．しかし家庭雑貨や玩具などの容器包装以外のプラスチック製品廃器物は，他の家庭ごみと一緒に焼却処理されているのが現状である．

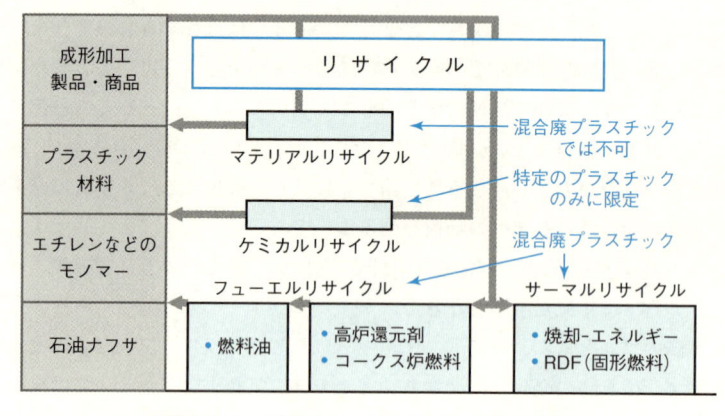

図 12・9　プラスチックリサイクルの概念図

一方産業系の廃棄物としての自動車，家電，農業・漁業資材などのプラスチック廃棄物は2000年以降に制定されたそれぞれの製品廃棄物のリサイクル法に従って，リサイクルされねばならなくなっている．

プラスチックリサイクルの概念を示したのが図12・9である．図の左側は石油ナフサからモノマー，ポリマー（プラスチック），成形加工され製品となって消費されるまで，しだいに付加価値が上昇していく過程を示している．プラスチックリサイクルは図に示したような4種があり，理論的にはできるだけ付加価値の高い所へリサイクルした方が有利になる．しかし，それにはプラスチック特有の問題点があり，大きな技術的な困難を伴う．

- **マテリアルリサイクル**： 熱可塑性のプラスチックは，原理的には加熱によって成形前のプラスチック材料に戻し，再成形することができる．しかしプラスチックは多くの種類があり，それぞれ熱的，機械的な性質が異なるので，各種プラスチックの混合物では，加熱成形が困難であったり，成形できたとしてもその物性は劣悪なものとなる．したがって，品種別の分別が必要になるが，家庭での品種別の分別は基本的に不可能である．

  ペットボトルはすべて単一プラスチックであるのでマテリアルリサイクルが比較的に容易であり，プラスチックの**容器包装リサイクル法**の最初の対象となった．自治体によって回収され，事業者によってポリエステル繊維やシートなどにリサイクルされている．それでもボトルの蓋やラベルは品種が異なるので家庭での除去が要求されている．

  またプラスチック製造工場や加工工場などの廃棄物，あるいは家電製品からの廃プラスチックなどの産業系の廃プラスチックでは，品種ごとの分別が可能な場合が多く，マテリアルリサイクルは比較的に行いやすい．

- **ケミカルリサイクル**： 熱分解や加水分解によってモノマーまでに分解するリサイクルである．モノマーに分解するポリマーはポリスチレン，ポリメタクリル酸メチル，ポリエステル類（PETなど）など限られたプラスチックのみであり，これもそれぞれ品種別の分別が非常に困難である．

  ポリエステルなどの工場での廃棄物は加水分解でモノマーにリサイクルされているようであり，ペットボトルの回収物の一部は工場での廃棄物と一緒にモノマーにリサイクルされている例がある．

- フューエルリサイクル： 熱分解によって燃料油の回収，製鉄用の高炉でプラスチックをコークスの代わりに還元剤として利用，コークス炉の燃料やセメントキルンの燃料などにするもので，基本的には燃料価値までのリサイクルである．しかしこれもポリ塩化ビニルなどの塩素を含むものなどには適さない．

　高炉やコークス炉をもつ製鉄所やセメント工場などでの処理が，自治体によって回収された一般容器包装プラスチックや特定の産業系廃プラスチックなどに対して行われている．

- サーマルリサイクル： 燃焼して，その熱でスチームや電力を得るものであり，品種ごとの分別ができない混合プラスチックの場合はこの方法でのみ処理が可能となる．回収された一般容器包装プラスチックや廃自動車・廃家電などのシュレッダーダスト（破砕くず）は，ほとんどがサーマルリサイクルである．

　以上のように一般系（家庭ごみ系）のプラスチックにおいてはペットボトルのみがマテリアルリサイクルされているが，それ以外はほとんどのプラスチックは家庭ごみと一緒に燃焼するサーマルリサイクルである．また自動車，家電製品などの産業系のプラスチックもサーマルリサイクルが主である．こうした現状からも廃棄物のリサイクルによって資源を回収することを期待するのは非常に難しいことを示している．またこれはプラスチックリサイクルの限界を示すものでもある．

B ゴム製品のリサイクル

　合成ゴムと天然ゴムを合わせたゴム消費量のおもな用途を占めるのはタイヤ類であり，約 80 % である．したがって廃タイヤの処理が問題となる．廃タイヤは製紙工場のボイラーやセメントキルンの燃料として，そのほとんどが利用されている．しかしこの場合タイヤに含まれる硫黄（加硫に使われている）やスチールなどタイヤの副資材成分の処理が重要になる．そのほか廃タイヤは更生タイヤ用や発展途上国向けの輸出などに回されている．

C 合成繊維のリサイクル

　合成繊維は天然繊維とともに衣料廃棄物の問題となる．古着としての再利用，ボロ布としての利用など，古くからの生活の中で，リサイクルのシステムはできている．使い捨て的な衣料の使い方ではなく，この従来からのシステムをどう維持，尊重していくかが課題である．

12・4 高分子の原料（資源）問題
12・4・1 石油の高価格化と資源問題

　日本の高分子工業は，安価な石油を原料としてスタートした．1960年代は3 $/バーレル（159リットル）であったが，1973年，1979年の2回の石油ショックによって30 $/バーレルを超えるまでに価格は高騰した．しかし新油田の開発や既存油田の増産によって，1980年代後半以降は10 $〜20 $/バーレルの安定期を迎えるが，発展途上国，特に中国が経済成長に入った2000年ころから急速に価格が高騰しはじめ，2011年の現在では100 $/バーレルを超えるまでになっている．

　石油は埋蔵資源である．したがって当然量的な限界がある．さらに地球全体の石油生産量は現在が生産のピークにあり，以後はしだいに減少するという**石油ピーク論**がある．これは現在の地球の石油資源についての有力な見方となっている．

　一方石油の消費国が急速に拡大している．先進国（北米，EU，日本など10億人）に続いて，発展途上国の中国，ロシア，インド，ブラジル，南アフリカ（BRICS諸国29億人），それにアジア諸国（ASEAN 10 カ国，6億人）などが急速に，経済発展をめざし，石油の大量消費国になりつつある．

　石油ピーク論に従って，現在を石油生産量のピークとみれば，地球の石油の確認埋蔵量の約半分を，おもに現在の先進国の10億人（世界全人口の15 %）で，すでに使ってしまったことになる．今後はすべての人類で残りの半分を使っていかねばならないことになる．

　石油をベースに発展した高分子工業は，その基礎となる石油の限界という資源問題に直面することになった．現在は世界全体の経済発展と高分子工業との関係の大きな転換点にあると考えられる．

12・4・2 高分子原料の多様化

　石油の量が限界に近づいてきたとき，高分子のつぎの原料がどうなるかが問題となる．それには二つの考え方がある．その一つは，石油の有効利用である．図12・1に示したように，高分子を中心にした石油化学への石油の利用は約20 %である．他の80 %はすべて燃料である．したがって石油をより有効に使うのには，まずは高分子の原料としてプラスチックなどとしてより付加価値の高いものに優先して使い，使い終わった廃棄物を燃料として使うべきだというものである．しかしこの方策が世界のいろいろな産業界全体のコンセンサスが得られるかどうかが問題である．

もう一つは石油以外の天然ガスあるいは石炭など現在まだ埋蔵量の豊富な原料に転換することである．石炭や天然ガスによる水性ガス（水素と一酸化炭素）からのメタノール，あるいは石炭からのカーバイド・アセチレンをベースに高分子の原料化，あるいは再生可能な食糧以外のバイオマスからのエタノールをベースとするなどである．しかしこれらは，高分子が石油を原料に転換する以前の初期の高分子についての原料技術であり，また1970年代の石油ショックの時期に研究された技術であり，C1化学，アセチレン化学，エタノール化学などとよばれているものである．

中国は現在世界一のポリ塩化ビニルの生産国であり，21世紀に入っての経済発展とともに急速に生産量は増加した．2006年の中国の生産量は790万トン（日本：215万トン，アメリカ・カナダ：640万トン）であるが，生産量の70％はその原料が石炭からのカーバイド・アセチレンによる塩ビモノマーであるとされている．中国の沿海部では石油からのエチレンでつくられているが，内陸部では石炭からのアセチレンでつくられている．アセチレンからの塩ビモノマーは日本でも1960年代までの基本的な製造法であった．

この例にみられるように，BRICS諸国など多くの人口を抱え，広大な土地をもつ発展途上国では，今後の発展に伴って，それぞれの地域に適した原料を用いてポリマーを生産するようになり，ポリマーの原料は国際的に多様化していくであろう．

12・4・3　持続可能な高分子の生産 —— 消費のシステム

プラスチックはすでに述べたように安い石油を原料としてスタートした．石油ショックによる価格の高騰があったが，それらをプロセスの大型化によるコストダウンやプロセスの省資源・省エネルギーの努力で乗り切り，プラスチックは安価で強い材料として，包装材や使い捨て容器などに用いられるようになり，大量生産-大量消費の典型的な材料になった．

表12・2に主要なプラスチック製品の寿命の推定値を示した．A 1〜2年で廃棄される製品，主として容器包装の使い捨て製品，B 3〜5年の家庭雑貨，農業・漁業資材など，C 6年〜9年の主として自動車，家電などの耐久消費財，D 10年以上の土木・建築材料，家具，電線など の4段階に分け，それぞれのプラスチックについて各寿命を推定して，その割合を示した．

表 12・2 主要プラスチックの製品寿命 (2005年)

製品寿命		A 1～2年で廃棄 (%)	B 3～5年で廃棄 (%)	C 6～9年で廃棄 (%)	D 10年以上使用 (%)	2005年 国内出荷量 (千トン)	用途の50％以上 を占める製品
熱可塑性	低密度ポリエチレン	80	7	4	9	1575	包装用フィルム・シート
	高密度ポリエチレン	64	11	12	13	914	包装用容器・フィルム・シート
	ポリプロピレン	48	16	34	2	2725	包装用容器・フィルム・シート 自動車
	ポリ塩化ビニル	8	16	7	69	1404	上下水道用パイプ・継手 建材、電線
	ポリスチレン	49	6	20	25	865	包装用フィルム・シート 電気・電子機器、日用雑貨
	ABS樹脂	3	26	59	12	322	電気・電子機器
	PMMA	1	5	60	34	146	電気・電子機器 建材、自動車
	PET樹脂（除繊維）	49	1	50	0	648	工業用部品 包装用容器・フィルム
	ポリカーボネート	0	8	72	20	282	電気・電子機器 建材、自動車
熱硬化性	フェノール樹脂	1	9	44	45	262	電気・電子機器 自動車
	尿素（ユリア）樹脂	17	2	24	57	120	建材（接着剤）
上記樹脂全体での割合		44	12	24	20	9263	上記樹脂合計 (84%)
主要な用途		包装用フィルム・シート 包装用容器、トレー 農業用フィルム 医療機器 など	日用雑貨・文具 玩具 レジャー 農水畜産資材 など	自動車 電気・電子機器 事務機器 コンテナー など	建材、パイプ・継手 土木・道路材料 家電・ケーブル 家具 など	1324	その他プラスチック
						10587	総プラスチック量

ABS樹脂：アクリロニトリル-ブタジエン-スチレン樹脂、PMMA：ポリメタクリル酸メチル

この割合に，2005年の各プラスチックの国内出荷量（消費量）を掛けて加重平均したものが，主要プラスチック製品全体の平均寿命になる．1～2年の寿命の製品が44％，3～5年の製品の12％まで入れると56％である．これは現在日本の年間約1000万トンのプラスチック消費量の半分以上が短寿命の製品に使われていることを示す．このプラスチックの利用の状態は，プラスチックの最大の特性である強靭性（引張り強さ，耐衝撃性など）と耐久性（耐腐食性，耐候性，耐光性，耐水性など）の特徴とは逆の使い方をされていることを示している．

　今後石油の高価格化と量的な限界などから，これらの製品を長寿命の方向にシフトしていくような新しい製品の設計開発が必要になるであろう．また自動車や家電製品の寿命も伸ばしていくことが社会の要請になるであろう．それに対しては，プラスチック自体の強靭性や耐久性のさらなる向上への研究開発が重要になってくる．

　こうしたプラスチック製品の長寿命化を通して，高分子の大量生産-大量消費のシステムから，高分子を大切に利用する少量生産-長寿命製品へと持続可能な社会的・技術的なシステムへの転換を図っていくことが今後の大きな課題となる．

付録 高分子化合物の構造

化合物名[†1]	構造
アクリロニトリル-スチレン(AS)樹脂	$-(CH_2-CH)_n-(CH_2-CH)_m-$ CN, フェニル　など
アクリロニトリル-ブタジエンゴム(NBR)	$-(CH_2-CH)_n-(CH_2-CH=CH-CH_2)_m-$ CN　など
アクリロニトリル-ブタジエンスチレン(ABS)樹脂	$-(CH-CH=CH-CH_2)_n-[(CH_2-C)_p-(CH_2-CH)_q]_m-$ CN, フェニル　など
アセチルセルロース	→ 酢酸セルロース
アラミド	全芳香族ポリアミドのこと 例) → ポリ(p-フェニレンテレフタルアミド)
イソプレンゴム	→ シス-1,4-ポリイソプレン
EPDM	→ エチレン-プロピレンゴム
エチレン-プロピレンゴム(EPDM)[†2]	$-(CH_2-CH_2)_n-(CH_2-CH)_m-$ CH_3
AS 樹脂	→ アクリロニトリル-スチレン樹脂
SBR	→ スチレン-ブタジエンゴム
NBR	→ アクリロニトリル-ブタジエンゴム
ABS 樹脂	→ アクリロニトリル-ブタジエン-スチレン樹脂
エピクロロヒドリンゴム	→ ポリエピクロロヒドリン
エポキシ樹脂	$CH_2-CHCH_2O-C_6H_4-C(CH_3)_2-C_6H_4-OCH_2CHCH(OH)-[\cdots]_n-OCH_2CH-CH_2$
キトサン	(グルコサミン環構造: CH_2OH, OH, H, NH_2)

[†1] 共重合体については名称から"共重合"を省略した。たとえばアクリロニトリル-スチレン樹脂はアクリロニトリルとスチレンを出発モノマーとする共重合により得られた樹脂を示す。
[†2] 若干のジエン(D)成分を含むのでこの略号を用いる。

付録（つづき）

化合物名[†1]	構　造
クロロプレンゴム(CR)	$-CH_2-CCl=CH-CH_2-$
酢酸セルロース	セルロースの-OH基の全部または一部が-OCOCH₃となったもの　→ セルロース
CR	→ クロロプレンゴム
シス-1,4-ポリイソプレン(PIP)	$\begin{array}{c} -CH_2 \quad\quad CH_2- \\ \diagdown \quad / \\ C=C \\ / \quad\quad \diagdown \\ CH_3 \quad\quad H \end{array}$
シリコーン	→ ポリシロキサン
スチレン-ブタジエンゴム(SBR)	$-(CH_2-CH)_n-(CH_2-CH=CH-CH_2)_m-$　（フェニル基付き）　など
セルロース	（グルコース環構造：CH_2OH, OH, H を含む六員環）
セルロースアセテート	→ 酢酸セルロース
タンパク質	α-アミノ酸 $H_2NCH(R)-COOH$ が，$-NH-CO-$ 結合で多数つながったもの．ポリアミドの一種
天然ゴム	→ シス-1,4-ポリイソプレン
ナイロン6	$-HN-(CH_2)_5-CO-$
ナイロン11	$-HN-(CH_2)_{10}-CO-$
ナイロン12	$-HN-(CH_2)_{11}-CO-$
ナイロン66	$-HN-(CH_2)_6-NH-CO-(CH_2)_4-CO-$
ナイロン610	$-HN-(CH_2)_6-NH-CO-(CH_2)_8-CO-$
ニトロセルロース	（グルコース環構造：CH_2ONO_2, ONO_2 を含む六員環）
尿素樹脂	$-CH_2-NH-CO-N\begin{array}{c}CH_2-O- \\ CH_2- \end{array}$　など

付録（つづき）

化合物名[†1]	構　　造
ノボラック樹脂	[構造式: OH, CH₂, CH₂OH を含むフェノール系構造]ₙ など
PIB	→ ポリイソブテン
PIP	→ ポリイソプレン
BR	→ ブタジエンゴム
Pα-MS	→ ポリα-メチルスチレン
PE	→ ポリエチレン
PEEK	→ ポリエーテルエーテルケトン
PEG	→ ポリエチレングリコール
PECH	→ ポリエピクロロヒドリン
PET	→ ポリエチレンテレフタラート
PA	→ ポリアセチレン，ポリアミド
PAA	→ ポリアクリル酸
PAAm	→ ポリアクリルアミド
PAN	→ ポリアクリロニトリル
PS	→ ポリスチレン
PMA	→ ポリアクリル酸メチル
PMMA	→ ポリメタクリル酸メチル
POE	→ ポリオキシエチレン
POM	→ ポリオキシメチレン
POP	→ ポリオキシプロピレン
PC	→ ポリカーボネート
PTHF	→ ポリテトラヒドロフラン
PTFE	→ ポリテトラフルオロエチレン
PDMS	→ ポリジメチルシロキサン
ビニロン	$-CH_2-CHCH_2-CHCH_2-$ / O O / CH_2 など
PB	→ ポリブタジエン
PP	→ ポリプロピレン
PPE	→ ポリフェニレンエーテル
1,2-PBd	→ 1,2-ポリブタジエン
1,4-PBd	→ 1,4-ポリブタジエン
PVA	→ ポリビニルアルコール

付録（つづき）

化合物名[1]	構　造
PVAc	→ ポリ酢酸ビニル
PVC	→ ポリ塩化ビニル
PVDC	→ ポリ塩化ビニリデン
フェノール樹脂	ベンゼン環にOH、–CH$_2$– で結合した構造　など
ブタジエンゴム(BR)	→ 1,4-ポリブタジエン
ブチルゴム	イソブテンと少量のイソプレンの共重合体 → ポリイソブテン，ポリイソプレン
フッ素樹脂	フッ素を含む高分子をいう 例) → ポリテトラフルオロエチレン
不飽和ポリエステル	C=C をもつポリエステル 例) –CO–CH=CH–CO–O–(CH$_2$)$_2$–O–
PET(ペット)	→ ポリエチレンテレフタラート
芳香族ポリアミド	例) –HN–C$_6$H$_4$–NH–CO–C$_6$H$_4$–CO–
ポリアクリルアミド(PAAm)	–CH$_2$–CH(CONH$_2$)–
ポリアクリル酸(PAA)	–CH$_2$–CH(COOH)–
ポリアクリル酸メチル(PMA)	–CH$_2$–CH(COOCH$_3$)–
ポリアクリロニトリル(PAN)	–CH$_2$–CH(CN)–
ポリアセタール	–O–CR$_2$–O– 結合をもつ　例) → ポリオキシメチレン
ポリアセチレン(PA)	–CH=CH–
ポリアミド(PA)	–NH–CO– 結合をもつ　例) → ナイロン66
ポリアリラート	–O–C$_6$H$_4$–C(CH$_3$)$_2$–C$_6$H$_4$–O–CO–C$_6$H$_4$–CO–
ポリイソブチレン	→ ポリイソブテン

付録　高分子化合物の構造

付録（つづき）

化合物名[†1]	構造
ポリイソブテン(PIB)	$-CH_2-\underset{\underset{CH_3}{\mid}}{\overset{\overset{CH_3}{\mid}}{C}}-$
ポリイミド	$-CO-N-CO-$ 結合をもつ 例) → ポリピロメリットイミド
ポリインデン	(インデン構造)
ポリウレタン	$-NH-CO-O-$ 結合をもつ 例) $-NH-CO-O-[(CH_2)_4-O]_n-CO-NH-\!\!\bigcirc\!\!-CH_2-\!\!\bigcirc\!\!-$
ポリエステル	$-O-CO-$ 結合をもつ 例) → ポリエチレンテレフタラート
ポリエチレン(PE)	$-CH_2-CH_2-$
ポリエチレンイミン	$-CH_2-CH_2-NH-$
ポリエチレングリコール(PEG)	$HO-(CH_2CH_2O)_n-H$
ポリエチレンテレフタラート(PET)	$-O-CH_2-CH_2-O-CO-\!\!\bigcirc\!\!-CO-$
ポリエーテル	$-O-$ 結合をもつ 例) → ポリフェニレンオキシド，ポリオキシエチレン
ポリエーテルイミド	例) → ポリピロメリットイミド
ポリエーテルエーテルケトン(PEEK)	$-O-\!\!\bigcirc\!\!-O-\!\!\bigcirc\!\!-\underset{\overset{\|}{O}}{C}-\!\!\bigcirc\!\!-$
ポリエーテルスルホン	$-\!\!\bigcirc\!\!-SO_2-\!\!\bigcirc\!\!-O-$
ポリエピクロロヒドリン(PECH)	$-CH_2-\underset{\underset{CH_2Cl}{\mid}}{CH}-O-$
ポリ塩化ビニリデン(PVDC)	$-CH_2-CCl_2-$
ポリ塩化ビニル(PVC)	$-CH_2-CHCl-$
ポリオキサシクロブタン	$-CH_2-CH_2-CH_2-O-$
ポリオキシエチレン(POE)	$-CH_2-CH_2-O-$

付録（つづき）

化合物名[†1]	構造
ポリオキシプロピレン (POP)	$-CH_2-CH(CH_3)-O-$
ポリオキシメチレン (POM)	$-CH_2-O-$
ポリオレフィン	オレフィンの重合体をいう 例) → ポリエチレン, ポリスチレン, ポリプロピレン
ポリ(ε-カプロラクトン)	$-O-(CH_2)_5-CO-$
ポリカーボネート (PC)	$-O-CO-O-$ 結合をもつ 例) ビスフェノールA型ポリカーボネート（構造式）
ポリクロロトリフルオロエチレン	$-CFCl-CF_2-$
ポリ酢酸ビニル (PVAc)	$-CH_2-CH(OCOCH_3)-$
ポリ(α-シアノアクリル酸メチル)	$-CH_2-C(CN)(CO_2CH_3)-$
ポリシアノアクリレート	→ ポリ(α-シアノアクリル酸メチル)
ポリシアン化ビニリデン	$-CH_2-C(CN)_2-$
ポリジメチルシロキサン (PDMS)	$-Si(CH_3)_2-O-$
ポリ(2,6-ジメチル-1,4-フェニレンオキシド)	2,6-ジメチル-1,4-フェニレンオキシド構造
ポリシロキサン	$-Si-O-$ 結合をもつ 例) → ポリジメチルシロキサン
ポリスチレン (PS)	$-CH_2-CH(C_6H_5)-$

付録（つづき）

化合物名[†1]	構　造
ポリスルホン	$-\underset{\underset{O}{\|}}{\overset{\overset{O}{\|}}{S}}-$ 結合をもつ 例) ![構造式] 4-(SO₂)-C₆H₄-C₆H₄-(SO₂)-C₆H₄-O-C₆H₄-
ポリチオフェン	$-[\text{チオフェン}]_n-$
ポリテトラヒドロフラン（PTHF）	$-(CH_2)_4-O-$
ポリテトラフルオロエチレン（PTFE）	$-CF_2-CF_2-$
ポリビニルアルコール（PVA）	$-CH_2-\underset{OH}{CH}-$
ポリ(N-ビニルカルバゾール)	$-CH_2-CH-$（カルバゾール基）
ポリピロメリットイミド	例) -N(C₆H₂(CO)₂)₂N-C₆H₄-O-C₆H₄-
ポリピロール	$-[\text{ピロール}]_n-$
ポリフェニレンエーテル（PPE）	$-C_6H_4-O-$
ポリフェニレンオキシド	→ ポリ 2,6-ジメチル-1,4-フェニレンオキシド
ポリフェニレンスルフィド	$-C_6H_4-S-$
ポリ(p-フェニレンテレフタルアミド)	$-HN-C_6H_4-NH-CO-C_6H_4-CO-$
1,2-ポリブタジエン（1,2-PBd）	$-CH_2-\underset{CH=CH_2}{CH}-$

付録 （つづき）

化合物名[1]	構造
1,4-ポリブタジエン (1,4-PBd)	$-CH_2-CH=CH-CH_2-$
ポリブチレンテレフタラート	$-O-(CH_2)_4-O-CO-\underset{}{\bigcirc}-CO-$
ポリフッ化ビニリデン	$-CH_2-CF_2-$
ポリプロピレン(PP)	$-CH_2-CH(CH_3)-$
ポリベンズイミダゾール	例） (ベンズイミダゾール構造)
ポリメタクリル酸	$-CH_2-C(CH_3)(COOH)-$
ポリメタクリル酸エステル	$-CH_2-C(CH_3)(COOR)-$ 例）→ ポリメタクリル酸2-ヒドロキシエチル，ポリメタクリル酸メチル(PMMA)
ポリメタクリル酸2-ヒドロキシエチル	$-CH_2-C(CH_3)(CO_2CH_2CH_2OH)-$
ポリメタクリル酸メチル (PMMA；ポリメチルメタクリレート)	$-CH_2-C(CH_3)(CO_2CH_3)-$
ポリ(α-メチルスチレン) (Pα-MS)	$-CH_2-C(CH_3)(C_6H_5)-$
メラミン樹脂	$-CH_2-HN-C(=N-)-N=C(-NH-CH_2-O-)-$, $-NH-$ など

索 引*

α-オレフィン
　——の重合　67
α 切断　91
α 炭素付加　52
α-ヘリックス　23, 24
β-シート　23, 24
β 切断　89, 91
β 炭素付加　52
θ 状態　112
π 電子共役ポリマー　194

AIBN（アゾビスイソブチロニトリル）　49

BPO（過酸化ベンゾイル）　49
BR プロセス　239

CTP 印刷　101

DDS（薬剤送達システム）　216
DNQ（ジアゾナフトキノンスルホン酸エステル）　99
DSP（2,5-ジスチリルピラジン）　87

ECC（伸びきり鎖結晶）　134
EL（電界発光）　204
EPR（血管透過性・滞留性亢進）効果　220

FCC（折りたたみ鎖結晶）　132
FET（電界効果トランジスター）　195
FRET（蛍光共鳴エネルギー移動）　204
FRP（繊維強化プラスチック）　86

GFP（緑色蛍光タンパク質）　205
GPC（ゲル浸透クロマトグラフィー）　119

HDPE（高密度 PE）　242
HOMO（最高被占軌道）　48
HPLC　82

ICA（インデン-3-カルボン酸）　100
IKAROS　38, 93, 214

LCST（下限臨界溶解温度）　138
LED（発光ダイオード）　204
LUMO（最低空軌道）　48

MALDI-MS（マトリックス支援レーザー脱離イオン化質量分析）　121

NMR（核磁気共鳴）　17

OLED（有機発光ダイオード）　205

PA（ポリアセチレン）　194
PBOCS（ポリ(*t*-ブトキシカルボニルオキシスチレン)）　100
PC（ポリカーボネート）　128
PDA（ポリジアセチレン）　194
PE（ポリエチレン）　70, 128
PEG（ポリエチレングリコール）　222, 223, 229
PET（ポリエチレンテレフタラート）　31, 32, 128
PHEG　218
PHPMA　219, 227, 230

PHS（ポリヒドロキシスチレン）　100
piggy-back エンドサイトーシス型　225
PLA（ポリ-L-乳酸）　128
PMMA（ポリメタクリル酸メチル）　127
PNIPAM（ポリ-*N*-イソプロピルアクリルアミド）　146
POM（ポリオキシメチレン）　128
PP（ポリプロピレン）　70, 128
PPV（ポリフェニレンビニレン）　194
PS（ポリスチレン）　127
PTFE（ポリテトラフルオロエチレン）　128
PVA（ポリビニルアルコール）　80
PVAc（ポリ酢酸ビニル）　57, 128
PVC（ポリ塩化ビニル）　127
PVK（ポリ(*N*-ビニルカルバゾール)）　194

RES（細網内皮系）　220
RLi（アルキルリチウム）　61

SBR（スチレン・ブタジエン共重合体ゴム）　63
SEC（サイズ排除クロマトグラフィー）　15, 119

TEMPO（2,2,6,6-テトラメチルピリジニル-1-オキシ）　76
TFT（薄層トランジスター）　195

---

* ギリシャ文字，アルファベットのあと五十音順に配列した．

索引

UCST（上限臨界溶解温度）
　　　　　138
WLF則　158

あ

相乗りエンドサイトーシス
　　　　　217
アクリル樹脂　162
アセチレン　70, 248
アゾビスイソブチロニトリル
　　　　　49
アタクチック高分子　17
圧電性　197
後処理工程　240
アニオン重合　26, 59, 60
アフィン変形　149
アブラミ指数　184, 185
アミド結合　28
網目高分子（ポリマー）　22, 84
アラミド　128
アラミド繊維　93
アルカリ金属(Na)　61
アルキルリチウム　61

い，う

イオン
　――の濃縮　98
イオン交換樹脂　96
イオン交換ポリマー　117
イオン交換膜　98
イオン重合
　開環重合における――　73
　ビニル化合物の――　59
イオン対　62
イオン伝導　193
イソシアナート基　40, 41
イソタクチック　17, 68
イソタクチック高分子
　　　　（ポリマー）　17, 70, 77
イソタクチックポリプロピレン
　　　　　126, 135
イソプレン　71
一次転移　126

一次分解過程　95
移動剤　54
移動反応
　カチオン重合の――　66
糸まり高分子　112
イミダゾール基　83
陰イオン交換樹脂　96, 97
インデン-3-カルボン酸　99
ウレタン系接着剤　214
ウレタン結合　40, 41

え，お

永久双極子配向分極　196
液　晶　141
液晶ディスプレイ　199
液相エンドサイトーシス　225
液体化
　ガラス転移による――　171
　融解による――　173
液　滴　210
エクオリン　205
枝
　――の生成　55
エタン　2
エチレン　55
エチレン/酢酸ビニル共重合体
　　　　　213
エポキシ基　87
エポキシ系接着剤　214
エポキシ樹脂　42, 87, 168
エマルション　57
エラストマー　22
エールリッヒ(Ehrlich)　216
エンジニアリングプラスチック
　　　　　39, 92
延　伸　130, 135
延性変形　161, 162
エントロピー弾性の基本式
　　　　　149
応力緩和　154
オキシラン　87
オキソニウムイオン　73
押出成形　169, 179, 180, 181
オリゴペプチド　227
折りたたみ鎖結晶　132

温度時間換算則　158

か

開環重合　26, 72, 238
開環メタセシス重合　74
開始剤　65
　アニオン重合の――　60
　カチオン重合の――　65
　ラジカル重合の――　49
開始剤効率　50
開始反応
　アニオン重合の――　61
　カチオン重合の――　65
　ラジカル重合の――　49
解重合　89
解重合型　90
回収工程　240
塊状重合　56, 238
回転半径　108
界　面　205
界面重縮合　29
界面分極　196
ガウス鎖　107, 148
化学増幅型フォトレジスト
　　　　　100
架　橋　84
架橋高分子　22
架橋点　149
核生成速度　184
下限臨界溶解温度　138
加　工　168
過酸化ベンゾイル　49
カチオン重合　26, 59, 64
　――の工業的利用　67
カーバイド　248
カプトン　38
ε-カプロラクタム　28
カミンスキー(Kaminsky)　70
ガラス状高分子　160
ガラス状態　127, 153
ガラス転移点
　（ガラス転移温度）　127, 153,
　　　　　171, 172, 181, 182
絡み合い点　152
カラムクロマトグラフィー　82
加硫ゴム　150
感圧型粘着剤　212

索　引

環化反応　34
環境問題(高分子に関する)　240
感光性ポリマー　96, 98
環状アルケン　74
環状エーテル　73
完全分解過程　95
管モデル　152
緩和時間　151, 154, 174
緩和弾性率　157, 160

き

幾何異性体　18
気相重合　238
　　——プロセス　241
希薄溶液　109, 123
キャビティー　179
キャピラリー流動　177
吸光度　199
球　晶　132
吸着性エンドサイトーシス　226
キュリー点　198
強化プラスチック　40
共重合　57
共重合組成曲線　57
共重合体　19, 57
共重合ポリエステル　95
共触媒　65
共鳴効果　51
共役モノマー　47
強誘電性　197
共連続構造　140
極限粘度数　123
キラルネマチック液晶　141
キレート樹脂　96, 97
金属カルベン錯体　74

く

くし(櫛)型高分子　20
グタペルカ　72
口　金　169, 180
屈折率　198
クラトキー・ポロド鎖　109

グラフト(共)重合体(グラフトコポリマー)　20, 64
クラム　239
グルコース　5
クローズドシステム化　240, 243
クロマトグラフィー　119
クロロメチル化ポリスチレン　81, 82

け

蛍光共鳴エネルギー移動　204
結合角　104
結合長　104
結晶化　126, 189
結晶化温度　183
結晶化速度定数　184
結晶化度　130, 184
結晶性高分子　154, 163
結晶性高分子材料　183
結晶成長速度　184
結晶性ポリマー　128
血漿増量剤　218
ケト-エノール互変異性体　80
ケブラー®　36, 93, 142
ケミカルリサイクル　245
ケーラー(Köhler)　218
ゲル　85
ゲル化　84
ゲル型微粒子　97
ゲル効果　83
ゲル浸透クロマトグラフィー　119
原子間力顕微鏡　206
原子分極　196
懸濁重合　56, 238
原料工程　239

こ

コア-シェル型超分子会合体　231
高吸水性ポリマー　144
高強力繊維　36
高次構造　131

合成ゴム　234, 237
合成繊維　30, 234, 237
高性能液体クロマトグラフィー　82
剛体球形高分子　112
高分子　2
　　——の一次構造　10
　　——の生産量　236
　　——の二次構造　23
高分子イオン　116
高分子医薬品　216
高分子液晶　141
高分子ゲル　23
高分子工業　234
高分子鎖　148
高分子材料　216
　　——の微生物分解　94
高分子生成反応　7
高分子担体　221
高分子電解質　116
高分子ミセル　223, 224
高分子薬剤　219
高分子溶融体　152
高密度ポリエチレン　20, 130
コーシーひずみ　157
コペチェック(Kopecek)　227
コポリマー　19, 57
ごみ公害　244
ゴム弾性の基本式　149
ゴム領域　127
固有粘度　123
孤立鎖高分子鎖　148
コレステリック液晶　141, 142
コンデンサー　196
コンバージェント法　22
コンフィギュレーション　16, 23, 104
コンホメーション　17, 23, 104
混和性ポリマーブレンド　136

さ

再結合　52
最高被占軌道　48
サイズ排除クロマトグラフィー　15, 119
最低空軌道　48

細胞特異的ターゲティング 226
桜田一郎 80
サーマルリサイクル 246
サーモトロピック液晶 141
サーモトロピック高分子液晶 142
三次元光造形 101
三相触媒 83
残存触媒除去 241

し

ジアゾナフトキノンスルホン酸エステル 99
α-シアノアクリラート 60, 214
ジエン 71
紫外線吸収剤 91
磁気共鳴スペクトル 17
資源問題 247
シシカバブ構造 134, 135
2,5-ジスチリルピラジン 87
シス-1,4-ポリイソプレン 71
持続長 109
実在鎖 108
自動加速効果 83
ジビニルモノマー 85
脂肪族ポリアミド 128
ジムプロット 123
射出成形 179, 180, 181
自由回転鎖 106
重合工程 239
重合体 6
重合度 11, 33
　——の重量分布 13
　——の頻度分布 12
重合反応 26
重合反応形式 237, 238
重合方法 56
重合様式 237, 238
重縮合 11, 26, 27, 238
重付加 26, 238
重量分率 12
重量平均分子量 14
自由連結鎖 106
縮合重合 11
主鎖型高分子液晶 142

樹状高分子 20, 21
シュタウディンガー (Staudinger) 8, 119
主分散 161
受容体依存性エンドサイトーシス 225, 226
シュワルツ(Szwarc) 75
瞬間接着剤 214
準希薄溶液 110
上限臨界溶解温度 138
消光リング 132
省資源・省エネルギー 240
焦電性 198
触媒工程 239
徐放型 225
シリコーン樹脂 92
真空成形 178, 180, 181
シンジオタクチック 17, 78
シンジオタクチック高分子 (ポリマー) 17, 78
伸長変形 156
伸長流動 176
浸透圧 111, 121

す

水性ガス 248
水素移動重合 66
数平均重合度 13
数平均分子量 14
スケーリング則 113
スチレン 46, 62, 75
ステム 132
ステルス性 222
ステルス担体 221
スーパーエンプラ 92
スパンデックス 41
スピノーダル曲線 138
スピノーダル分解 138
スプリング 155
スメクチック液晶 141, 142

せ

成形加工 168
成形時間 174

ぜい性破壊 161, 162
成長反応 51
　カチオン重合の—— 66
生分解性ポリマー 94, 95
石油化学 234
石油樹脂 67
石油ショック 240
石油精製工業 234
石油ピーク論 247
セグメント 108, 148
接触角 210
接着剤 213
接着性 212
セルロース 5
繊維強化プラスチック 86
線形粘弾性 157
線形レオロジー 157
線状ポリマー 84
せん断変形 156
せん断流動 176

そ

相間移動触媒 83
相関長 111
走査型電子顕微鏡 206
走査粘弾性顕微鏡 207
相図 137
相対結晶化度 184
相分離 137
相溶性ポリマーブレンド 136
束一的性質 121
側鎖型高分子液晶 143
束縛回転鎖 106
素反応 48
ソリ 183
ゾル 85
損失弾性率 159

た

対イオン 62, 116
体積相転移 146
帯電防止 198
耐熱性ポリマー 36, 37, 38, 92
ダイバージェント法 22

索引

タイ分子鎖　165
大変形　157
多孔質ゲル　23
多孔質微粒子　97
脱　灰　241
ダッシュポット　155
田中耕一　121
田中豊一　144
ダブルジャイロイド構造　140
多量体　6
炭化水素　2
ダンカン(Duncan)　227
単結合　4
単結晶　131
炭素繊維　88, 91, 93
担　体　221
担体高分子
　　——の体内長期蓄積　229
単独重合体　57
タンパク質　3
単量体　6

ち

逐次重合　26
逐次反応　238
チーグラー(Ziegler)　69
チーグラー触媒　241
チーグラー・ナッタ触媒　20, 67, 68, 234
中間相　141
直鎖状低密度ポリエチレン　20
直線偏光　199
直列モデル　163
貯蔵弾性率　159, 160

て，と

停止反応　52
　　アニオン重合の——　62
　　カチオン重合の——　66
定序性高分子　19
ディスコチック液晶　141, 142
低密度ポリエチレン　20
デキストラン　219, 222, 224, 229
デバイ・シェラー環　129

デービス(Davis)　223
転位重合　66
電界効果トランジスター　195
電荷移動錯体　192
電界発光　204
添加剤　91
電気光学効果　142
電気絶縁性　195
電気透析　98
電子伝導体　193
電子分極　196
デンドリマー　22
天然ゴム　71, 150, 212, 237

動的緩和弾性率　159
導電性　193
導電性高分子　194
導電率　192, 193
頭-頭結合　16, 52
頭-尾結合　16, 52
特殊ゴム　237
特殊プラスチック　237
ドデューブ(De Duve)　217
トポケミカル　87
ドーマント種　76
トリフルオロエチレン　197

な〜ぬ

内部エネルギー　184
内部回転角　104
ナイロン　28, 128
　　——の発見　31
ナイロン6　28
ナイロン66　28
ナッタ(Natta)　69
ナッタ触媒　241
ナフサ　234

二元共重合体　19
二乗回転半径　109
乳化重合　57, 238
ニュートン粘度　175
ニュートン流体　175, 176
　　——の仮定　175
尿素樹脂　88

濡　れ　210

ね，の

ネガ型フォトレジスト　99
ネガティブフローシート　243
熱可塑性　168
熱可塑性エラストマー　136, 139
熱可塑性高分子材料　168
熱可塑性ポリマー(樹脂)　39
ネッキング　165
熱硬化エポキシポリマー　88
熱硬化性高分子材料　168
熱硬化性ポリマー(樹脂)　22, 39, 86
熱硬化フェノールポリマー　87
熱硬化ポリマー　86
熱伝導率　170
熱分解　89
　　酸素存在下での——　91
熱溶融型の接着剤　213
ネマチック液晶　141, 142
粘着剤　212
粘着性　212
粘　度　175, 177
粘度の3.4乗則　116
粘度平均分子量　14

能動的ターゲティング　225
野津龍三郎　8
伸びきり鎖結晶　134
ノボラック型フェノール樹脂　86, 100
ノボラック樹脂　43, 99
ノリッシュⅠ型反応　91
ノリッシュⅡ型反応　91
ノルボルネン　74

は

配位重合　26, 67, 68, 74
バイオマス　248
廃棄物　243
配向硬化　163, 165
配向度　181
排除体積　108

索引

バイノーダル線 138
ハイパーブランチポリマー 21
ハギンズ(Huggins) 114
薄膜トランジスター 195
橋かけ 84
発光体 204
発光ダイオード 204
発泡ポリマー 42
パリソン 178
ハロゲン化金属 65
半屈曲性高分子 109
半屈曲性鎖 109
バンド理論 193
反応度 12, 33
反応場効果 83
汎用校正曲線 120

ひ

ヒーガー(Heeger) 71
光アンテナ効果 82
光化学初期過程 203
光酸化分解 91
光の散乱 122
光橋かけ 98
光ファイバー 201
光分解 91
光四点重合 87
非共役モノマー 47
ヒケ 183
非晶固体 153
非晶性高分子材料 181
非晶性ポリマー 127
微小変形 157
ひずみ 150
ひずみ速度 156
ひずみ軟化 165
非特異的吸着性エンドサイトーシス 226
ヒドロゲル 145
非ニュートン粘度 175
非ニュートン流体 175, 177
ビニルエーテル 76
ビニルモノマー 85
ビニロン 80
尾-尾結合 16
表面 205

表面エネルギー 184
表面処理 211
表面張力 210
広がり指数 109

ふ

フィブリル構造 135
フィルム成形 179, 180, 181
フェノール樹脂 42, 43, 86, 87, 192
フェノール樹脂系接着剤 214
フォトレジスト 99, 101
付加重合 11, 26, 46, 238
付加縮合 26, 43, 238
不均化 53
複屈折 199
複素誘電率 197
ふさ状ミセル 136
ブタジエン 72
ブチルゴム 67
フッ化ビニリデン 197
不飽和ポリエステル 39
不飽和ポリエステル樹脂 88
フューエルリサイクル 246
プラスチック 234, 237
——の製品寿命 249
プラスチックリサイクル 244
プルラン 95
プルロニック® 223
プレス成形 178
プレポリマー 40, 86
ブロー成形 178, 180
ブロック(共)重合体(ブロックコポリマー) 19, 20, 63, 116, 117, 136, 228, 230
——のミクロ相分離 139
ブロック共重合体ミセル 231
プロトン酸 65
プロパン 3
プロピレンオキシド 73
ブロブ 108
フローリー 114
フローリーの3/5乗則 110
フローリー・ハギンズ理論 137
フロンティア電子密度 48
分岐 84

分岐高分子(ポリマー) 20, 84
分散地図 161
分子量分布 10, 12
分離工程 239

へ

平均繰返し単位数 13
平均二乗鎖長 106
平均二乗末端間距離 106
平均場近似 115
平均分子量 14
平均連鎖長 17
べき乗則流体 175, 177
ベークライト 43
ヘテロタクチック 17
ペルフルオロポリエチレンスルホン酸 98, 117, 194
ヘンキーひずみ 157
偏光 199
ペンタン効果 108

ほ

保圧 180
ボイド 165
芳香族共役ポリマー 194
芳香族ポリアミド 36, 128
芳香族ポリイミド 38
芳香族ポリエステル 136
芳香族ポリカーボネート 109
紡糸 143
膨潤平衡 145
棒状高分子 113
星型高分子 20
ポジ型フォトレジスト 99
ホモポリマー 57
ポリ 6
ポリアクリルアミド 83
ポリアクリルアミド系ゲル 144
ポリアクリル酸 146
ポリアクリル酸エステル 212
ポリアクリル酸塩 117
ポリアクリル酸メチル 213
ポリアクリロニトリル 88, 91

ポリアセチレン 71, 192, 194
ポリアニオン 116
ポリアニリン 194
ポリアミド 27, 28
ポリアミド酸 136
ポリアミノ酸 224, 229
ポリイオンコンプレックス 117
ポリイソブチレン 107
ポリイソプレン 18, 237
ポリ(N-イソプロピルアクリルアミド)ゲル 146
ポリイミド 37, 93, 109, 136, 209
ポリウレタン 40, 42, 168
ポリエステル 27, 31, 230
ポリエチレン 2, 5, 20, 70, 89, 104, 107, 126, 128, 131, 134, 135, 154, 168, 173, 192, 209, 211, 214
ポリエチレンオキシド 193
ポリエチレンオキシベンゾエート 143
ポリエチレン球晶 133
ポリエチレングリコール 222, 223, 229
ポリ(エチレンジオキシチオフェン) 194
ポリエチレンテレフタラート 7, 10, 31, 32, 128, 132, 209
ポリエーテルケトン 194
ポリ塩化ビニル 90, 127
——の脱塩化水素 91
ポリオキシエチレン 136
ポリオキシメチレン 128
ポリカチオン 116
ポリカーボネート 39, 128, 162, 171
ポリグルタミン酸 218, 229
ポリ酢酸ビニル 57, 128, 213
ポリジアセチレン 194
ポリスチレン 11, 56, 81, 89, 107, 110, 112, 116, 127, 138, 153, 168, 171, 208
ポリスチレンゲル 97
ポリスチレン/ポリフェニレンオキシドブレンド 136
ポリチオフェン 194
ポリテトラフルオロエチレン 92, 128, 211

ポリ乳酸 74, 95, 197, 230
ポリ-L-乳酸 128
ポリヒドロキシアルカン酸 95
ポリヒドロキシスチレン 100
ポリビニルアルコール 80, 199, 219
ポリ(N-ビニルカルバゾール) 194
ポリビニルピレン 203
ポリビニルピロリドン 219, 226
ポリビニルフェニルケトン 204
ポリビニルメチルエーテル 138
ポリピロール 194
ポリ(p-フェニレン) 92
ポリ(m-フェニレンイソフタルアミド) 92
ポリ(p-フェニレンテレフタルアミド) 93, 142
ポリフェニレンビニレン 194
ポリブタジエン 18, 138
ポリフッ化ビニリデン 197
ポリ(t-ブトキシカルボニルオキシスチレン) 100
ポリフルオレン 194
ポリプロピレン 16, 24, 70, 128, 132, 165, 173, 186, 187, 188, 214
ポリペプチド 23, 230
ポリマー 6
——製造プロセス 238
ポリマー網目 84
ポリマーアロイ 137
ポリマーゲル 144
ポリマーブラシ 20
ポリマーブレンド 136
ポリメタクリル酸メチル 89, 107, 127

ま 行

巻き戻し 89
マクスウェルモデル 155, 176
マクダイアミッド (MacDiarmid) 71

マーク・ホーウィンク・桜田の式 124
マクロブラウン運動 181
マクロモノマー 20, 64
末端間距離 105, 148, 149, 151
マテリアルリサイクル 245
マトリックス支援レーザー脱離イオン化質量分析 121
ミクロゲル 86
ミクロ相分離構造 139
ミルシュタイン (Milstein) 218
メソ 17
メソゲン 141
メタクリル酸トリフェニルメチル 24
メタクリル酸メチル 78
メタセシス重合 75
メタセシス反応 74
メタロセン触媒 70
メタン 2
メラミン樹脂 44, 88
メリフィールド (Merrifield) 82
免疫原性 229
モノマー 6
  アニオン重合の—— 60
  カチオン重合の—— 64
  ラジカル重合の—— 47
モノマー移動反応 54
モノマー反応性比 58
モル分率 12

や 行

薬剤担体 218
薬剤の標的化 216, 218
有機 EL 205
有機 TFT 195
有機高分子材料 193
有機発光ダイオード 205
有効結合長 107
融点 126, 172, 173
誘電正接 197

索　引

誘電損失　197
誘電分散　196
誘電率　196, 197
遊離イオン　62
ユニマーミセル　116

陽イオン交換樹脂　96, 97
溶液重合　56, 238
溶液重合プロセス　239, 241
容器包装リサイクル法　244, 245
溶剤揮発型接着剤　213
溶融紡糸　179, 180, 181

ら　行

ラウス鎖　150
ラウスモデル　150, 151
ラクチド　74

ラジカル重合　26, 46
ラジカル捕捉剤　91
ラセモ　17
らせん構造　24
ラダーポリマー　88
ラビング　209
ラメラ　129, 132
ラメラ結晶　165
ランダム分解　89
ランダム分解型　90

リオトロピック液晶　141
リガンド　226
リサイクル　244
理想鎖　107
立体規則性　16, 77
立体障害　51
立体特異性リビング重合　78
立体配座　17, 23, 104
立体配置　16, 23, 104
リビングアニオン重合　63

リビングカチオン重合　76
リビング重合　27, 62, 63, 75
リビングポリマー　62
リビングラジカル重合　63, 76
流　動　176
緑色蛍光タンパク質　205
臨界表面張力　211
リングスドルフ（Ringsdorf）　219

隣接基効果　83

レゾール　87
レゾール樹脂　43
レドックス開始剤　50
レプテーション運動　152
連鎖移動定数　54
連鎖移動反応　54
　アニオン重合の―　62
連鎖重合　26
連鎖縮合重合　35
連鎖反応　46, 238

井上 祥平
いのうえ しょうへい
1933年 京都に生まれる
1962年 京都大学大学院工学研究科博士課程 修了
元 東京大学大学院工学系研究科 教授,
　東京理科大学工学部 教授
専攻 有機化学, 高分子化学
工学博士

堀江 一之 (1941～2011)
ほりえ かずゆき
1941年 大阪に生まれる
1966年 東京大学大学院理学系研究科修士課程 修了
元 東京大学大学院工学系研究科 教授,
　東京農工大学工学部 教授
専攻 物理化学, 高分子化学
理学博士

高分子化学 ── 基礎と応用 ──
　　　　　（第3版）

Ⓒ 2012

第1版 第1刷 1987年10月26日 発行
第2版 第1刷 1998年10月 1日 発行
第3版 第1刷 2012年 4月26日 発行
　　　第4刷 2023年10月11日 発行

編　集　　井　上　祥　平
　　　　　堀　江　一　之

発行者　　石　田　勝　彦

発　行　株式会社 東京化学同人
東京都文京区千石 3-36-7（〒112-0011）
電話 03(3946)5311・FAX 03(3946)5317
URL: https://www.tkd-pbl.com/

整版　日本フィニッシュ株式会社
印刷・製本　日本ハイコム株式会社

ISBN 978-4-8079-0782-3
Printed in Japan

無断転載および複製物（コピー、電子
データなど）の配布、配信を禁じます。